全国高等职业教育规划教材

现代通信技术

第3版

谭中华　李方健　徐东　赵阔　郭兵　编著

机械工业出版社

本书以现代通信系统为背景，以数字通信原理为主，系统、深入地介绍了现代通信技术，全书共8章，内容包括现代通信技术基本概述、模拟通信、模拟信号数字化、数字信号的基带传输、数字信号的频带传输、信道复用和多址方式、同步原理以及通信技术在移动通信系统中的应用。

本书内容丰富、取材新颖、理论联系实际，重物理概念的理解，充分反映近年来的热门技术和先进技术。

本书可作为高职院校通信类专业学生的教材。

图书在版编目（CIP）数据

现代通信技术 / 谭中华等编著. —3 版. —北京：机械工业出版社，2010.1（2019.1重印）
（全国高等职业教育规划教材）
ISBN 978-7-111-28979-1

Ⅰ. 现…　Ⅱ. 谭…　Ⅲ. 通信技术－高等学校：技术学校－教材　Ⅳ. TN91

中国版本图书馆 CIP 数据核字（2009）第 199829 号

机械工业出版社（北京市百万庄大街 22 号　邮政编码 100037）

责任编辑：王　颖

责任印制：孙　炜

保定市中画美凯印刷有限公司印刷

2019 年 1 月第 3 版 • 第 6 次印刷

184mm×260mm • 14.75 印张 • 365 千字

11101－12600册

标准书号：ISBN 978-7-111-28979-1

定价：26.00 元

凡购本书，如有缺页、倒页、脱页，由本社发行部调换

电话服务

社服务中心：（010）88361066

销 售 一 部 ：（010）68326294

销 售 二 部 ：（010）88379649

读者服务部：（010）68993821

网络服务

门户网：http://www.cmpbook.com

教材网：http://www.cmpedu.com

全国高等职业教育规划教材电子技术专业
编委会成员名单

出 版 说 明

根据《教育部关于以就业为导向深化高等职业教育改革的若干意见》中提出的高等职业院校必须把培养学生动手能力、实践能力和可持续发展能力放在突出的地位，促进学生技能的培养，以及教材内容要紧密结合生产实际，并注意及时跟踪先进技术的发展等指导精神，机械工业出版社组织全国近60所高等职业院校的骨干教师对在2001年出版的“面向21世纪高职高专系列教材”进行了全面的修订和增补，并更名为“全国高等职业教育规划教材”。

本系列教材是由高职高专计算机专业、电子技术专业和机电专业教材编委会分别会同各高职高专院校的一线骨干教师，针对相关专业的课程设置，融合教学中的实践经验，同时吸收高等职业教育改革的成果而编写完成的，具有“定位准确、注重能力、内容创新、结构合理和叙述通俗”的编写特色。在几年的教学实践中，本系列教材获得了较高的评价，并有多个品种被评为普通高等教育“十一五”国家级规划教材。在修订和增补过程中，除了保持原有特色外，针对课程的不同性质采取了不同的优化措施。其中，核心基础课的教材在保持扎实的理论基础的同时，增加实训和习题；实践性较强的课程强调理论与实训紧密结合；涉及实用技术的课程则在教材中引入了最新的知识、技术、工艺和方法。同时，根据实际教学的需要对部分课程进行了整合。

归纳起来，本系列教材具有以下特点：

1）围绕培养学生的职业技能这条主线来设计教材的结构、内容和形式。

2）合理安排基础知识和实践知识的比例。基础知识以“必需、够用”为度，强调专业技术应用能力的训练，适当增加实训环节。

3）符合高职学生的学习特点和认知规律。对基本理论和方法的论述要容易理解、清晰简洁，多用图表来表达信息；增加相关技术在生产中的应用实例，引导学生主动学习。

4）教材内容紧随技术和经济的发展而更新，及时将新知识、新技术、新工艺和新案例等引入教材。同时注重吸收最新的教学理念，并积极支持新专业的教材建设。

5）注重立体化教材建设。通过主教材、电子教案、配套素材光盘、实训指导和习题及解答等教学资源的有机结合，提高教学服务水平，为高素质技能型人才的培养创造良好的条件。

由于我国高等职业教育改革和发展的速度很快，加之我们的水平和经验有限，因此在教材的编写和出版过程中难免出现问题和错误。我们恳请使用这套教材的师生及时向我们反馈质量信息，以利于我们今后不断提高教材的出版质量，为广大师生提供更多、更适用的教材。

机械工业出版社

前　言

随着数字通信技术和计算机技术的快速发展以及通信网与计算机网络的相互融合，信息科学技术已成为21世纪国际社会和世界经济发展的强大推动力。信息作为一种资源，只有通过广泛的传播与交流，才能产生利用价值，促进社会成员之间的合作，推动社会生产力的发展，而信息的传播与交流，是依靠各种通信方式与技术来实现的。学习和掌握现代通信技术是信息社会每一位成员，尤其是未来的通信工作者的迫切需求。

第2版《现代通信技术》因为其准确的定位和鲜明的特点，取得了较好的认可度。现在对其改版，在分析以及参考行业对通信技术人员的相关要求的基础上，结合教学过程，发扬上一版的优点，对上一版不足之处进行补充，增加新技术。

1）现代通信技术发展迅速，特别是目前移动通信技术、光纤通信技术等发展迅速，对通信工作者提出了更高、更全面的要求，第2版的相关内容与知识容量已经不能适应目前通信技术的发展，需要进行补充。

2）在第3版中，更多地选取了和通信技术相关专业的后续课程，如“移动通信”、“接入网”、“数字数据通信”、“光纤通信”等结合得比较紧密的内容，为后续课程的学习打下良好的基础。

3）根据通信行业对从业人员的知识要求，从应用出发，注重理论联系实际。第3版在第8章中，以现有的移动通信系统为载体，在介绍移动通信系统的同时，把在移动通信系统中应用的通信技术进行比较详细的分析，解决其他教材出现的“学生了解原理，却不知道用来干什么”的问题。

4）现在很多通信技术方面的教材不是内容太多、繁杂，太注重理论，不注重实际的通信系统，就是知识陈旧，结构体系不完整，不能反映通信行业最新技术，或者难度太大，太注重数学推导，不注重物理概念的讲解，因而不适合高职高专院校的学生。第3版在编写过程中继承上一版的风格，力求简单，避免繁琐的数学推导过程，用通俗易懂的语言阐述现代通信技术的基本概念。

第3版共分为8章，主要对现代通信技术的基本概念、基本原理和技术做了全面的介绍。

第3版根据通信技术的发展趋势精选内容，在数字信号的频带传输一章中增加了应用广泛的新技术。比如现在的接入网之一的ADSL技术应用得非常广泛，所以增加了ADSL的调制技术DMT调制技术；作为通信热门的3G系统的支撑技术CDMA非常重要，所以本书增加了CDMA系统的数字调制技术OQPSK技术；增加了GSM手机中应用的GMSK调制技术。同时，对一些章节进行了适当补充，使之更系统、更容易理解。

本书由赵阔编写第1章，李方健编写第3、4章，谭中华、郭兵编写第2、5、6章，徐东编写第7、8章。

限于作者水平，书中难免存在不妥之处，请读者原谅，并提出宝贵意见。

为了配合教学，本书提供了电子教案，读者可在机械工业出版社网站www.cmpedu.com下载。

编　者

目　录

第1章　现代通信技术概述

通信的形式多种多样，有以视觉声音传递为主的古代的烽火台、击鼓、旗语、现代电信；有以实物传递为主的驿站快马接力、信鸽、邮政通信等。在各种各样的通信方式中，利用“电”来传递消息的通信方法称为电信（Telecommunication），这种通信具有迅速、准确、可靠等特点，且几乎不受时间、地点、空间、距离的限制，因而得到了飞速发展和广泛应用。

1.1　通信的基本概念和分类

1.1.1　通信的定义

在人类的生产和社会生活中离不开信息的交流与传递。在这种交流和沟通过程中不同的人们采用了不同的方式，比如采用面对面交流、固定电话、移动电话、电子邮件、即时通信软件等多种不同的方式，他们之间进行交流和沟通的目的是要进行相互之间的信息或者资源共享。

人们之间进行信息交流是依靠载体来实现的，人们要让信息在时域和空域上转移和转换，从一方传送到另一方，从前一时刻推移到后一时刻，从一种形式转移到另一种形式，这就需要有装载信息的媒体。所谓媒体就是一种传送信息的手段，或装载信息的物质，如胶片、磁盘、磁带、声波、电波等都可作为信息的媒体。

上面提到的固定电话、移动电话、电子邮件等方式，只是进行信息传递的一种方式，这些通过某种载体实现信息的传递和交换的过程，称之为通信。信息可以有多种不同的表现形式，如语言、文字、数字、图像等。

1.1.2　通信的分类

通信按照不同的标准，有不同的分类方法，下面介绍几种常见的分类方法。

1．按传输介质分类

按照传输介质分类，通信可分为两大类：一类是有线通信，以看得见、摸得着的实体传输线缆作为传输载体。常见的有线介质如电缆、光纤、导线等。另一类是无线通信，利用无线电磁波作为载体。常见的无线通信有微波通信、卫星通信、短波通信、移动通信、中长波通信等。

2．按信号类型分类

通信所处理的信号，可以分为模拟信号和数字信号，因此，通信可以分为模拟通信和数字通信。

3．按传输前是否经过调制分类

按照信号在传输前是否经过调制，可以分为基带通信和频带通信。基带通信是将信号没有经过调制处理直接进行传输的方式，如有线广播、数字电话终端机、计算机输出信号等；频带通信是将基带信号在发送端经过调制以后进行传输的方式，同时在接收端有相应的解调措施，如手机通信、卫星通行等。

4．按通信业务分类

按照通信业务的种类，通信可以分为电话、电报、传真、图像、数据通信等。

5．按是否移动分类

按照收发双方是否处于移动状态，可以分为固定通信和移动通信。

中国电信经营的固定电话网络属于固定通信。中国移动、中国联通经营的 GSM 网络和中国电信经营的 CDMA 网络属于移动通信。LMDS 本地多点分配业务、MMDS 多路多点分配业务等宽带接入方式属于固定通信。

目前移动通信是现代通信的热门话题，特别是第三代移动通信系统正在广泛应用。

通信的分类标准不同，分类也不同，比如还有分为窄带通信和宽带通信，公用通信和个人通信，陆地通信和海上通信等。

1.1.3 通信方式

1．单向、双向通信

单向通信指信号单方向传输的通信方式，如点对多点的广播，无线寻呼机（如图 1-1 所示）、电视等，由于信号只能单向传输，在这种方式中，通信双方缺乏互动。

双向通信指通信双方既能接收又能发送信息的通信方式，根据收发双方能不能同时接收和发送信息，又可以分为单工、半双工、全双工通信方式。

图 1-2 是同频单工方式，通信双方工作在相同的频率 f_1 上，发送时不接收，接收时不发送。

图 1-1 无线寻呼机

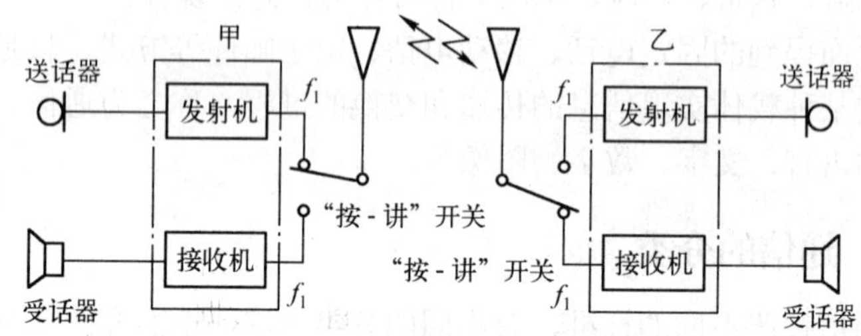

图 1-2 单工方式

半双工指的是通信双方都能收发信息，但是不能同时收发信息的通信方式，主要用于专用通信中，如汽车调度。如图 1-3 所示，基地台（甲）是双工方式，它的收发信机同时工作，发射机采用点对多点方式，同时向所有的移动台（乙）发送信息，其接收机同时接收所有移动台发送过来的信息；而移动台（乙）方是按键讲话（Push-Talk）的方式，能接收基地台（甲）发送过来的信息，但只有需要发送的时候，按下发送键，将发送信息给基地台。

全双工通信是通信的双方都能同时收发信息的通信方式，比如普通电话、移动电话等。

2．串行、并行通信

串行通信是将数字码元按照时间先后顺序一位一位进行传输的通信方式，如图 1-4 所示。串行传输只用很少的几根通信线，串行传送的速度低，但传送的距离可以很长，因此串行适用于长距离而速度要求不高的场合。在计算机中有专门的 RS-232 等串行通信接口。

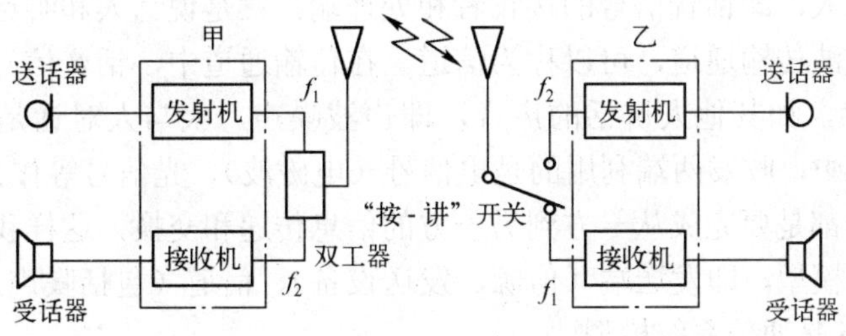

图 1-3　半双工方式

并行通信是将几位数字码元一起同时传输的通信方式，如图 1-5 所示。并行通信速度快，但用的通信线多、成本高，故不宜进行远距离通信。计算机或 PLC 各种内部总线就是以并行方式传送数据。

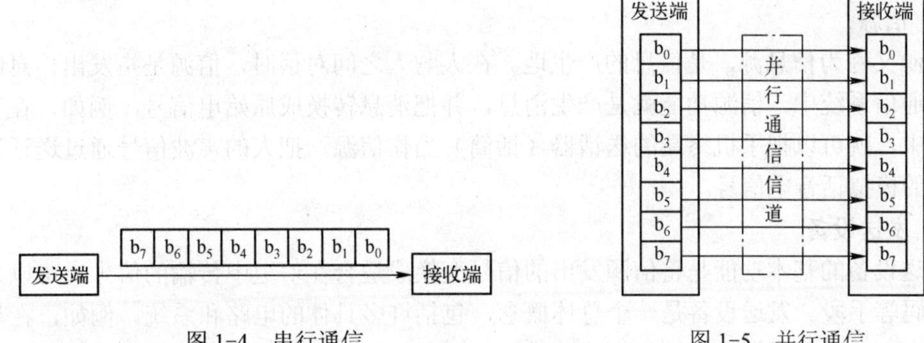

图 1-4　串行通信　　图 1-5　并行通信

3．同步、异步通信

串行通信分为同步和异步通信。

同步通信要求发收双方具有同频同相的同步时钟信号，只需在传送报文的最前面附加特定的同步字符，使发收双方建立同步，此后便在同步时钟的控制下逐位发送接收字符。

异步通信规定字符由起始位（start bit）、数据位（data bit）、奇偶校验位（parity）和停止位（stop bit）组成。起始位表示一个字符的开始，接收方可用起始位使自己的接收时钟与数据同步。停止位则表示一个字符的结束。异步通信中两个字符之间的时间间隔是不固定的。

4．点对点、网通信

点对点通信是最简单的通信，信息在两终端点之间传输。

当多点之间需要通信的时候，点与点相连接就构成网络，多点间通信就是网通信；当然，网通信的基础也是点对点的通信。在网通信中，一般需要交换设备。

1.2　通信系统

通信必须由具体的设备和传输媒介来完成，这些设备和传输媒介有机地组合在一起完成特定的通信功能就称为通信系统。以人与人对话的两点间通信为例，可以看出，要实现话音从一个人传递到另外一个人，必须具备三个基本条件：一是发话人，即话音信号的产生者和发送端；二是听话人，即话音信号的接收者和处理端；三是说话人和听话人之间的空气，即收发两端之间的声波传输通道，可以称为信道。在传输通道中，话音信号还要受到外界的其他声波信号的干扰，如其他人讲话的声音，即声波噪声。人与人对话是利用声波来作为载体，各种通信系统中，收发两端利用的是电信号（电磁波）、光信号等作为载体。

任何通信系统都是要完成从一方到另一方的信息传递和交换，这样我们可以将通信系统概括为一个统一的模型，即发送端（信源、发送设备）、信道（包括噪声）、接收端（接收设备、信宿），图 1-6 是通信系统模型。

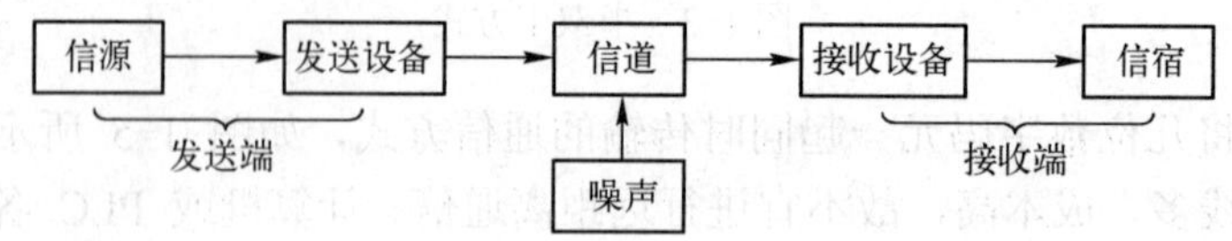

图 1-6　通信系统模型

1. 信源

信源又称为信息源，是信息的产生地。在人与人之间对话时，信源是指发出信息的这个人。在通信系统中，信源功能就是产生消息，并把消息转换成原始电信号。例如，在移动通信系统中，就可以把手机终端的送话器（话筒）当作信源，把人的声波信号通过送话器转换为原始的模拟话音电信号。

2. 发送设备

发送设备的基本功能是将信源发出的信号变换成适合在信道中传输的信号，可以采取调制、编码等手段。发送设备是一个总体概念，包括许多具体的电路和系统。例如，在移动通信系统中，可以把手机内部的音频处理模块、调制模块、射频模块等称为发射设备，手机送话器产生的模拟的话音电信号通过一系列编码处理以后，然后经过发射机处理成上千兆的无线电磁波信号，通过天线辐射出去。

3. 信道、噪声

从发送设备到接收设备之间信号传递所经过的媒介称为信道。信道可以是有线信道，也可以是无线信道。

信号在信道中传输，必然会叠加许多无用的电磁噪声，这些噪声有来自于通信系统外界的，也有来自于通信系统内部产生的。这些电磁噪声与原有信号产生叠加效应或者减弱原有信号的能量，这样可能会使原有信号到达接收端之后不能还原成与发送端一致的信息。

4. 接收设备

接收设备与发送设备的功能正好相反，它的主要任务是从接收到的信号中正确恢复原始信号，有解调、译码等功能。

5. 信宿

信宿又称为受信者或信息的接收者，是信息传输的终点，其作用是将信号转换（还原）成原始的消息。例如，手机中的受话器将对方传来的电磁信号还原成声音。

1.2.1 模拟通信系统

按传送模拟信号而设计的通信系统称为模拟通信系统，普通的电话、广播、电视都属于模拟通信。模拟通信系统模型如图 1-7 所示。

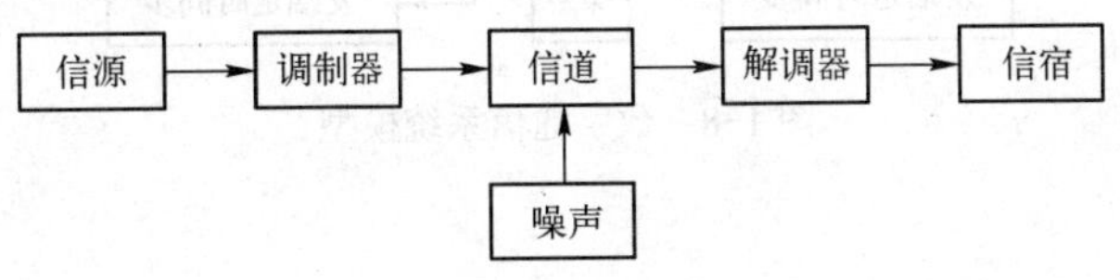

图 1-7 模拟通信系统模型

模拟通信系统需要两种变换。首先，发送端的连续消息变换成原始电信号，接收端收到的信号反变换成原连续消息。这里所说的原始电信号，由于它通常具有频率很低的频谱分量，不宜直接传输。因此，模拟通信系统需要有第二种变换，即将原始电信号变换成其频带适合信道传输的信号，并在接收端进行反变换。这种变换和反变换通常称为调制或解调。

图 1-7 中的调制器和解调器实质上是一种信号变换器，它对信号进行各种变换，使之能在传输介质中传输。经过调制器调制后的信号称为已调信号，它仍然是一种连续信号。解调器对已调信号进行反变换，使其恢复成调制前的信号。已调信号具备两个基本特性：一是携带有消息，二是适应在信道中传输。通常将发送端调制前和接收端解调后的信号称为基带信号。原始电信号又称基带信号，而已调信号则称为频带信号。

模拟通信系统按其调制方式不同又可分为连续调制系统和脉冲调制系统。连续调制系统包括振幅调制系统、频率调制系统、相位调制系统等；脉冲调制系统包括脉冲幅度调制系统、脉冲相位调制系统、脉冲宽度调制系统等。这些模拟通信系统在实际中得到了较广泛的应用。

有必要指出，消息从发送端传递到接收端并非仅经过以上两种变换，系统里可能还有滤波、放大、变频、辐射等过程。但本书只着重研究上述两种变换和反变换，其余过程被认为都是足够理想的，而不予讨论。

在模拟通信中，通过信道的信号频谱通常比较窄，因此信道的利用率较高。它的缺点是：

1）传输的信号是连续的，混入噪声后不易清除，抗干扰能力差。

2）不易进行保密通信。

3）设备不易大规模集成。

4）不能适应数据通信的要求。

1.2.2 数字通信系统

信息源发出的是模拟信号，经过取样、量化和编码等数字化处理后，以数字信号形式传送，这种通信方式叫做数字通信。数字通信系统中可以使用数字传输方式，也可以使用模拟传输方式。

如图 1-8 所示，一个数字通信系统主要由 8 部分组成：信源、编码器、调制器、信道、解调器、译码器、信宿和定时同步系统。下面简要地对各部分的组成和功能作一介绍。

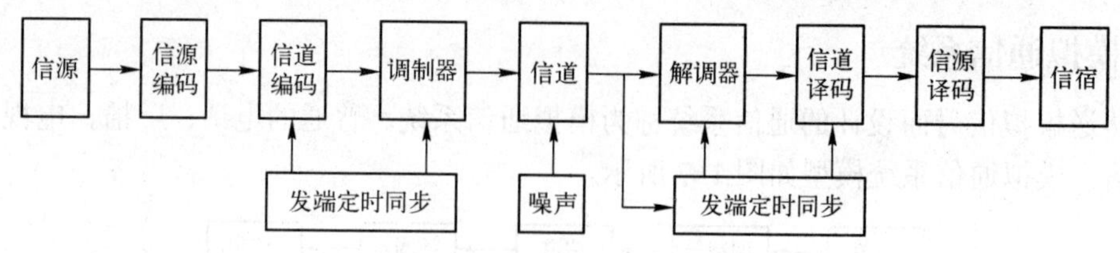

图 1-8　数字通信系统模型

1．信源和信宿

数字信源（如电传机、计算机等）输出的数字信号，模拟信源可通过抽样和量化变换为数字信源。信宿为信息的接收者。

这里需要强调指出，随着信源和接收者的不同，信息的速率将在很大的范围内变化。例如，一电传打字机的速率为 50bit/s，而彩色电视机的速率为 270Mbit/s。由于信源产生信息的种类和速率不同，对传输系统的要求也各不相同。

2．编码器和译码器

信源编码器主要起两个作用：一是实现模数转换，把信息源发出的连续信号变换为数字序列；二是降低信号的数码率，信号的数据率压缩都属于信源编码。信源译码器是信源编码器的逆过程。

信道编码器的作用是提高通信的可靠性。通常信道会遭受到各种噪声干扰，这些噪声均可能导致接收信号的错误。采用信道编码在发送端按一定的规则加入多余码元，使接收端能发现错码或纠正错码。信道译码的作用和信道编码的作用相反。

3．调制器和解调器

一般而言，编码器输出的编码信号不适宜直接送入信道进行传输，通常要进行某种变换以适应信道的传送，这个任务主要由调制器完成。调制主要有两类：一类仅作信号频谱变换，然后就直接传送，这种传输称为基带信号传输；另一类除了作频谱变换外，还要进行频谱搬移，以信道复用和易于辐射。解调器作用是恢复出调制前的信号。

4．信道和噪声

信道是指信号传输的媒质，即传输信号的通路。信号在信道中传输，不可避免地引入发送和接收变换器和传输媒质的热噪声，还有各种干扰以及信道的衰减。信道的固有特性和干扰特性也会直接影响信号的变换方式，如通过电导体传播的有线信道和通过自由空间传播的无线信道，其信号的变换方式是不同的。不同频段的无线电波在空间传播的途径、性能和衰减（衰落）也是不同的。

5．定时同步系统

数字通信系统要正常工作，都必须有一个稳定的定时同步系统。定时系统产生一系列定时信号，使系统有序地工作；同步系统确保收发端之间具有一定（相对不变）的时间关系。同步主要包括位（比特）同步、码元同步、群同步、载波同步和网同步等。

1.2.3　数字通信系统的优缺点

近年来，数字通信在计算机应用和大规模集成电路（LSI）高速发展的推动下，因为其本身所具有的模拟通信所无法比拟的特点，发展得非常迅速。

1．数字通信系统的主要优点

（1）抗干扰能力强

模拟通信系统传输的是模拟信号。噪声叠加在模拟信号上，接收端难于将噪声与信号分开，噪声对信号的影响始终存在，并逐渐增强，所以，模拟通信的抗干扰能力较差。

数字通信系统传输的是有限状态的数字信号。在接收端是通过取样判决来恢复原始信号的。因此，在传输中只有当噪声在抽样时刻的绝对值与判决电平相比超过了某个门限时，才有可能产生误码。所以，数字通信比模拟通信抗干扰能力强。另外，数字通信采用纠错编码来进一步提高系统的抗干扰能力。

（2）容易实现高质量的远距离通信

模拟通信系统由于无法将信号与噪声分离，所以，噪声的影响是随着传输距离的增加而增加的，不利于长距离传输。数字通信系统则不然，它传输的是数字信号，在传输过程中可采用再生中继的方法将信号受到的噪声干扰全部消除，再生出与发送端相同的纯净信号继续传输，它不会因为传输距离的增加而使传输质量显著变坏，所以容易实现高质量的远距离传输。

（3）便于加密

数字通信中易于采用复杂的、非线性长周期码序列对信号进行加密，从而使通信具有高度的保密性。而模拟通信要实现高强度加密就比较困难。

在 CDMA 制式的移动通信系统中，采用长 PN 序列（伪随机码）对信息进行加密，每次通话都是在 4.4 万亿种码型中选择一种作为码型，所以其保密性能非常好。

（4）适于集成化、智能化

数字通信设备大多由数字电路构成，数字电路比模拟电路更易集成化。数字信号处理技术、数字信号处理器（DSP）和各种中央处理芯片（CPU）的迅速发展为数字通信设备的智能化提供了条件。数字通信设备必将向集成化、智能化、微型化、低功耗和低成本的方向发展。

2．数字通信系统的主要缺点

（1）占用频带宽

数字通信最大的缺点就是占用的信道频带宽。以电话为例，一路模拟电话仅占用约 4kHz 带宽，而一路数字电话约占 20～64kHz 的带宽。不过，随着大量宽带传输信道（如光纤、数字微波和数字卫星等）和频带压缩技术的发展，带宽问题将可以逐步获得解决。

（2）系统和设备比较复杂

对于原始信号是模拟信号（如话音）的数字通信系统而言，由于需要对信号进行模／数（A／D）和数／模（D／A）变换，其设备通常比较复杂。只有在相应的集成技术基础上，数字通信才能迅速地发展。

综上所述，数字通信的优点是主要的，特别是随着宽带信道的采用、集成技术的发展和频带压缩技术的提高，数字通信的缺点也就越来越显得不重要了。

1.3 信号、信道与噪声

1.3.1 信号

通信系统的重要功能就是传递信息，信息是人们认识世界、改造世界的客观认识。例如，古代烽火是外敌入侵的信息，书上文字“你好”表达的是问候的信息。总之，信息是包含在具体物质里面的，需要具体的事物来承载它。信号就是运载和传递信息的载体和工具。比如，老师讲课时口里发出的授课内容是声音信号，是以声波的形式发出的；而学生自学时，通过书上的文字或图像信号获取要学习的内容，这些内容就是这些文字或图像信号承载的信息。总之，信号与信息的关系就像是船与货物的关系，信息是蕴涵在信号之中，信号是信息的载体。

在通信系统中，一般将语言、文字、图像或者数据等统称为消息，在消息中包含一定数量的信息。

1．信号传递方式

通信的目的就是从一方向另一方传送消息，给对方以信息，人类社会中需要传递的信息可以是声音、文字、符号、音乐、图像和数据等。但是，消息的传送一般都不是直接的，而必须借助于一定形式的信号（光信号、电信号等）才能便于远距离快速传输和进行各种处理。在现代通信技术中，主要运用的传输方式是电通信技术，即以电信号的形式来传递信息。

随着通信技术的发展，将会出现一种与上述通信方式完全不同的技术——全光通信。全光通信首先是在发送端将各种信息转换成光信号发送出去，然后再在接收端把光信号还原，即信息的传递是以光传输方式进行的。应注意：本书所讨论的“信号”是指电信号。

2．信号的分类

信号是随时间而变化的，在数学上可以表示成以时间 t 为变量的函数，因此，习惯上常常交替地使用“信号”与“函数”这两个名词。信号的特性可以从两个方面来描述，这就是时间特性和频率特性。信号是时间 t 的函数，它具有一定的波形，因而表现出一定的时间特性，如出现时间的先后、持续时间的长短、重复周期的大小以及随时间变化的快慢等。另外，任意信号总可以分解为许多不同频率的正弦分量，即具有一定的频率成份，因而表现出一定的频率特性，如各频率分量的相对大小，主要频率分量占有的范围等。信号的形式所以不同，就在于它们各自有不同的时间特性和频率特性。

按照各种信号的不同性质与数学特征，可以有多种不同的分类方法。例如，按照信号的物理特性，可以分为光信号、电信号等；按照信号的用途，可以分为雷达信号、电视信号、通信信号等；按照信号的数学对称性，可以分为奇信号、偶信号、非对称信号等；从能量的角度出发，可以分为功率信号与能量信号；从信号的传输性质，可以分为调制信号和已调信号。通常，信号有以下三种最常用的分类方法。

（1）连续信号与离散信号

一个信号，若在某个时间区间内除有限个间断点外的所有瞬时都有确定的值，就称这个信号为在该区间内的连续信号。正弦信号就是典型的连续信号。模拟信号是指其代表消息的参数（幅度、频率或相位）完全随时间的变化而连续变化，例如，声音和图像的强度都是连续变化的，传感器采集的大多数数据也都是连续取值的。连续信号又称为模拟信号。

如图 1-9 所示的正弦信号是常见的模拟信号。一个信号，如果只是在离散的时间瞬时才有确定的值，就称这个信号为（时间）离散信号。如图 1-10 所示的为时间离散的模拟信号。如果一个信号不仅自变量的取值是离散的，其函数值也是“量化”了的有限值，则称这种信号为数字信号。所谓“量化”，就是分级取整的意思，例如用“四舍五入”的方法，使各离散时间点上的函数值归为某一最接近的整数，从而将连续变化的函数值用有限的若干整数值来表示。例如，电报、数据、计算机输入输出的信号这些都是数字信号。

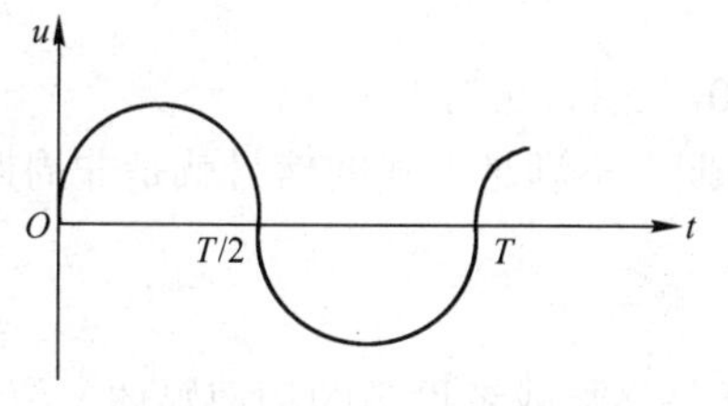

图 1-9　时间连续的正弦信号

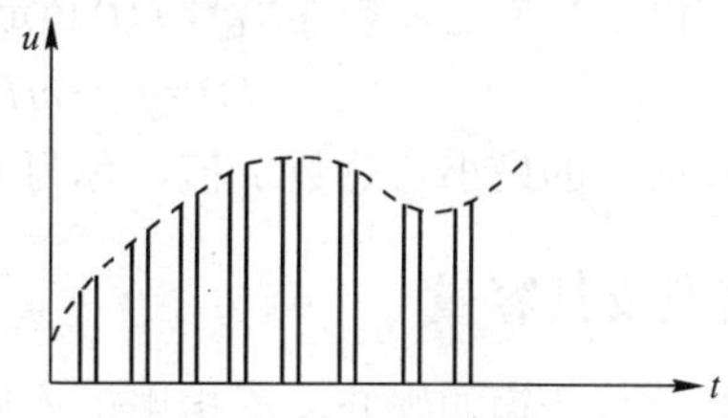

图 1-10　时间离散的模拟信号

（2）确定信号和随机信号

确定信号是时间 t 的确定函数，即确定信号对于任意的确定时刻都有确定的函数值相对应。正弦信号和各种形状的周期信号就是确定信号的例子。如图 1-11 所示为确定信号。随机信号则不是时间 t 的确定函数，例如雷达发射机发射一系列脉冲到达目标又反射回来，接收机收到的回波信号就有很大的随机性。因为它与目标性质、大气条件、外界干扰等种种因素有关，所以不能用确定的函数式表示，而只能用统计规律来描述。如图 1-12 所示为随机信号。

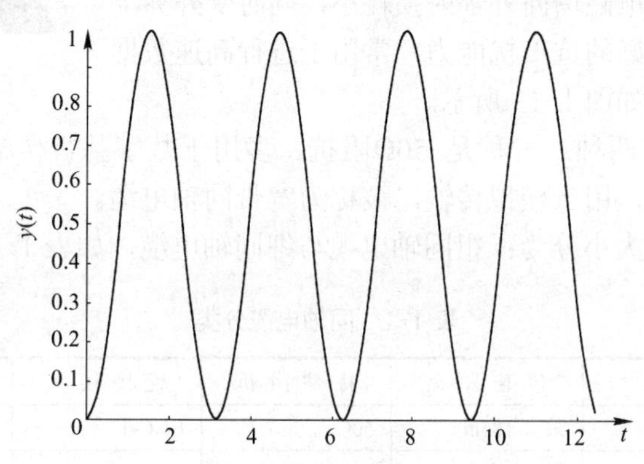

图 1-11　确定信号

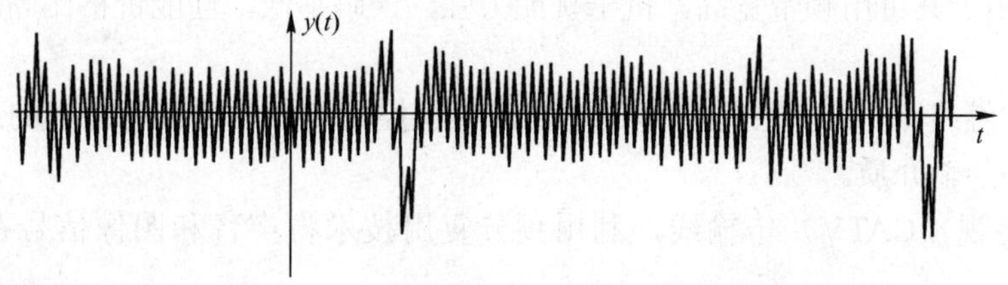

图 1-12　随机信号

实际传输的信号几乎都具有未可预知的不确定性，因此都是随机信号。如果传输的信号都是时间的确定函数，那么对接收者，就不可能由它得知任何新的信息，这样失去了传送消息的本意。但是，在一定条件下，随机信号也会表现出某种确定性，例如，在一个较长的时间内随时间变化的规律比较确定，可以近似地看成确定信号，使分析简化。

（3）周期信号与非周期信号

无始无终地重复着某一变化规律的信号，称为周期信号。正弦、余弦、矩形波，以及三角波都是常见的周期信号。

用数学语言来描述，周期信号$f(t)$必定满足：

$$f(t)=f(t+mT) \qquad m=0，\pm 1，\pm 2，\cdots \tag{1-1}$$

使上式成立的最小自然数T值，称为$f(t)$的周期。不满足上式的信号就是非周期信号。

1.3.2 信道及其容量

信道是信号传输的媒介，泛指用于连接各个通信终端或者设备的物理媒体。信道分为有线信道和无线信道两大类。有线信道包括架空明线、双绞线、同轴电缆、光纤、波导电缆等；无线信道包括无线电波、地波传播、短波电离层反射、超短波或微波通信、红外线传输、人造卫星中继以及各种散射信道等。

1. 有线信道

（1）同轴电缆

同轴电缆是由内外相互绝缘的同轴心导体构成的电缆：内导体为铜心线，起传导作用；中间是绝缘塑料层；外导体为铜管丝网，起屏蔽作用；塑料外套层起保护作用。电磁场被封闭在内外导体之间，故电磁场向外辐射损耗小，同时受外界干扰影响小，因此具有很好的抗干扰能力，常用于进行高速数据传输。同轴电缆的实物如图1-13所示。

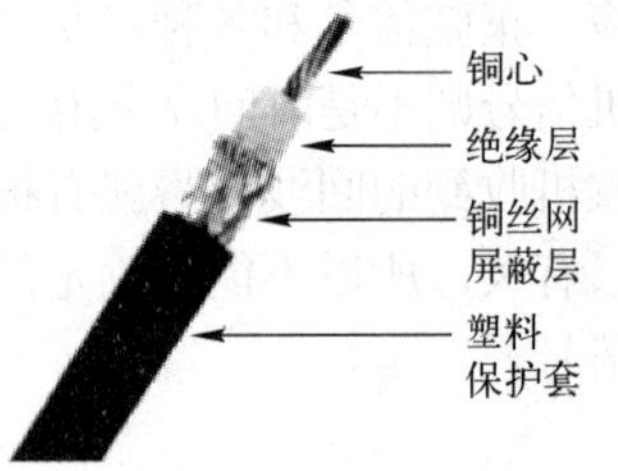

图1-13 同轴电缆

常见的同轴电缆有两种：一种是50Ω阻抗，多用于数字基带传输，被称为基带同轴电缆；另一种是75Ω阻抗，用于模拟传输，被称为宽带同轴电缆。

按同轴电缆的直径大小分为：粗同轴电缆与细同轴电缆，如表1-1所示。

表1-1 同轴电缆分类

	直 径	传输距离	特性阻抗	连接接头	应 用
细同轴电缆	0.26cm	最大185m	50Ω	BNC-T	计算机局域网络和局间中继
粗同轴电缆	1.27cm	最大500m	50Ω或75Ω	RG-11	CATV电视网络和骨干网

同轴电缆由于其可用频带宽高，抗干扰能力强，误码率低，性能价格比高等特点，被广泛应用于：

1）局间中继线路，应用在固定电话通信网中程控交换机局端设备之间的连接，特别是作为E1链路的传输介质。

2）有线电视（CATV）传输线，利用频分复用技术将声音和图像信号在同轴电缆上传输。

3）射频信号线，同轴电缆也经常在通信设备中被用做射频信号线，例如，手机基站设备中功率放大器与天线之间的连接线。

（2）双绞线

双绞线把两根相互绝缘的铜导线按一定密度绞合在一起，以降低信号干扰，每一根导线在传输中辐射的电波会被另一根线上发出的电波抵消。双绞线中每根线都用色标标记。

双绞线可以分为屏蔽双绞线（Shielded Twisted Pair，STP）和非屏蔽双绞线（Unshielded Twisted Pair，UTP），如图 1-14 所示，非屏蔽双绞线在导线与绝缘外层之间没有屏蔽层。屏蔽双绞线电缆的外层由铝泊包裹，以减小辐射，但并不能完全消除辐射，由于屏蔽双绞线价格昂贵、对于工程安装的要求较高，而且如果金属屏蔽层的接地不好，有些条件下其性能甚至还不如非屏蔽双绞线。因此，实际上被广泛使用的是非屏蔽双绞线 UTP。

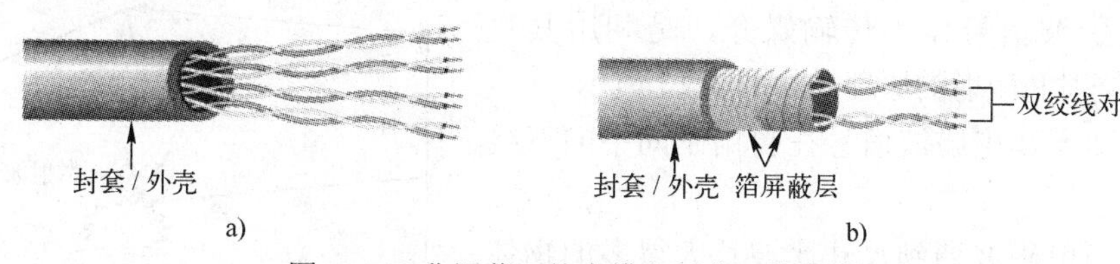

图 1-14　非屏蔽双绞电缆和屏蔽双绞电缆

a) 非屏蔽双绞线电缆　b) 屏蔽双绞线电缆

双绞线上既可以传输数字信号，又可以传输模拟信号。EIA/TIA（电气工业协会/电信工业协会）按双绞线的电器特性将其定义为 7 种型号，分别是一类到五类、超五类、超六类。与同轴电缆相比，双绞线有易于安装的特点，用于计算机局域网的 4 对双绞线采用的标准接口是 RJ-45，如图 1-15 所示。

双绞线因为其低成本、重量轻、易弯曲、具有独立性和灵活性、适用于结构化综合布线、易于安装的特点，被广泛应用于计算机局域网、电话通信、窄带 ISDN、XDSL 接入网络等。

（3）光纤

光纤是光导纤维的简称，是一种利用光在玻璃或塑料制成的纤维中的全反射原理而达成的光传导工具。光线从高折射率媒体射向低折射率媒体时，折射角大于入射角。因此，当入射角足够大时就会出现全反射，即光线碰到包层时会折射回纤芯。这个过程不断重复，不断地全反射，光也就沿着光纤传输下去，如图 1-16 所示。

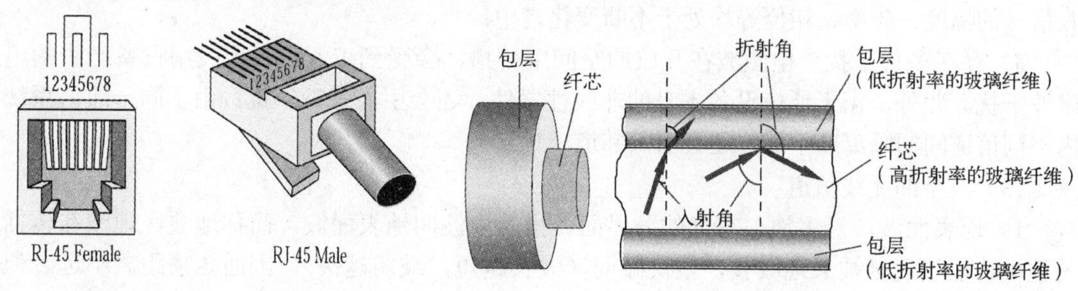

图 1-15　RJ-45 标准接口

图 1-16　光纤原理

按传输模式分类，分为单模光纤（Single Mode Fiber）和多模光纤（Multi Mode Fiber）。当光纤直径较大时，可以允许光以多个入射角射入并传播，就称为多模光纤；当直径较小时，只允许一个方向的光通过，就称为单模光纤。目前通信中普遍使用的用石英材料做成的光纤。

作为传输介质，光纤传输频带宽高、传输距离长，被广泛应用于国家骨干网、城域网、洲际海底线缆；抗电磁干扰能力强、保密性好，被广泛应用于军事通信、航空航天中；体积小，重量轻的特点，被广泛应用于飞行器制造，可以减轻重量。还被应用于医疗，如医学临床胃镜等。专家预测光纤是以后各种通信网络最理想的传输介质。

2．无线信道

（1）无线电波的传播方式

无线电磁波信号作为传输媒介，是利用其直射、反射、绕射和散射的原理，如图 1-17 所示。

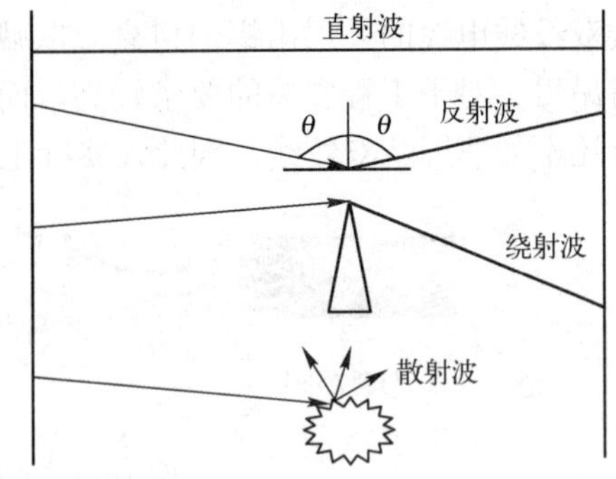

图 1-17　无线电波传播方式

直射：即无线电磁波信号在自由空间中的直线传播。

反射：当电磁波遇到尺寸比波长大得多的物体时在物体表面发生反射。

绕射：当接收机和发射机之间的无线路径被尖锐的物体边缘阻挡时发生绕射。如高大建筑物的锋利边缘、高大陡峭的山峰等都会引起绕射。

散射：当无线路径中存在小于波长且数量较多的微小颗粒时候发生散射。物体粗糙表面、小物体、不规则物体、雾、雨、雪、烟尘以及大气层中的结晶颗粒都会引起散射。

（2）无线信道的特征

1）频谱资源有限：无线频谱资源理论是无限的，可高达几万吉赫兹，受到人们技术水平的限制，无线频谱还没有被充分利用，对于某个特定的通信系统来说，频谱资源是非常有限的。

无线频谱是一种被严格管制使用的资源，由国家统一的规划部门来规划其频率的使用范围。表 1-2 就是我国无线频谱规划表。

2）传播环境复杂：电磁波在无线信道中传播存在多种传播机制，如直射、反射等。这会使接收端的信号处于极不稳定的状态，产生多径效应、多普勒频移、阴影效应，会造成接收信号的幅度、频率、相位等均处于不断变化之中。

3）存在多种干扰：电磁波在开放的空间中传播，会受到工业设备或民用设备产生的电磁波干扰。此外，由于通信设备本身的非线性器件，还会引入互调干扰；由于同一通信系统内不同信道间的隔离度不够，还会引入邻道干扰。

（3）典型的无线信道

1）地表面波。沿大地与空气的分界面传播的电波叫地表面波，简称地波。地波在传播过程中，能量逐渐被大地吸收，很快减弱（波长越短，减弱越快），因而传播距离不远。但地波不受气候影响，可靠性高。超长波、长波、中波无线电信号，都是利用地波传播的。短波近距离通信也利用地波传播，如图 1-18 所示。

表 1-2　中国无线频谱规划表

名称	甚低频	低　频	中　频	高　频	甚高频	超高频	特高频	极高频
符号	VLF	LF	MF	HF	VHF	UHF	SHF	EHF
频率	3～30kHz	30～300kHz	0.3～3MHz	3～30MHz	30～300MHz	0.3～3GHz	3～30GHz	30～300GHz
波段	超长波	长波	中波	短波	米波	分米波	厘米波	毫米波
波长	1～100km	1～10km	100～1km	10～100m	1～10m	0.1～1m	1～10cm	1～10mm
传播特性	空间波为主	地波为主	地波与天波	天波与地波	空间波	空间波	空间波	空间波
主要用途	海岸潜艇通信；远距离通信；超远距离导航	越洋通信；中距离通信；地下岩层通信；远距离导航	船用通信；业余无线电通信；移动通信；中距离导航	远距离短波通信；国际定点通信	电离层散射（30～60MHz）；流星余迹通信；人造电离层通信（30～144MHz）；对空间飞行体通信；移动通信	小容量微波中继通信（352～420MHz）；对流层散射通信（700～10000MHz）；中容量微波通信（1700～2400MHz）	大容量微波中继通信（3600～4200MHz）大容量微波中继通信（5850～8500MHz）；数字通信；卫星通信；国际海事卫星通信（1500～1600MHz）	再入大气层时的通信；波导通信

2）地表微波中继。微波是一种具有极高频率（通常为 300MHz～300GHz），波长很短，通常为 1mm～1m 的电磁波。在微波频段，频率很高，电波的绕射能力弱，所以信号的传输主要是利用微波在视线距离内的直线传播，又称视距传播。在较远的距离上通信时，需要采用中继天线，进行中继转发，中继站之间是直线传播。地表微波中继如图 1-19 所示。

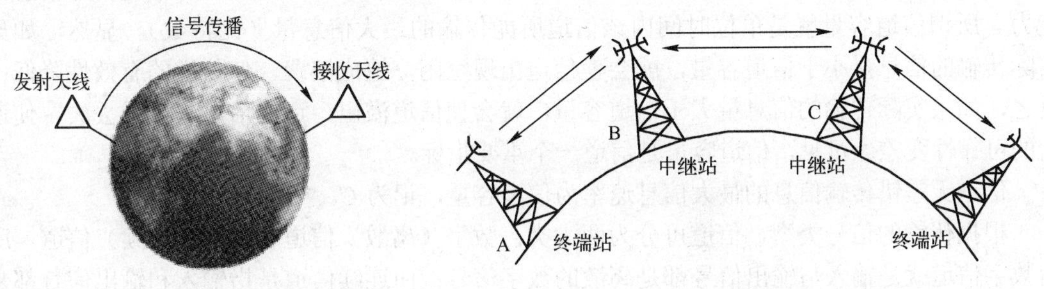

图 1-18　地表面波通信　　图 1-19　地表微波中继

3）短波电离层反射。短波电离层反射信道是利用地面发射的无线电波在电离层，或电离层与地面之间的一次反射或多次反射所形成的信道。由于太阳辐射的紫外线和 X 射线，使离地面 60～600km 的大气层成为电离层。电离层是由分子、原子、离子及自由电子组成。当频率范围为 3～30MHz（波长为 10～100m）的短波无线电波射入电离层时，由于折射现象会使电波返回地面，从而形成短波电离层反射信道。短波电离层反射通信如图 1-20 所示。

4）移动通信信道。移动通信在终端和基站之间通过微波无线信道连接，进而实现用户在运动过程中相互通信。因为其基站服务区的天线覆盖范围理想化为正六边形，类似于蜂窝的形状，所以称为蜂窝移动通信系统。中国移动的 GSM 系统（G 网）、中国电信的 CDMA 系统（C 网）都是蜂窝移动通信系统。由于用户移动灵活，蜂窝移动通信发展得非常迅速，据统计现在的手机用户量已经超过固定电话用户。移动通信系统在以后的章节中会专门讲解。

5）卫星中继。卫星通信系统由卫星和地球站两部分组成，卫星在空中起中继站的作用，即把地球站发上来的电磁波放大后再反送回另一地球站。卫星通信通信范围大，只要在卫星发射的电波所覆盖的范围内，从任何两点之间都可进行通信；不易受陆地灾害的影响。卫星中继通信如图 1-21 所示。

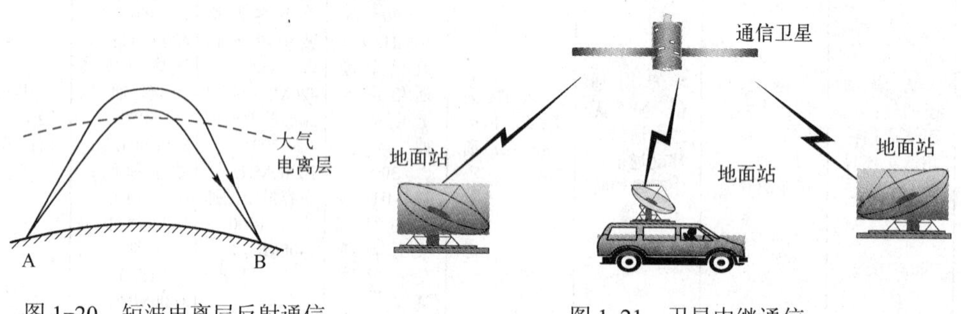

图 1-20　短波电离层反射通信

图 1-21　卫星中继通信

著名的“鑫诺一号”通信卫星于 1998 年 7 月 18 日发射成功，它是一颗服务于中国及亚太地区的广播通信卫星，同时也是一颗专门为电视直播业务和卫星专用通信网业务设计的通信广播卫星。

3．信道容量

信源输出的信息总是要通过信道传送给接收端的收信者，因此需要度量信道传输信息的能力。所谓信道容量就是单位时间内该信道所能传输的最大信息量（比特数）。显然，如果实际传输的信息量小于信道容量，就会使信道出现空闲，造成浪费，使信道的有效性降低；反之，如果实际传输的信息量大于信道容量，就会使信道溢出，造成信息失真或丢失，使通信的可靠性变差。可见，信道容量是信道一个重要指标。

信道无差错传输信息的最大信息速率为信道容量，记为 C。

根据传输的信号类型，信道可分为两大类：数字（离散）信道和模拟（连续）信道。所谓数字信道就是输入与输出信号都是离散的数字信号；而连续信道是指输入和输出信号都是连续的模拟信号。数字信号通常需要编码解码，数字信道一般是编码信道；模拟信号的传输需要调制解调，模拟信道一般是调制信道。

（1）连续信道容量

连续信道的信道容量计算采用香农（Shannon）信道容量公式 ，简称香农公式。

$$C = B\log_2(1 + S/N) \quad \text{(bit/s)} \tag{1-2}$$

上式中，N 是连续信道的加性高斯白噪声功率（W），是一个平均值；B 是信道的带宽（Hz）；S 是有用信号功率（W）；S/N 为有用信号功率与噪声功率之比，简称信噪比，即 SNR（Signal to Noise Ratio），描述的是有用信号相对于噪声信号的比值，常用分贝数（dB）表示。香农公式表明了当信号与信道噪声的平均功率给定时，在给定频带宽度为 B 的信道上，单位时间内传输的信息量的理论最大数值。

香农公式实际上讨论了信道容量、频带宽度和信噪比之间的关系，是目前通信系统设计和性能分析的理论基础。分析香农公式可以得出如下结论：

1）在给定 B、S/N 时，信道的理想极限传输能力 C 是确定的。

2）当信道容量 C 确定时，带宽 B 和信噪比 S/N 之间是可以互换的。在某些系统中，当在用户高峰期时，可以适当降低通信质量（S/N），提高带宽容纳更多用户。

3）提高 S/N，可以提高信道容量。

4）提高 B，也可以提高信道容量，但是噪声功率也是随着信道带宽的增加而增加的，所以信道容量是有极限的。

根据以上分析，S/N 是信噪比，信噪比越高，在传输中出错的几率越小，通信系统的可靠性也就越高，但是在给定信道容量下，带宽 B 就会减小，带宽 B 减小意味着信息量的减小甚至用户量减小，那么通信系统有效性就降低了。通信系统的有效性和可靠性是一对矛盾体，要在两者之间找到平衡点，在保证一定的可靠性前提下，提高有效性。

香农公式是在信道噪声为高斯白噪声的前提下进行讨论的，对于其他噪声类型，需要对香农公式进行修正。

（2）数字信道容量

数字信道的情况比较复杂，根据奈奎斯特（Nyquist）定理，如果信道的带宽为 B，那么在无噪声情况下，它能够传输的最大码元速率为每秒 $2B$ 个码元。那么根据信息论，数字信道容量的计算机公式：

$$C = 2B\log_2 M \quad \text{(bit/s)} \tag{1-3}$$

公式中，B 为信道带宽，M 为码元的进制。

【例 1-1】 有一 CRT 终端联接计算机系统，其联接应用一条电话线路，电话线路带宽为 3000Hz，输出信噪比 S/N=10dB。设终端有 128 个印刷字符，终端输出字符是相互独立的，并且是等概的。求：

1）信道容量是多大？

2）从终端传输字符到计算机无错误时，信道传输字符的最大速率（理论上的）是多少？

解：

1）信道容量：

$$C=B\log_2(1+S/N)=3000\log_2 11=10378\text{bit/s}$$

2）每个字符的平均信息量：

$$H=\log_2 128=7\text{bit / 字符}$$

由于信源输出平均信息速率 rs 应满足：

$$R=H \cdot rs<C\text{，则}$$

$$7 \cdot rs<10378$$

$$rs<1482\text{ 字符/s}$$

因此，在信道上无错误传输数据的最大速率是 1482 字符/s。

1.3.3 信道噪声

通信信道的噪声是相对于信道所传有用信号而言的无用电磁信号，信道的噪声能够干扰通信效果，降低通信的可靠性。

信道噪声根据来源分为内部噪声和外部噪声，外部噪声如大气噪声、天电干扰、宇宙射线，以及人为噪声等，这一类噪声随机性很强，幅度很大，也称为脉冲噪声，很难用统计规律来描述。内部噪声是电路系统的电流、电压的起伏所产生的，其中最常见的是散粒噪声与热噪声。散粒噪声是有器件电流的离散性引起的，热噪声是指导体中电子的随机运动所产生的一种电噪声，这两种噪声的特点是在时间上分布较平稳，频谱也比较均匀，其功率谱密度也是均匀分布的，即噪声的功率谱密度是一个与频率无关的常数，常称为“白噪声”。工程中的白噪声是指带宽有限的白噪声，其功率谱在某一区间是一个常量，在其他区间为零。

根据统计理论观点，噪声又可以分为平稳和非平稳噪声两种。其统计特性不随时间变化的噪声称为平稳噪声；其统计特性随时间变化而变化的称为非平稳噪声。

根据噪声和信号之间关系可分为加性噪声和乘性噪声：假定信号为 $s(t)$，噪声为 $n(t)$，如果混合叠加波形是 $s(t)+n(t)$形式，则称此类噪声为加性噪声；如果叠加波形为 $s(t)[1+n(t)]$ 形式，则称其为乘性噪声。加性噪声虽然独立于有用信号，但它却始终存在，干扰有用信号，因而不可避免地对通信造成危害。乘性噪声随着信号的存在而存在，当信号消失后，乘性噪声也随之消失。

在通信系统的理论分析中常常用到的噪声有：白噪声，高斯噪声，高斯型白噪声，窄带高斯噪声，正弦信号加窄带高斯噪声。

1.4 通信系统的主要性能指标

一个通信系统往往有很多指标，这些指标从各个方面评价系统的优劣。

1.4.1 模拟通信系统的基本参数

模拟通信系统常用的三个基本参量是：

1．带宽（*B*）

在无线电通信中，它的带宽主要由收、发信机的带宽和收发天线的带宽决定；在有线信道中，主要由导体的结构和线路放大器以及其他传输网络的带宽决定。

2．可用时间（*T*）

可用时间指设备可用时间的长短。一般与通信设备的故障率有关。在短波信道中，还与电离层的状态密切相关。

3．最大容许功率范围（*H*）

从实际出发，可分为平均功率和峰值功率两种。峰值功率超过容限会导致电信设备的电击穿，平均功率超过容限会导致电信设备过热而烧毁。

此外，这个指标与干扰还有密切关系，为了保证通信的可靠性，必须保证一定的信噪比（即信号功率与干扰功率的比值）。一般来说，干扰大时，H 也大；反之，干扰小时，H 小些。

1.4.2 数字通信系统的基本参数

1．有效性

数字通信系统的有效性主要从传输速率、功率利用率和频带利用率三个方面来考虑。

（1）传输速率

传输速率是衡量系统传输有效性的重要指标，它有以下几种不同的定义：

1）码元传输速率。携带信息的信号单元叫码元。码元传输速率的定义为：单位时间（每秒）通过系统所传送的码元（脉冲）数，其单位为波特（Baud），又称为传码率或波特率，记作 R_B。

2）信息传输速率。信息的计量单位为比特。单位时间（每秒）通过系统所传送的信息量定义为信息传输速率，其单位为比特 / 秒（bit / s），又称为传信率、比特率，记作 R_b。

3）消息传输速率。单位时间（每秒）通过系统所传送的从信源发出的消息量称为消息传输速率，其单位为比特/秒（bit/s），又称作消息率，记作 R_m。

传码率、传信率和消息率三者有不同的定义，但它们之间又有一定的关系。

消息传输速率与信息传输速率的关系为：

$$R_m=\alpha R_b \quad \text{(bit/s)} \tag{1-4}$$

式中α是消息传输效率。一般而言，有$\alpha\leqslant 1$。因为在传输过程中，通常总要加入一些冗余码，这些冗余码所携带的不是信源发出的信息，而是为可靠传输而插入的传输服务信息（如同步码、纠错码等）。所以，传输效率α总是小于 1 的。

对 M 进制系统（用 M 进制信号传输的系统）而言，每码元的信息量为 $\log_2 M$ 比特，所以，M 进制数字传输系统中码元传输速率与信息传输速率的关系为：

$$R_b=R_B\log_2 M \quad \text{(bit/s)} \tag{1-5}$$

式中，$M\geqslant 2$。

可以看出，从理论上说，在码元传输速率相同的情况下，传输码元的进制数越大，所传送的信息量越大，但是，对应地，系统进制数越大，其技术问题越复杂，实现越困难。另外，传输信道的频带也给传输速率带来一定的限制。

（2）功率利用率

数字通信传输系统的功率利用率用系统信噪比来描述。在保证系统传输质量（传输比特差错率小于规定值）条件下，系统所需要的最低归一化信噪比（每比特信号的能量 E_b 和噪声单边功率谱密度 N_0 的比值）定义为系统的功率利用率。

（3）频带利用率

频带利用率用系统单位频带内所实现的信息传输速率来衡量。定义为：

$$\eta=R_b/B \quad \text{(bit/s· Hz)} \tag{1-6}$$

式中，B 为系统传输所需的带宽，R_b 为系统的信息传输速率。显而易见，在传输带宽相同时，若信息传输速率越高，则频带利用率越高，反之则越低。将式（1-5）代入式（1-6），则有：

$$\eta=R_b/B=(R_B\log_2 M)/B \quad \text{(bit/s· Hz)} \tag{1-7}$$

容易看出，若系统码元传输速率相同，通过加大 M 或减小 B 都可以使频带利用率提高，前者可以用多进制调制技术实现；后者可用单边带调制、部分响应等压缩发送信号频谱的方法实现。

功率利用率和频带利用率的指标主要取决于系统传输的工作方式。一般而言，在选择的时候应兼顾二者，并视具体情况来决定。在系统中，若功率是最宝贵的（例如，通过某些无线信道传输的系统，增大功率可能使设备变得很复杂），则可适当牺牲频带利用率来提高功率利用率；反之，若频带利用率是最宝贵的（例如，在有线话带信道中，频带通常是限定的），则应着重于提高频带利用率，而允许适当降低功率利用率。

2．可靠性

在数字通信系统中衡量系统可靠性的重要指标是差错率。另外，为了说明系统正常工作的能力，可靠性指标还包括可靠度和中断率。

（1）差错率

1）码元差错率。码元差错率是指在系统传输的码元总数中发生差错的码元数所占的比例（平均值），又称码元误码率，记作：P_{eB}，定义为：

$$P_{eB} \overset{\Delta}{=} \lim_{n_B \to \infty} \frac{n_{eB}}{n_B} \tag{1-8}$$

式中，n_B 是在一定时间（观察时间）内系统传输的码元总数。n_{eB} 是在相同时间内传输产生差错的码元数。

2）比特差错率。比特差错率是指系统在传输中发生差错的比特数占传输总比特数的比例（平均值），又称比特误码率，记作：P_{eb}，定义为：

$$P_{eb} \overset{\Delta}{=} \lim_{n_b \to \infty} \frac{n_{eb}}{n_b} \tag{1-9}$$

其中，n_b 是在一定时间（观察时间）内系统传输的比特总数；n_{eb} 是在同一时间内传输产生差错的比特数。

在数字传输系统中，最关心的是比特差错率，主要用它来说明系统的传输质量，比特差错率越低，传输质量越高。不同场合对系统传输比特误码率要求不同，一般说来，在传送人的书信（如电报、电传等）时，允许的比特误码率约为 10^{-5}～10^{-4}；对数字电话，要求其系统比特误码率约为 10^{-6}～10^{-5}；而传送计算机数据时，则要求比特误码率在 10^{-9}～10^{-8} 以上。

另外，在数字传输中，根据需要，还可将若干码元组成一个码组（字）；若干码组构成一个句进行传输，这样，类似地也可定义误字率和误句率。

容易证明，当比特、码元、字、句均相互独立时，总有“误句率≥误字率≥码元误码率≥比特误码率”成立。

（2）可靠度

可靠度是指在全部工作时间内系统正常工作时间所占的百分比，记做 P_r。

（3）中断率

中断率指在全部工作时间内系统传输中断的时间所占的百分比，记作ε。

显然，可靠度与中断率之间有：

$$\varepsilon=1-P_r \tag{1-10}$$

数字传输系统的可靠性决定于诸多因素，但主要取决于传输设备和传输媒介，因此，应该明确区分设备的可靠性与传输媒介的可靠性。在设计时，应将总的可靠性指标在两者之间作合理的分配。

为了提高设备的可靠性，除了采用先进合理的技术和选用可靠的元器件外，还应使设备便于使用和维修。另外，对某些关键设置备份，也是提高可靠性的有效措施。

传输媒介的可靠性主要决定于传输媒介的特性。为了提高它的可靠性，在选择信道和设计信道参数时应予以充分的注意。

1.5 通信技术的发展与现状

1.5.1 通信发展历史

古代，我国就利用烽火传送边疆警报，希腊人用火炬的位置表示字母符号，这种光信号的传输构成最原始的通信方式。利用击鼓鸣金可以报送时刻或传达命令，这是声信号的传输。后来又出现了信鸽、旗语、驿站等传送信息的方法。

19 世纪，人们开始利用电信号传送信息。1837 年莫尔斯发明了电报，用点、划、空适当组合的代码表示字母和数字，这种代码称为莫尔斯电码。1876 年贝尔发明了电话，直接将声信号转变为电信号沿导线传送。19 世纪末，人们又致力于研究用电磁波传送电信号，赫兹、马可尼等人在这方面都作出了贡献。1901 年，马可尼成功地实现了横跨大西洋的无线电通信。从此，以电信号为载体的通信方式得到广泛应用和迅速发展。

20 世纪 20～40 年代，开始利用铜线实现市内和长途有线通信，又利用短波实现远距无线通信和国际通信，电信号的频分多路技术开始步入实用。

20 世纪 50～60 年代起，半导体晶体管开始替代电子管，其后进入集成电路技术以及超大规模集成电路的时代，并开始建设最早的公用电话通信网。

20 世纪 60 年代起，计算机技术得到广泛应用，数据通信开始兴起，电话编码技术得到应用，模拟通信开始向数字通信过渡。

20 世纪 70 年代起，玻璃光纤拉制成功，传输网络从电缆通信向光纤通信过渡；地球同步轨道运行的通信卫星发射成功，卫星通信开始服务国际通信和电视转播。英籍华人高锟，被称为“光纤之父”，第一个提出了光纤理论，并发明了石英玻璃，对世界通信作出了卓越的贡献。

20 世纪 80 年代起，各种信息业务应用增多，通信网络开始向数字网发展。电信号的时分多路技术（PDH 和 SDH）走向成熟，公共电话交换网（PSTN）逐渐得到普及，交换方式发展出新的类型（ATM）。蜂窝网等各种无线移动通信业务向公众开放，导致个人通信的迅速发展。第一代模拟移动通信网的代表技术为 AMPS、TACS 系统。

20 世纪 90 年代起，国际互联网 Internet 在全世界兴起，可以在网上快速实现国内和国际通信并获取各种有用信息，而仅支付低廉的费用。从此，通信网络的数据业务量急剧增长。这使得以互联网协议（IP）为标志的数据通信，在通信网络逐渐占据更为重要的地位。同时，在光纤通信技术中，波分复用技术（WDM）取得成功，与电信号的时分复用技术（TDM）相结合，线路的传输容量显著加大，足以适应通信业务量急速增长的需要。

20 世纪 90 年代中期起，蜂窝移动通信网进入第二代，即数字式蜂窝移动通信系统，适应时代发展对个人通信的需求。GSM 作为第二代移动通信系统的代表，更是得到了全球性的广泛应用。时分多址（TDMA）和码分多址（CDMA）一同向前发展。除了传送话音信号之外，还开始提供移动数据通信，让无线移动用户能像有线固定用户一样自由地访问国际互联网。

21 世纪初，以 WCDMA、CDMA 2000、TD-SCDMA 技术为代表的第三代移动通信系统被广泛应用，大大提高了无线移动用户的访问速率；而第四代移动通信技术的标准正如火如荼地研究。在计算机无线通信领域，以 802.11a/b/g 技术为代表的无线局域网技术 WLAN、WIMAX 等也被大量使用。各种宽带无线通信技术逐渐融合。

1.5.2 通信技术发展趋势

通信的最高目标是实现个人通信，即无论任何人（whoever）、在任何时间（whenever）、在任何地点（wherever）、与任何一个人（whomever）、进行任何方式的通信（whatever）。各种通信方式从不同的方向都在不停的朝向这个目标发展。

1．宽带化——提供强大的信息传输能力

通信运营商开通新业务和用户追求更高通信质量，为了得到更高的传输速率和更高的带宽，在设备制造商的推动下，通信技术发展面向宽带化。目前我国的骨干网从原来 155Mbit/s 的 SDH 同步技术转换成 80Gbit/s、160Gbit/s 的 DWDM 技术。用户接入技术由原来的 56kbit/s 的话带调制解调器向以 ADSL、FTTX 等宽带技术迈进，接入带宽都达到 Mbit/s 的数量级。移动通信技术也又原来的 171.2kbit/s 的 GPRS 向高达 2Mbit/s 的 3G 过渡。

2．综合化——多种单一业务网络的融合

传统的通信网络基本上是一个单一业务的网络，话音、数据、视频等各种业务不仅在传输上是分开的，而且用户也把它们分别作为独立的业务来使用。比如，固定电话网络就传输话音业务、有线电视网络就传输视频业务。传统的网络已经不能满足用户对日益增长的多业务需求，单一的网络不能形成规模经济、业务竞争能力弱。各大营运商都在走业务融合之路。

多业务融合并不是原有单一业务的简单叠加，已有网络多是针对单一业务的传输而设计的，在已有的这些网络之上提供多种业务对通信技术是一个巨大挑战。目前在接入网层面，原来 PSTN 网的电话线采用频分复用技术实现电话语音业务和上网的数据业务同传（XDSL），而有线电视网络（CATV）经过改造增加光纤传输，实现既能传视频又能传数据业务。

理想的综合业务网络是下一代网络 NGN，采用分组交换方式，目标融合将视频、数据和话音三种业务。这里需要说明 NGN 是一个很广泛的概念，有的通信专家认为 NGN 对于固定网络就是软交换，对于移动网就是 3G，对于计算机网络就是 IPV6。NGN 多业务融合网络如图 1-22 所示。

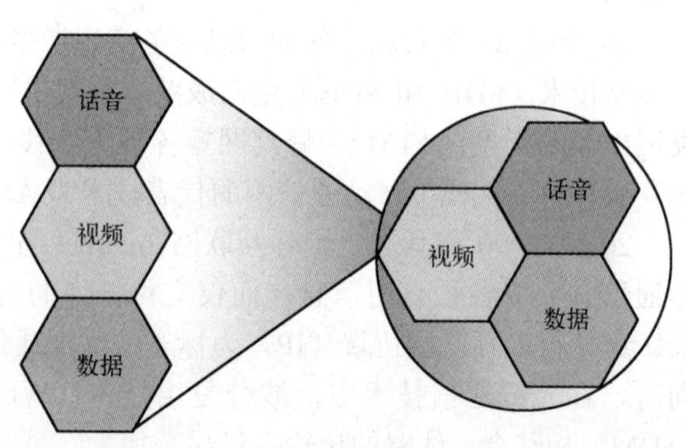

图 1-22 NGN 多业务融合网络

3．IP 化——通信协议的变化

通信业务的 IP 化是不可阻挡的历史潮流。电信业务除电话外，已全部 IP 化。电话业务中长途电话 70%已是 IP 电话，企业网业务 100%已 IP 化。网络是用来支撑业务的，业务潮流已明朗，网络发展也应顺应历史潮流。下一代网络 NGN 也是一个全 IP 的网络。

4．接入无线化——摆脱有线的束缚

固定电话的份额下降也是不争的事实，无线接入方式的可移动性和方便快捷使移动电话通信和各种宽带无线接入的市场份额逐渐增大。笔记本的上网接入无线化也被运营商看成是业务增长点。

1.6 本章小结

信息的传递和交换过程称为通信，信息的载体可以是光信号和电信号。电信号的通信系统按照传递信号的种类，可以分为模拟通信系统和数字通信系统。

通信系统的传输信道分为有线信道和无线信道。常见的同轴电缆、双绞线属于有线信道。地表面波、微波中继、卫星信道属于无线信道。

信道容量是通信系统的重要指标之一。

通信技术向宽带化、综合化、IP 化、无线化方向发展。

1.7 习题

1．模拟信号与数字信号之间的区别是什么？

2．试述数字通信的优点有哪些？为什么？

3．在数字通信系统中，其可靠性和有效性指的是什么？各有哪些重要的指标？

4．信道容量是如何定义的？香农公式有何意义？信道容量与信道的哪些要素有关？

5．已知某标准音频线路带宽为 3.4kHz。1）设要求信道的 S/N=30dB，试求这时的信道容量为多少？2）设线路上的最大信息传输速率为 4800bit/s，试求所需的最小信噪比为多少？

6．设在 125μs 内传输 256 个二进制码元，计算信息传输速率是多少？若该信码在 2s 内有 3 个码元产生误码．试问其误码率是多少？

7．某一数字信号的符号传输速率为 1200 波特，试问它采用四进制或二进制传输时，其信息传输速率各为多少？

8．通信朝什么方向发展？

第2章 模拟通信

根据电信号参量（如幅度、频率、相位等）的变化特点，信号分两类：一是模拟信号，即电信号的参量是连续取值的；二是数字信号，即电信号的参量变化不仅在时间上是离散的，而且取值也是离散的。按照信道所传输的信号的性质不同，相应地把通信系统分为模拟通信系统和数字通信系统。本章主要讨论模拟通信系统的相关问题。

2.1 模拟信号的传输方式

在模拟通信系统中，与输入信息相对应的基带信号一般不适宜在无线信道中传输，而是要经过某种变换后再经过发射天线送入无线信道，这一变换过程称为调制。调制是用基带信号去改变高频信号某个参量的过程。

经过调制的高频信号有两个基本特性：一是携带信息；二是适于在信道中传输。高频信号本身就像运载信息的工具，因此该高频信号称为载波，相应的频率称为载频。那么在接收端必须将已调的高频信号进行反变换，以恢复出发送端欲传递的基本信号，这一变化过程称为解调。可见信息的发送、信息的恢复包含了两个重要变换，即调制与解调。

调制是由无线电发射机完成的。发射机主要由载波产生器、调制器、功率放大器和发射天线组成，如图 2-1 所示。

解调是由无线电接收机完成的。接收机主要由接收天线、选频放大器和解调器组成，如图 2-2 所示。

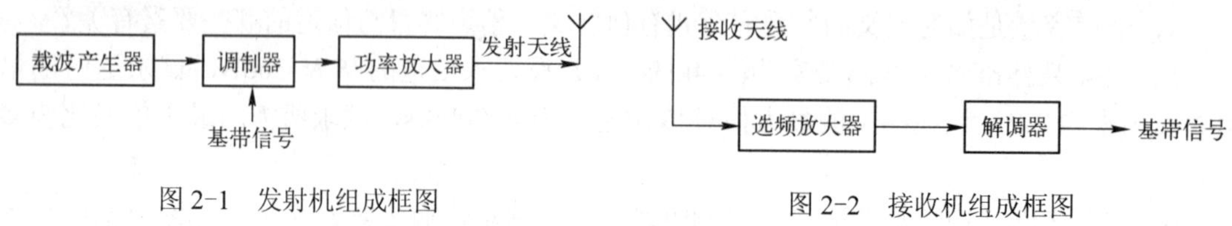

图 2-1 发射机组成框图

图 2-2 接收机组成框图

整个模拟通信系统模型如图 2-3 所示。

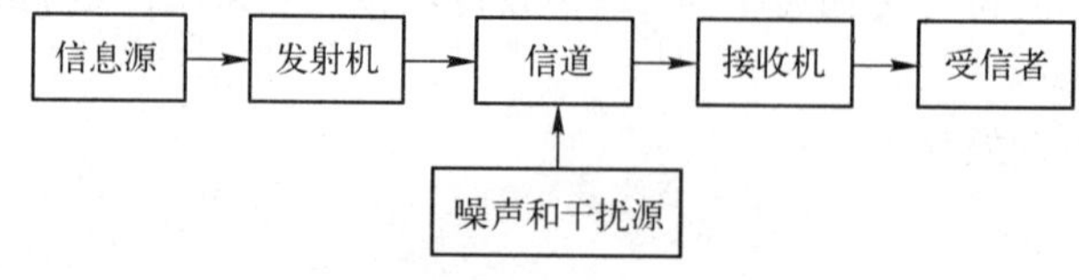

图 2-3 通信系统组成框图

2.1.1 调制的作用

调制过程对通信系统是至关重要的，在很大程度上决定了系统的性能。调制过程有以下几个作用。

1. 提高辐射频率——易于辐射

由天线理论可知，通信中一般采用半波振子的天线，其天线长度为波长的 1/4，信号才可能被天线有效地辐射出去，而对于大多数基带信号来说，其波长很长，以致使天线尺寸大到难以实现的地步。例如，通信话音信号的频率在 300～3400Hz 范围内，其波长在几十千米到几百千米的范围，辐射天线也要几十千米。调制过程可将基带信号调制到较高的载频上，由于载频的波长较短，因此发射天线易于实现。

如图 2-4 所示是移动通信中基站的柱形长方体天线，用于基站和手机之间信号的接收和发射。由于采用了调制技术，将话音信号调制到上千兆的频率发射，所以其体积比较容易实现。

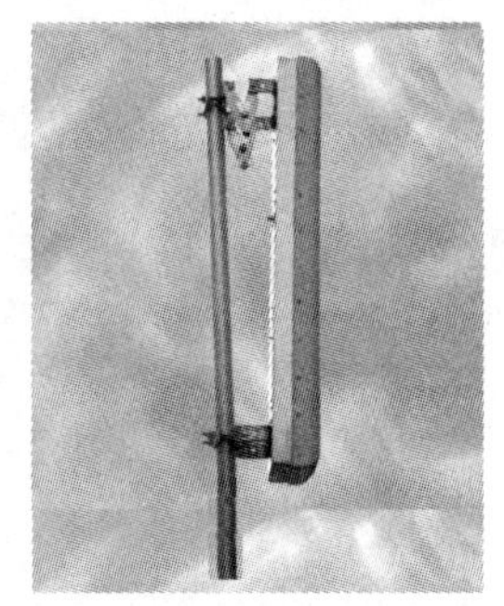

图 2-4　基站天线

2. 实现信道复用——提高信道利用率

如果若干个广播电台或电视台同时工作，由于不同基带信号的频谱所占据的频带大致相同，则要相互干扰。如果将不同的基带信号，调制到不同的载频上，只要这些载频的间隔足够大，使发射的各高频已调信号占据的频谱不相重叠，就不会产生所要传输信号间的相互干扰，从而实现在一个信道里同时传输多路信号，提高信道利用率。同时，在接收机输入端只要利用中心频率可调的带通滤波器，就可以任意选择所需的广播电台或电视台的信号。

3. 改变信号占用的带宽——减小干扰

在通信系统中传输的常用信号，如音频、视频等的频谱占有许多倍频程，范围十分宽。这样宽的频率极易受到传输媒介引进来的不可控制的频率滤波作用，使传输特性发生很大变化。利用调制可以避免这种现象，因调制后信号频谱被搬移到某个载频附近的频带内，有效带宽相对于最低频率是很小的，成了一个窄带信号。因此调制后信号就不会受到较大的影响。

4. 带宽和信噪比互换——改善系统的性能

通信系统的输出信噪比是一重要参数，它是信号带宽的函数。一般说，宽带通信系统具有较好的抗干扰性能。例如，调频信号的传输带宽比调幅信号的大，所以它的抗干扰性能比调幅信号高。因此，在实际应用中，往往利用带宽来换取信噪比的提高，带宽和信噪比的互换就是由各种调制来完成的。

2.1.2　调制的分类

调制的种类很多，当控制载波某个参数变化的基带信号（调制信号）是时间的连续函数时，这种类型的调制称为模拟调制。当调制信号是数字信号的时候，被称为数字调制。按照载波的形式不同，模拟调制可分为正弦波调制和脉冲调制两大类。本章主要讨论载波为高频正弦波的连续波模拟调制。

模拟正弦波调制的载波是高频正弦波。根据基带信号所控制的正弦波参量——幅度、频率、相位的不同，又可分为幅度调制（AM），频率调制（FM）和相位调制（PM），它们分别表示正弦型载波的幅度、频率和相位随基带信号作线性变化。图 2-5 中做出了基带信号为正弦波时，调幅波和调频波的波形示意图。

模拟脉冲调制的载波是脉冲序列。根据基带信号所控制的脉冲序列参量——幅度、宽度、位置不同，可分为脉幅调制（PAM）、脉宽调制（PWM）和脉位调制（PPM）。它们分别表示脉冲的幅度、宽度（持续时间）和位置（重复频率）随基带信号作线性变化，其波形示意图如图 2-6 所示。

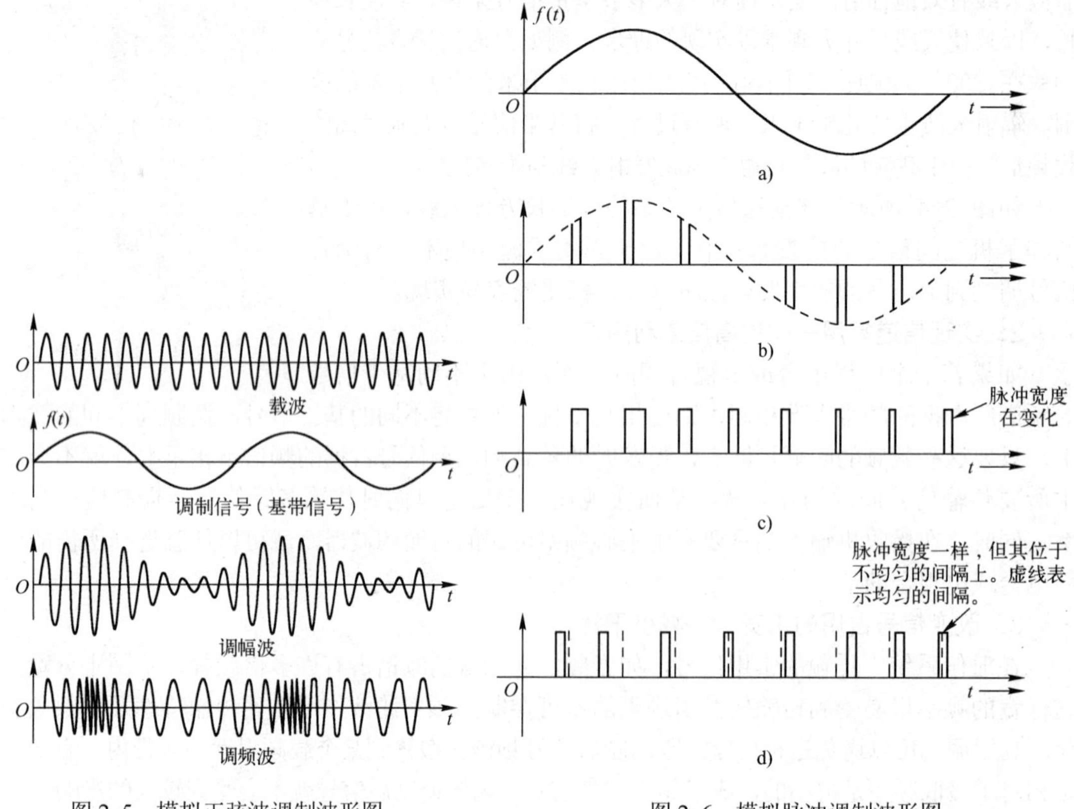

图 2-5　模拟正弦波调制波形图　　　　图 2-6　模拟脉冲调制波形图

2.2　幅度调制

在无线电广播、电视、通信、雷达等系统中，有不少电子设备的调制方式是采用幅度调制。所谓幅度调制，就是高频正弦波的幅度随调制信号作线性变化的过程，是发送设备中不可缺少的部分。与之相对应，接收设备中必须有振幅解调电路，简称检波器，它从已调的高频振荡中检出原低频信号。从信号频谱分析角度看，调幅与检波的实质都是频谱搬移，因此必须通过非线性器件才能实现。

2.2.1　标准幅度调制 AM

1．调制过程

调幅过程可以看做是有两个输入端和一个输出端的“黑盒子”，如图 2-7 所示。

输入端的两个信号：一个是需要传递的原始信号称为调制信号 u_{Ω}；另一个是未经调制的高频振荡信号，称为载波 u_{c}；输出端为已调制信号，称为调幅波 u。

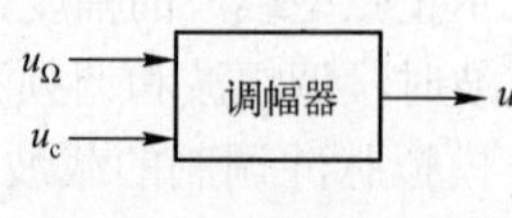

图 2-7　调幅器示意图

设：$u_{c}=U_{cm}\cos\omega_{c}t=U_{cm}\cos 2\pi f_{c}t$

$$u_{\Omega}=U_{\Omega\mathrm{m}}\cos\Omega t=U_{\Omega\mathrm{m}}\cos 2\pi Ft$$

式中，Ω 和 F 为调制信号 u_{Ω}的角频率和频率；ω_c 和 f_c 为载波信号 u_c 的角频率和频率。通常满足 $\omega_c>>\Omega$，经调制后，得到的调幅波可表示为：

$$u=U_{\mathrm{m}}(1+m_{\mathrm{a}}\cos\Omega t)\cos\omega_{\mathrm{c}}t \tag{2-1}$$

式中，m_a 称为调幅波的调制系数或调幅度，它与 $U_{\Omega m}$、U_{cm} 及调制电路的参数有关。调幅器的输入、输出、电压波形如图 2-8 所示。

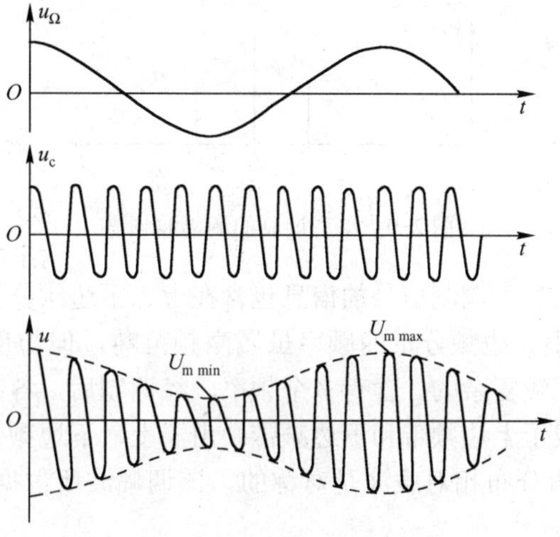

图 2-8　调幅器输入输出波形

2．调制系数

由图 2-8 中可以看到，已调波的包络形状，即把已调信号的$U_{\mathrm{m}}(1+m_{\mathrm{a}}\cos\Omega t)$峰点连接起来，与调制信号的波形相同，称为不失真调制。调制系数的大小通常可直接从示波器上测量调幅波的波形而得到，测出调幅波包络的最大值 U_{mmax} 和最小值 U_{mmin}。根据式 2-1 应有：

$$U_{\mathrm{mmax}}=U_{\mathrm{m}}(1+m_{\mathrm{a}})$$

$$U_{\mathrm{mmin}}=U_{\mathrm{m}}(1-m_{\mathrm{a}})$$

由两式可以解出：

$$m_{\mathrm{a}}=\frac{U_{\mathrm{m\,max}}-U_{\mathrm{m\,min}}}{U_{\mathrm{m\,max}}+U_{\mathrm{m\,min}}} \tag{2-2}$$

该式表示 $m_a\leqslant 1$。m_a 越大，表示 U_{mmax} 与 U_{mmin} 差别越大，即调制越深。若 $m_a>1$，则已调波包络形状与调制信号不同，产生了严重失真，这种情况称为过量调幅，要尽力避免。

3．已调信号频谱

利用三角公式将式 2-1 展开得：

$$u=U_{\mathrm{m}}\cos\omega_{\mathrm{c}}t+\frac{m_{\mathrm{a}}}{2}U_{\mathrm{m}}\cos(\omega_{\mathrm{c}}+\Omega)t+\frac{m_{\mathrm{a}}}{2}U_{\mathrm{m}}\cos(\omega_{\mathrm{c}}-\Omega)t \tag{2-3}$$

该式表明，单音信号调制的调幅波由三个频率分量组成，即载波分量 f_c，上边频分量 f_c+F 和下边频分量 f_c-F，其频谱如图 2-9 所示。

显然，该调幅波所占频带宽度为：

$$B_a=2F(\mathrm{Hz})或B_a=2\Omega\ (\mathrm{rad/s}) \tag{2-4}$$

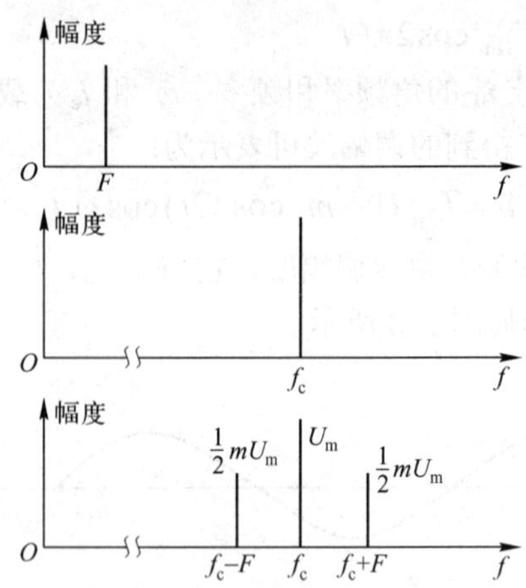

图 2-9　单音调制的调幅波频谱

载波分量并不包含信息，调制信号的信息包含在上、下边频分量内。边频分量的振幅反映了调制信号幅度的大小，边频分量的频率虽属高频范畴，但却反映了调制信号频率的高低。实际的调制信号是比较复杂的，含有多个频率，经调制后，各频率信号产生各自的上边频和下边频，叠加后形成了上边频带和下边频带。由于上、下边频带幅度相等且成对出现，因此上、下边频带的频谱分布相对载波是对称的。该调幅波所占据的频带宽度为 $B_a=2\Omega_{max}$ 或 $B_a=2F_{max}$。

由上面分析可知，调幅过程实质上是一种频谱的搬移过程，经过调制后，调制信号的频谱由低频被搬移到载频附近，成为上、下边带，这个结论在通信理论中称为调制定理。调制定理在信号与系统中可作如下描述。

若信号 $f(t)$的频谱为 $F(\omega)$，则利用傅里叶变换可得 $f(t)\mathrm{e}^{\mathrm{j}\omega_0 t}$ 的频谱为 $F(\omega-\omega_0)$，这可表示为：

若 $f(t)\leftrightarrow F(\omega)$

则 $f(t)\mathrm{e}^{\mathrm{j}\omega_0 t}\leftrightarrow F(\omega-\omega_0)$

上式说明，信号在频率域中搬移$+\omega_0$，等效于在时间域中乘以 $\mathrm{e}^{\mathrm{j}\omega_0 t}$。

又因欧拉公式得：

$$\cos\omega_0 t=\frac{1}{2}(\mathrm{e}^{\mathrm{j}\omega_0 t}+\mathrm{e}^{-\mathrm{j}\omega_0 t})$$

$$\sin\omega_0 t=\frac{1}{2\mathrm{j}}(\mathrm{e}^{\mathrm{j}\omega_0 t}-\mathrm{e}^{-\mathrm{j}\omega_0 t})$$

所以，根据调制定理很容易得到如下关系：

若 $f(t)\leftrightarrow F(\omega)$

则 $f(t)\cos\omega_0 t\leftrightarrow\frac{1}{2}\left[F(\omega-\omega_0)+F(\omega+\omega_0)\right]$

$f(t)\sin\omega_0 t\leftrightarrow\frac{1}{2\mathrm{j}}\left[F(\omega-\omega_0)-F(\omega+\omega_0)\right]$

上述关系可用图 2-10 表示。

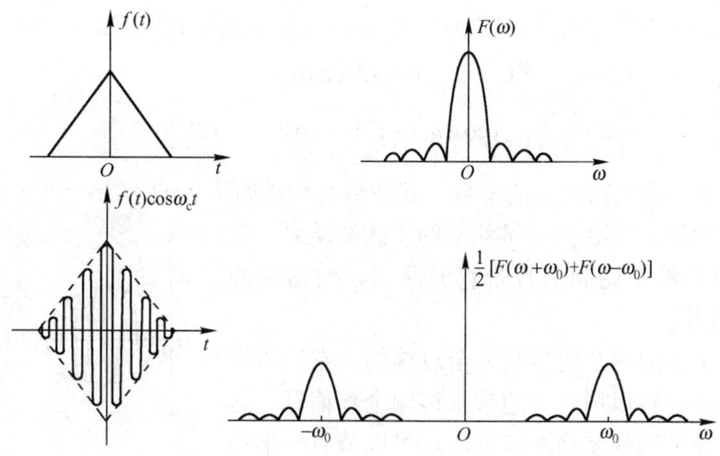

图 2-10 调制定理的图示

由此可得出一重要结论：幅度调制的实质是在频率域内进行频谱搬移，但要完成这一任务必须在时间域内实现调制信号和载波的相乘。

4．调幅波功率

如果将式 2-3 所表示的调幅电压加于电阻 R 上，则载波和上、下边频将会产生如下的平均功率：

$$P_c = \frac{U_m{}^2}{2R}$$

$$P_1 = P_2 = \frac{1}{2}\left(\frac{m_a U_m}{2}\right)^2 \frac{1}{R} = \frac{m_a{}^2}{4} P_c$$

式中 P_c 为载波功率，P_1、P_2 为上下边频功率。

于是，调幅波在调制信号一个周期内输出的平均总功率为：

$$P_{AV} = P_c + P_1 + P_2 = \left(1 + \frac{m_a{}^2}{2}\right) P_c \qquad (2-5)$$

在式（2-5）中，当 m_a=1 时，P_{AV} 的 1/3 是携带信息的，而 2/3 则为载波占有。而实际调幅波的平均调幅系数小于 1，因此载波功率要占得更多，在传输过程中，载波只是作为运载工具，它本身并不包含信息，信息只存在于边频之中。所以从功率利用率来看，这种振幅调制是很不经济的，所以目前来说，调幅在收音机中还有一定的存在，在通信领域已被其他调幅制所代替。

2.2.2 双边带调制 DSB

经过上面的分析，在标准双边带调幅中，载波功率是无用的，因为载波不携带任何信息，信息完全由上、下边频传送。所以，可以只发射上、下边频，而不发射载波，这种调制方式称为抑制载波双边带调幅，用 DSB-SC 表示。

这种已调输出信号的数学表示式为：

$$u = U_m\left[\cos(\omega_c + \Omega)t + \cos(\omega_c - \Omega)t\right]$$

它可以看成是由调制信号 u_Ω 和载波信号 u_c 直接相乘而得到，即：

$$\begin{aligned}u &= Ku_c u_\Omega = KU_{cm}U_{\Omega m}\cos\Omega t\cos\omega_c t \\ &= \frac{1}{2}KU_{cm}U_{\Omega m}\left[\cos(\omega_c+\Omega)t+\cos(\omega_c-\Omega)t\right]\end{aligned} \tag{2-6}$$

式中，K 为乘法器电路决定的常数，其波形及频谱如图 2-11 所示。

由频谱图可知道，DSB 信号虽然节约了载波功率，但是它的频带带宽仍然是调制信号带宽的两倍，与常规的 AM 信号的带宽相同。

由于 DSB 上下的两个边带是完全对称的，它们所携带的信息相同，完全可以用一个边带来传输全部信息。这种传输方式除了能节约载波功率以外，还可以节省一半的传输频带，这就是单边带调制。

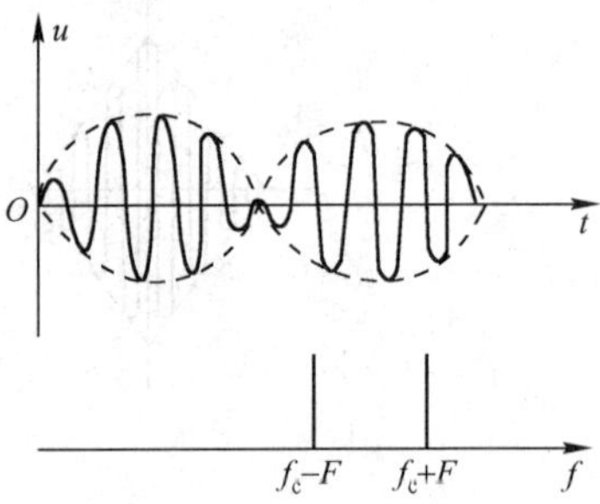

图 2-11　DSB 波形及频谱

2.2.3　单边带调制 SSB

如前说讲，双边带信号包含一个上边带和一个下边带，从信息传输的角度来说，这两个边带信号携带着相同的信息，因此，只需传送一个边带就够了，可以是上边带也可以是下边带。这种只传输一个边带的调制方式称为单边带调制。

一个边带的调制方式，用 SSB 表示。这种信号的数学表示式为：

$$u = U_m\cos(\omega_c+\Omega)t$$

或

$$u = U_m\cos(\omega_c-\Omega)t$$

其波形和频谱如图 2-12 所示。

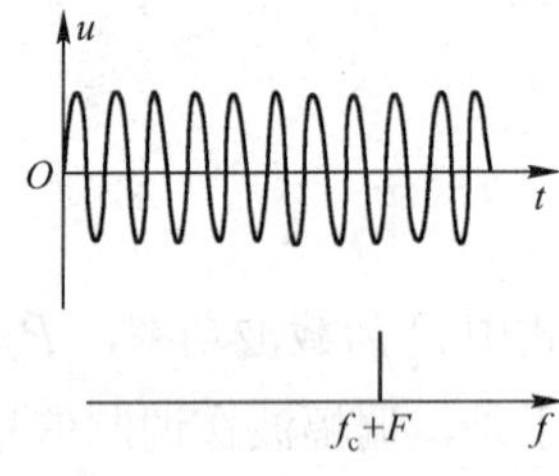

图 2-12　SSB 波形及频谱

单边带调制方式具有如下优点。

1. 提高了频带的利用率

有助于解决信道拥挤问题,与普通调幅波相比，采用单边带其传输频带可节省一半。

2. 节省功率

理论上看，采用单边带制，其发射功率可全部用来传输包含信息的一个边带信号。在与 AM 总功率相等的情况下，接收端的信噪比将明显提高，因而通信距离可大大增加。

3. 减小由选择性衰落引起的信号失真

从电波传输过程看，AM 波的载频和上、下边带的原始相位关系在传播过程中往往易遭到破坏，且各分量幅度衰减不同。因此，在接收端表现为信号时强时弱，有失真，这一现象称为选择性衰落，而单边带信号只有一个边带分量，选择性衰落不太严重。

单边带信号的产生有 3 种方法：滤波法、移相法、移相滤波法。

1）滤波法。即用高选择性的滤波器直接滤出已调信号中的一个边带，但要求滤波器具有陡峭特性。这种方法电路简单，稳定可靠，一般用于正规的大型设备。

2）移相法。将音频信号和载频信号经过相移网络得到两个幅度相等，但相位相差 90° 的信号，然后进行调制，以得到所需要的单边带。这种方法可在射频时直接产生单边带信号，减少了发射机放大和变频级数，但相移网络用模拟式电路不易做好，工作质量较差，一般用于中小型设备。

3）移相滤波法（混合法）。利用相移网络，两对平衡调幅器和低通滤波器，先后滤去载频和一个边带。制作上比较方便，但通信质量较差，一般用于小型轻便设备。

2.2.4 残留边带调制 VSB

单边带调制具有节省功率和频带等优点，但难于产生单边带信号，尤其是在调制信号具有较低频率分量时，上、下边带是连在一起的，实际上无法产生单边带信号。为了解决这个困难，人们采用残留边带调制方式，用 VSB 表示。在这种方式中，不是将一个边带完全抑制掉，而是将被抑制的边带残留一小部分。

在传统模拟电视发射机中，图像信号是调幅的，一般采用残留边带制，图 2-13 是电视图像发射机的幅频特性。载频和上边带全部发射，下边带只将图像中的低频部分（小于 0.75MHz）发射出去，高频部分（虚线表示）被抑制了。

在模拟电视发射机中，实现残留单边带调幅的方框图如图 2-14 所示。模拟乘法器的输入端除 u_c 和 u_Ω 外，又附加有直流电压 E_0，以控制载波分量输出的大小。这时，模拟乘法器输出的是带有载波分量的双边带调幅信号，然后经由高通滤波器和低通滤波器组成的残留边带滤波器，便可得到 VSB 信号。

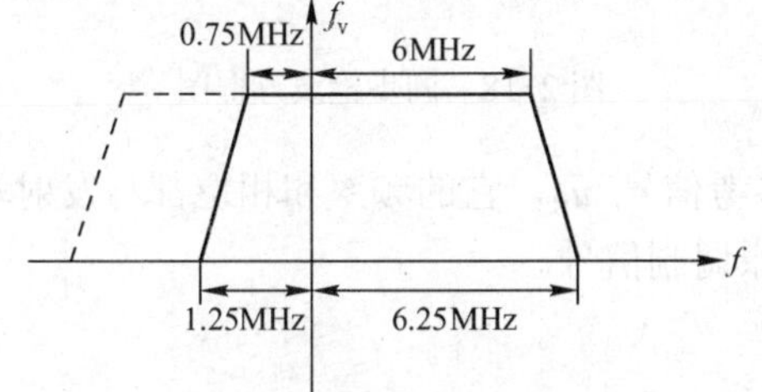

图 2-13　电视图像发射机的幅频特性

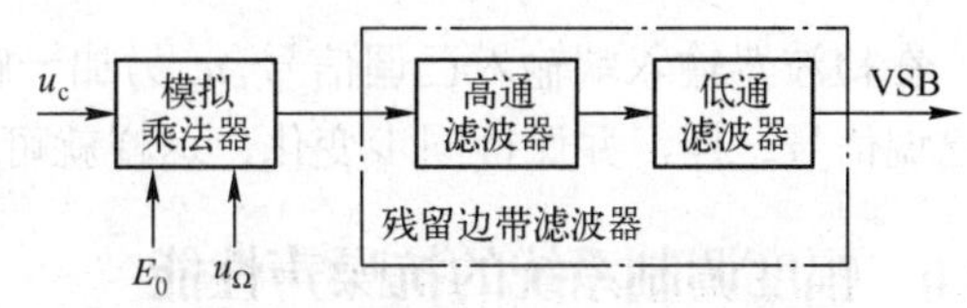

图 2-14　产生 VSB 信号方框图

传统的模拟电视节目是用从节目制作到信号传递，再到电视接收都采用的模拟信号。由于采用了模拟调制，其电视节目容量有限。数字电视而是采用数字信号广播图像和声音的新的电视系统，它从节目采编、压缩、调制、传输到接收电视节目的全过程都采用数字信号处理。

目前正在进行从模拟到数字电视的转换，转换过程中为了兼容已经存在的大量的模拟电视用户，采用了电视机顶盒，如图 2-15 所示，实现数模转换的功能。

图 2-15　机顶盒

2.2.5 幅度调制信号的解调

以上介绍了信号的幅度调制，对应接收设备中要有解调电路，简称检波，即从调幅波中不失真地检出调制信号，它是幅度调制的逆过程，也是一种频谱搬移过程。

已调波中包含有调制信号的信息，但并不包含调制信号本身的分量，因此，对于检波器必须包含有非线性器件，使之产生新的频率分量，然后由低通滤波器滤除不需要的高频分量，取出所需要低频调制信号。所以检波电路组成可用图 2-16 所示。

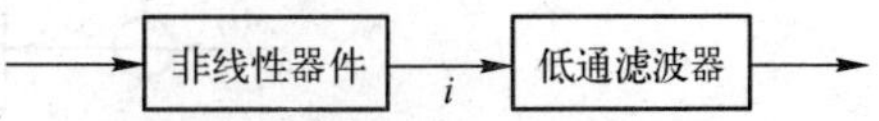

非线性器件 → i → 低通滤波器

图 2-16　振幅检波器组成方框图

非线性器件通常采用二极管、模拟乘法器等，低通滤波器由电阻、电容组成。

调幅波有三种信号形式；普通调幅信号（AM）、抑制载波的双边带信号（DSB-SC）、单边带信号（SSB）。相应的解调方法有两类：包络检波和同步检波。

1．包络检波

包络检波是指检波器的输出电压直接反映输入高频调幅波包络变化规律的一种检波方式。根据调幅波的波形特点，它只适合于AM波的解调。这种电路结构简单，性能优越，电路如图2-17所示。

2．同步检波

而DSB和SSB信号的包络由于它们都缺少一个载频分量，不正比于调制信号，因此不能用包络检波，必须采用同步检波，如图2-18所示。

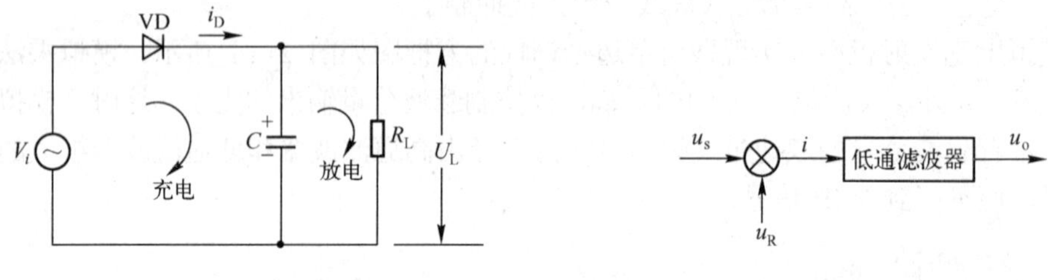

图2-17　包络检波器　　　　图2-18　同步检波方框图

在检波器输入端输入已调信号 u_s 另加一解调参考信号 u_R，它的频率和相位都与发射端的已调信号一样，并保持同步变化，这样就可检出原调制信号。

2.2.6　幅度调制系统的抗噪声性能

1．通信系统抗噪声分析基本模型

已调信号在传输过程中会受到干扰，一种最常见的分析就是在接收到的已调信号上线性叠加一个干扰，称为加性干扰。

加性干扰的来源主要是两大类，一类是突发脉冲干扰，对于已调信号来说，是突发性的，比如闪电、各种工业电火花、电路的瞬间通断等；另外一类是起伏干扰，对于已调信号来说是连续性的，来源于导体中电子的起伏变化、电阻的热噪声、宇宙天体的辐射等。

加性噪声只对已调信号的接收产生影响，因而幅度调制系统的抗噪声性能可以用接收解调器的抗噪声性能来进行衡量。模拟通信系统的通信质量主要用信噪比来衡量，因而主要考虑对已调信号产生连续影响的起伏干扰。

从起伏噪声的产生机制和试验研究表明，起伏噪声的概率密度函数为正态分布（高斯分布），功率谱密度是平均分布的（白噪声），所以它是高斯白噪声。起伏干扰对解调器的影响模型如图2-19所示。

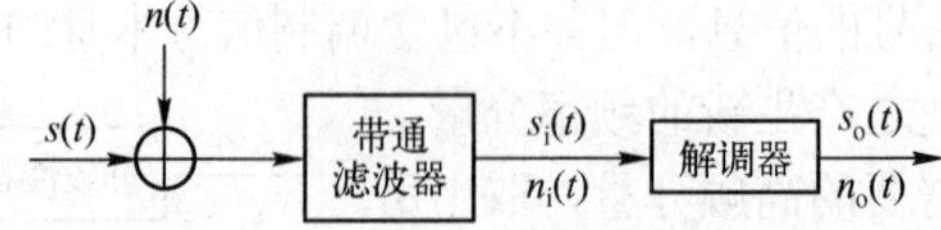

图2-19　起伏干扰对解调器的影响模型

$s(t)$ 是已调信号，$n(t)$ 是传输过程叠加的高斯白噪声；经过和已调信号的带宽相同的带通滤波以后，$n(t)$ 变成了窄带的高斯白噪声 $n_i(t)$。解调器输出有用信号 $s_o(t)$ 和噪声 $n_o(t)$。

在通信系统中常用解调器的输出信噪比来衡量通信质量，输出信噪比定义为：

$$\frac{S_o(t)}{N_o(t)}=\frac{\text{解调器输出有用信号的平均功率}}{\text{解调器输出噪声的平均功率}}$$

人们还常用信噪比增益 G 作为不同调制方式下解调器抗噪声性能的度量。

信噪比增益定义为：

$$G=\frac{S_o(t)/N_o(t)}{S_i(t)/N_i(t)}$$

$S_i(t)/N_i(t)$ 为输入信号的信噪比，定义为：

$$\frac{S_i(t)}{N_i(t)}=\frac{\text{解调器输入已调信号的平均功率}}{\text{解调器输入噪声的平均功率}}$$

显然，输出信噪比越高，则解调器的抗噪声性能越好。输出信噪比与调制方式有关也与解调方式有关。下面将讨论各种解调器的输入输出信噪比，比较各种调制系统的抗噪声性能。

2. 同步检波信号的抗噪声性能

对 DSB、SSB、VSB 已调信号进行解调只能采用同步检波，同步检波属于线性解调，其模型如图 2-20 所示。

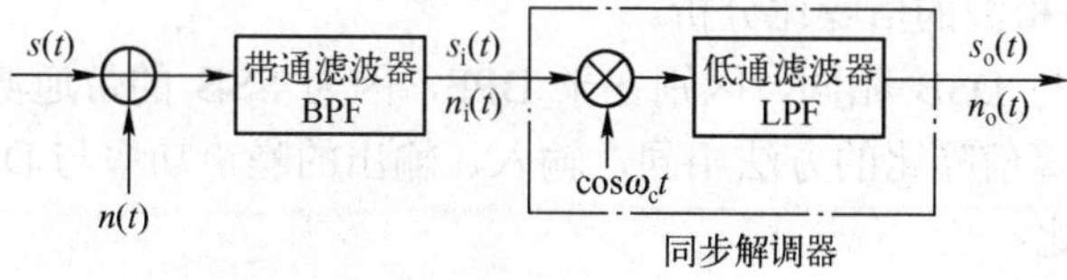

图 2-20　同步解调模型

输入解调器的噪声的噪声功率：$N_i=\overline{n_i^2(t)}=n_oB$

B 为 $n_i(t)$ 的带宽，和已调信号、带通滤波器 BPF 的带宽相同；n_o 为噪声单边平均功率谱密度。

1）DSB 信号同步检波的信噪比分析。

设已调信号：$S(t)=u_\Omega\cos\omega_c t$，$u_\Omega$ 为调制信号，$\cos\omega_c t$ 为载波信号。

解调器的输入信噪比：

$$\frac{S_i(t)}{N_i(t)}=\frac{\frac{1}{2}\overline{u^2{}_\Omega}}{n_oB} \tag{2-7}$$

解调器的输出噪声信号：

$$\begin{aligned}&n_i(t)\cos\omega_c t\\&=[n_c(t)\cos\omega_c t-n_s(t)\sin\omega_c t]\cos\omega_c t\\&=\frac{1}{2}n_c(t)[1+\cos 2\omega_c t]-\frac{1}{2}n_s(t)\sin 2\omega_c t\end{aligned}$$

则根据上式，输出噪声的功率：

$$N_o = \overline{n_o^2(t)} = \frac{1}{4}\overline{n_i^2(t)} = \frac{1}{4}N_i = \frac{1}{4}n_o B \tag{2-8}$$

解调器输出有用信号：

$$\begin{aligned} S(t)\cos\omega_c t &= u_\Omega \cos\omega_c t \cos\omega_c t \\ &= u_\Omega \left[\frac{1}{2}(1+\cos 2\omega_c t)\right] \end{aligned}$$

则解调器输出信号的平均功率：

$$S_o = \frac{1}{4}\overline{u^2{}_\Omega} \tag{2-9}$$

根据式（2-8）和式（2-9），得解调器的输出信噪比：

$$\frac{S_o(t)}{N_o(t)} = \frac{\frac{1}{4}\overline{u^2{}_\Omega}}{\frac{1}{4}n_o B} = \frac{\overline{u^2{}_\Omega}}{n_o B} \tag{2-10}$$

根据式（2-7）和式（2-10），得信噪比增益：

$$G = \frac{S_o(t)/N_o(t)}{S_i(t)/N_i(t)} = 2$$

可见，DSB 经过解调，信噪比改善了一倍。原因是，采用同步检波，使输入噪声中的一个正交分量被消除，抑制了噪声。

2）SSB 信号同步检波的信噪比分析。

SSB 的解调方法与 DSB 相同，区别在于 BPF，因为 SSB 的带通滤波器 BPF 的带宽是 DSB 的一半，所以计算信噪比的方法相同，输入、输出的噪声功率与 DSB 的一样。

解调器输入信噪比：

$$\frac{S_i(t)}{N_i(t)} = \frac{\overline{\frac{1}{4}u^2{}_\Omega}}{n_o B} = \frac{\overline{u^2{}_\Omega}}{4n_o B}$$

解调器输出信噪比：

$$\frac{S_o(t)}{N_o(t)} = \frac{\frac{1}{16}\overline{u_\Omega{}^2}}{\frac{1}{4}n_o B} = \frac{\overline{u_\Omega{}^2}}{4n_o B}$$

则信噪比增益：

$$G = \frac{S_o(t)/N_o(t)}{S_i(t)/N_i(t)} = 1$$

根据上述结果，DSB 信噪比增益比 SSB 大一倍，但不能得出 DSB 比 SSB 解调性能好的结论。因为 SSB 信号所需带宽仅是 DSB 的一半，在噪声功率密度相同的情况下，DSB 解调器的输入噪声功率是 SSB 的二倍，从而也使其输出噪声功率比 SSB 的大一倍，因此，尽管 DSB 的信噪比增益 G 比 SSB 的大，但它的实际解调性能不会优于 SSB。

标准的 AM 系统的性能，可以用同步检波和包络检波两种方法，情况比较复杂，这里不作讨论。

2.3 角度调制

2.3.1 调角波的数学表达式

前面我们讨论了线性调制方式，即把基带信号频谱线性地进行搬移，这种调制方式是通过改变载波的幅度达到的。AM、DSB、SSB 和 VSB 都是幅度调制，即把欲传送的信号调制到载波的幅值上。而我们知道一个正弦型信号由幅度、频率和相位（初相）三要素构成，既然幅度可以作为调制信号的载体，那么其他两个要素（参量）是否也可以承载调制信号呢？

本节要介绍的是非线性调制，这种调制方式，虽然也需要完成频谱搬移，但它所形成的信号频谱不再保持原来基带信号频谱的结构，而是基带信号与已调信号频谱之间存在着非线性变换关系，即频率调制和相位调制。频率调制是用调制信号去控制载波振荡的频率，使载波的瞬时频率按调制信号的规律变化；相位调制是用调制信号去控制载波振荡的相位，使载波的瞬时相位按调制信号的规律变化。这两种调制都表现为载波振荡的总相角受到调制，而幅度保持不变，故统称为角度调制。

1．调频波的数学表示式

设调制信号为 $u_\Omega = u_{\Omega\mathrm{m}} \cos \Omega t$，载波电压为 $u_\mathrm{c} = U_\mathrm{m} \cos \omega_\mathrm{c} t$，并且 $\omega_\mathrm{c} >> \Omega$，按照频率调制的定义，调频波（已调波）的瞬时角频率 ω 应为调制信号 u_Ω 的线性函数：

$$\omega = \omega_\mathrm{c} + k_\mathrm{f} u_\Omega = \omega_\mathrm{c} + k_\mathrm{f} U_{\Omega\mathrm{m}} \cos \Omega t \qquad (2\text{-}11)$$

令：

$$\Delta\omega_\mathrm{m} = k_\mathrm{f} U_{\Omega\mathrm{m}} \qquad (2\text{-}12)$$

则式（2-11）可改写为：

$$\omega = \omega_\mathrm{c} + \Delta\omega_\mathrm{m} \cos \Omega t \qquad (2\text{-}13)$$

上两式中，ω_c 是未调制时的载波角频率，称为调频波的中心角频率；$\Delta\omega_\mathrm{m}$ 是调频波瞬时角频率偏离 ω_c 的最大值，称为调频波的最大角频偏；k_f 是由调频电路决定的比例常数，单位是 rad/s.v。

由式（2-13）可求出调频波的瞬时相位 φ 为：

$$\varphi = \int_0^t \omega \mathrm{d}t = \omega_\mathrm{c} t + \frac{\Delta\omega_\mathrm{m}}{\Omega} \sin \Omega t \qquad (2\text{-}14)$$

令：

$$m_\mathrm{f} = \frac{\Delta\omega_\mathrm{m}}{\Omega} \qquad (2\text{-}15)$$

则式（2-14）可改写为：$\varphi = \omega_\mathrm{c} t + m_\mathrm{f} \sin \Omega t$

于是调频波电压可表示为：

$$u = U_\mathrm{m} \cos \varphi = U_\mathrm{m} \cos(\omega_\mathrm{c} t + m_\mathrm{f} \sin \Omega t) \qquad (2\text{-}16)$$

该式中 m_f 表示调频波的最大相位偏移，又称调频指数，通常 m_f 总是大于 1。调频波的波形如图 2-21 所示。

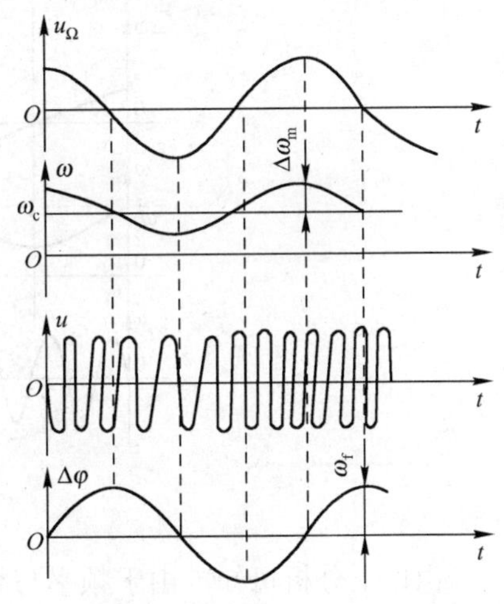

图 2-21 调频波波形图

$\Delta\omega_\mathrm{m}$ 和 m_f 是表征调频波的两个重要参数。$\Delta\omega_\mathrm{m}$ 与调制信号幅度成正比，而与调制信号频率无关；m_f 与调制信号幅度成正比，而与调制信号频率成反比。

2．调相波的数学表示式

设$u_{\Omega}=U_{\Omega m}\cos\Omega t$，$u_{c}=U_{m}\cos\omega_{c}t$，$\omega_{c}>>\Omega$，按相位调制的定义，调相波的瞬时相位$\varphi$应为$u_{\Omega}$的线性函数：

$$\varphi=\omega_{c}t+k_{p}u_{\Omega}=\omega_{c}t+k_{p}U_{\Omega m}\cos\Omega t \tag{2-17}$$

式中，k_{p}是由调相电路决定的比例常数，单位为rad/V。

令 $$m_{p}=k_{p}U_{\Omega m} \tag{2-18}$$

则式（2-17）可改写为：$\varphi=\omega_{c}t+m_{p}\cos\Omega t$

于是，调相波电压可表示为：

$$u=U_{m}\cos\varphi=U_{m}\cos(\omega_{c}t+m_{p}\cos\Omega t) \tag{2-19}$$

上两式中，m_{p}是调相波的最大相位偏移常数，又称调相指数。由式（2-17）可求出调相波的瞬时角频率ω为：

$$\begin{aligned}\omega=\frac{d\varphi}{dt}&=\omega_{c}-k_{p}U_{\Omega m}\Omega\sin\Omega t\\&=\omega_{c}-m_{p}\Omega\sin\Omega t\end{aligned} \tag{2-20}$$

由上式看出，调相波的最大角频偏移为：

$$\Delta\omega_{m}=m_{p}\Omega=k_{p}U_{\Omega m}\Omega \tag{2-21}$$

调相波的波形如图2-22所示，$\Delta\omega_{m}$和m_{p}是表征调相波的两个重要参数。都包含了调制信号的信息，$\Delta\omega_{m}$与调制信号的幅度、频率成正比；m_{p}只与调制信号幅度成正比，而与调制信号频率无关。

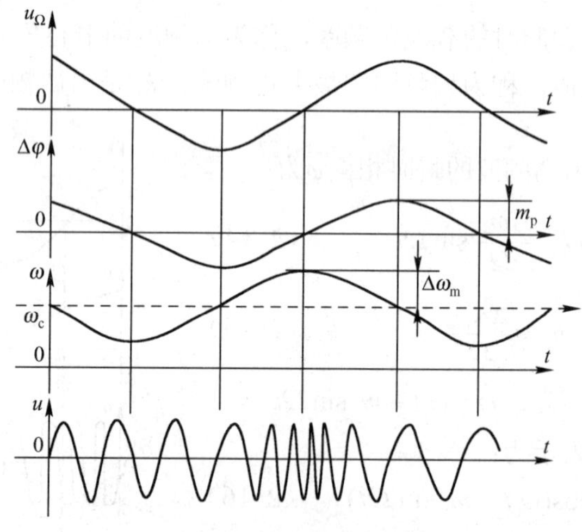

图2-22　调相波形图

由以上分析可知，由于频率与相位之间存在着内在联系（微积分关系），因此，不管是调频波还是调相波，其瞬时角频率和瞬时相位都是变化的，只是它们的变化规律与调制信号的关系各不相同。对调频波来说，其瞬时角频率ω与u_{Ω}成线性关系，而瞬时相位φ与u_{Ω}的积分成线性关系；对调相波来说，其瞬时相位φ与u_{Ω}成线性关系，而瞬间角频率的ω与u_{Ω}的微分成线性关系。所以说调频和调相可以互相转化。

2.3.2 调角波的频谱结构和带宽

1.调角信号的频谱

由式（2-16）、式（2-19）可以看出，当调制信号为正弦波时，调频波与调相波的数学表达式基本上是一样的。由调制信号引起的附加相移是余弦变化或正弦变化并没有根本差别，两者只在相位上差π/2，所以只要用调制指数 m 代替相应的m_f或m_p，就可以写成统一的调角波表示式为：

$$u = U_m\cos(\omega_c t + m\sin\Omega t)$$

利用三角函数公式展开，得：

$$u = U_m\left[\cos(m\sin\Omega t)\cos\omega_c t - \sin(m\sin\Omega t)\sin\omega_c t\right] \tag{2-22}$$

在贝塞尔理论中，已证明存在下列关系：

$$\begin{aligned}\cos(m\sin\Omega t) &= J_0(m) + 2J_2(m)\cos 2\Omega t + 2J_4(m)\cos 4\Omega t + \cdots \\ \sin(m\sin\Omega t) &= 2J_1(m)\sin\Omega t + 2J_3(m)\sin 3\Omega t + 2J_5(m)\sin 5\Omega t + \cdots\end{aligned} \tag{2-23}$$

式中$J_0(m)$是以 m 为宗数的 n 阶第一类贝塞尔函数，将上式代入式（2-22）得：

$$\begin{aligned}u &= U_m[J_0(m)\cos\omega_c t - 2J_1(m)\sin\Omega t\sin\omega_c t + 2J_2(m)\cos 2\Omega t\cos\omega_c t - 2J_3(m)\sin 3\Omega t\sin\omega_c t \\ &+ 2J_4(m)\cos 4\Omega t\cos\omega_c t - \cdots] = U_m J_0(m)\cos\omega_c t + U_m J_1(m)[\cos(\omega_c+\Omega)t - \cos(\omega_c-\Omega)t] \\ &+ U_m J_2(m)[\cos(\omega_c+2\Omega)t + \cos(\omega_c-2\Omega)t] \\ &+ U_m J_3(m)[\cos(\omega_c+3\Omega)t - \cos(\omega_c-3\Omega)t] + \cdots\end{aligned} \tag{2-24}$$

根据上式可分析调角波的特点如下：

1）在单一余弦信号调制的情况下，调角信号可用角频率为 ω_c 的载频分量 $U_mJ_0(m)$与角频率为 $\omega_c \pm n\Omega$的无限多对上、下边频分量 $U_mJ_n(m)$之和来表示。这些边频分量和载频分量的角频率相差 $n\Omega$，其中 n=1，2，3…。当 n 为偶数时，上、下边频分量相加；当 n 为奇数时，两分量相减，U_m 是未调制时的载频振幅。有调制时，载频分量和各边频分量的振幅$U_mJ_0(m)$和 $U_mJ_n(m)$则由 U_m 和贝塞尔函数决定。当已知 m、n 后，其数值可由贝塞尔函数曲线或表格查出，如图 2-23、表 2-1 所示。

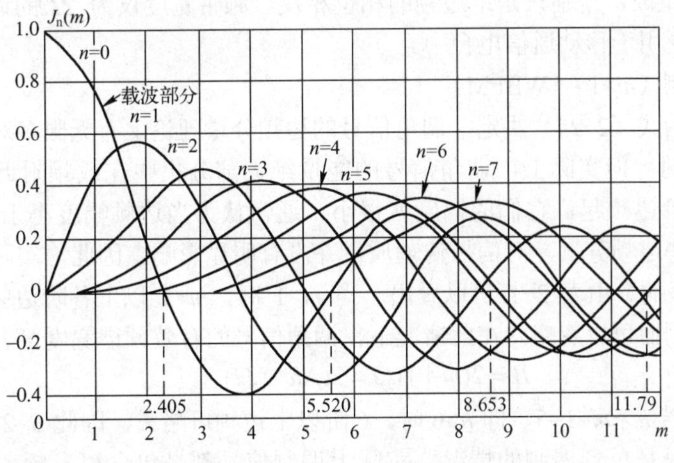

图 2-23 贝塞尔函数曲线

表 2-1 贝赛尔函数表

$J_n(m)$% ＼ m n	0	0.5	1	2	3	4	5	6
0	100	93.85	76.52	22.39	-26.06	-39.71	-17.76	15.06
1		24.23	44.01	57.67	33.91	-6.60	-32.76	-27.67
2		3.0	11.49	35.28	48.61	36.42	4.66	-24.29
3			1.96	12.89	30.91	43.02	36.48	11.48
4			0.25	3.40	13.20	28.11	39.12	35.76
5				0.70	4.30	13.21	26.11	36.21
6				0.12	1.14	4.91	13.11	24.58
7					0.26	1.52	5.34	12.96
8						0.40	1.84	5.65

2）由贝塞尔函数表可以看上，当调制指数 m 增大时，则具有较大的振幅的边频分量也增多，而边频分量功率的增加正是由于载频分量功率下降的结果。若载频振幅 U_m 不变，则调角波的总平均功率是不变的，m 值的变化只是引起各个频率分量之间的功率的重新分配。

3）由图 2-23 可知，当 m 变到某些特定值时，载频或某边频振幅为零，这一特点可用来测量频偏和调制指数。

2．调角信号的频谱宽度

根据调制指数的大小，调角信号可分为窄带调制和宽带调制两种：

（1）窄带调制（$m<1$）（NBFM）

当 m 很小时，可近似认为：

$$\cos(m\sin\Omega t)\approx 1;\sin(m\sin\Omega t)\approx m\sin\Omega t$$

于是式（2-22）可化简为：

$$u=U_m\cos\omega_c t+\frac{m}{2}U_m\cos(\omega_c+\Omega)t-\frac{m}{2}U_m\cos(\omega_c-\Omega)t \tag{2-25}$$

可见，当 $m<1$ 时，调角信号的频谱和调幅信号的频谱相似，也是由载频 ω_c 和一对上，下边频 $\omega_c\pm\Omega$所组成，差别只是下边频的相位相反。频带宽度仅为 2Ω的调频波称为窄带调制。窄带调制广泛用于移动通信电台中。

（2）宽带调制（$m>1$）（WBFM）

完整频谱仍由式（2-24）决定，调角信号的边频分量理论上有无限多对，也就是说，它的频谱是无限宽的。但实际上，调角信号的能量绝大部分集中在载频附近的若干边频分量上，而从某一个阶边频起，它们的幅度就很小。通常认为当边频幅度小于载频幅度的 10%时，即使忽略这些边频分量，对信号传输质量并没有明显影响。因此，实际调角信号所占的有效谱宽仍是有限的。由表 2-1 可以看出，当 $m>1$ 时，$m+1$ 以上各阶边频的幅度均小于载频幅度的 10%，因而可以忽略。在此情况下，调角信号的有效频谱宽度可表示为：

$$B=2(m+1)\Omega=2(\Delta\omega+\Omega) \tag{2-26}$$

当 $m=4$ 时，若 $n>m+1=5$，即 $n=6$ 时，6 阶以上边频可略去，因此 $B=2(4+1)\Omega=10\Omega$。

以上讨论的只是单音调制的情况。实际上调制信号都是包含很多频率的复杂信号，多频率进行调制的结果，并不是每个调制频率单独调制时所得频谱的简单和，而是增加了许多新的组合频率，使频谱大为复杂。要对复杂的信号仔细分析是非常困难的，但实践证明：如果取复杂的信号中的最高频率作为调制频率，仍然可以用式（2-26）来估算复杂信号的频谱宽度。例如，在调频广播系统中，按国家标准，Δf_{max}=75kHz，F_{max}=15kHz，通过计算求得：

$$B=2\left(\frac{\Delta f_{max}}{F_{max}}+1\right)F_{max}=180\text{kHz}$$

实际上，在广播系统中，对于复杂的调频信号，选取的频谱宽度为200kHz。

还应指出，频谱宽度与最大频偏是两个不同的概念，不能混淆。最大频偏是指在调制信号作用下，瞬时频率离开中心频率ω_c的最大值，即频率摆动的幅度。而频谱宽度则是将长时间稳定的调角信号分解为许多正弦分量，按一定条件（如忽略小于载频振幅 10%的边频）得到上、下边频所占的频率范围。

宽带调频广泛应用于电视台、调频广播电台等。

2.3.3 调频方法

频率调制是对于调制信号频谱进行非线性变换，不是线性搬移，因而不能简单地用乘法器和滤波器来实现，根据调频波的瞬时频率按调制信号的规律变化这一基本特点，实现调频的方法有两大类：直接调频和间接调频。

1．直接调频

直接调频是指用调制信号直接去控制振荡器的振荡频率，使其振荡频率按调制信号的规律线性变化。例如，LC振荡器的振荡频率主要由回路元件L、C的参数来决定，那么，只要以一个可控制电抗元件作为回路组成的一部分，然后用调制信号去控制电抗元件的参数变化便可改变振荡器的振荡频率，获得调频波。常用的可控电抗元件有变容二极管、电抗管电路以及有铁氧体磁心的电感线圈等。

图 2-24 为变容二极管调频电路。它是利用变容二级管的结电容（即势垒电容）随反向电压变化这一特性实现的调频。

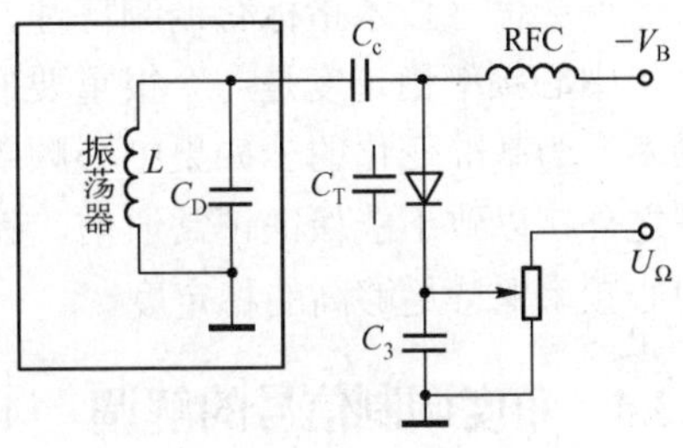

图 2-24　变容管直接调频电路

图中 LC_D 回路代表振荡器的主谐振回路。C_C 是耦合电容，它和变容管的等效电容 C_T 串联，再并联于主谐振回路。C_3 对高频起旁路作用，而对调制频率呈现较大阻抗。RFC 是高频扼流圈，防止变容二极管在高频时被电源短路。加在变容二极管上的电压是三个电压之和：直流反向偏压、调制电压和高频电压。通常高频电压相对于前两种电压是很小的，可忽略。当调制电压变化时，总的反向偏压变化，所以变容二极管的势垒电容 C_T 将在反向偏压所决定的静态值 C_{T0} 附近随调制电压而变，而 C_T 是回路总电容的一部分，因而振荡频率将随调制电压而变，实现了调频。

除此之外，还有电抗管调频电路、石英晶体调频振荡器等直接调频电路。直接调频法原理简单，频偏较大，但中心频率不易稳定。

2．间接调频

间接调频就是先将调制信号积分，然后对载波进行调相，从而间接获得调频。其特点是调制不在振荡器本级进行，易于保持中心频率的稳定，但不易于获得大的频偏。间接调频原理如图 2-25b 所示，而图 2-25a 是直接调频的原理。

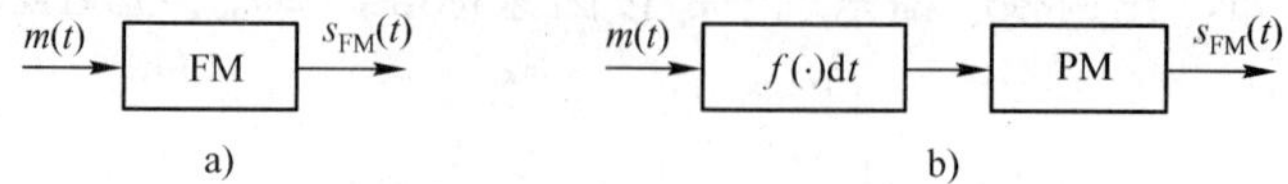

图 2-25　直接和间接调频原理

单极回路变容二极管调相电路如图 2-26 所示。

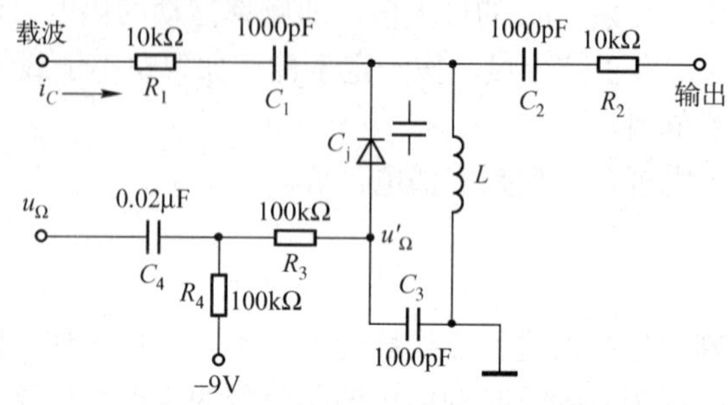

图 2-26　单级回路变容二极管调相电路

图 2-26 中，L 与变容二极管构成并联谐振回路；C_1、C_2 为隔直电容，对载波可视为短路；载波电压经 R_1（10kΩ大电阻）后作为电流源输入；R_2 用来减轻后级电路对回路的影响；R_4 用作调制信号源与偏压源之间的隔离。调制信号经耦合电容 C_4 加到 R_3C_3 组成的积分电路，因此加到变容二极管两端的调制信号已是 u_Ω'，所以输出的调相波对 u_Ω来说便是调频波了。

调频信号技术指标有调制特性、调制灵敏度、最大频偏、中心频率稳定度等。

中心频率稳定度是一个很重要的参数，调频信号的瞬时频率是以稳定的中心频率（载波频率）为基准变化的。如果中心频率不稳定，就有可能使调频信号的频谱落到接收机通带范围之外，以致不能保证正常通信。因此，对于调频电路，不仅要满足频偏的要求，而且要使中心频率保持足够高的稳定度。

2.3.4　角度调制信号的解调

调频波和调相波都是等幅的高频振荡，调制信号的变化规律，分别反映在高频振荡的频率和相位的变化上，因此不能直接利用包络检波器解调调频波和调相波，必须采用频率检波电路和相位检波电路。

相位检波电路也称鉴相器，是用来检出两个信号之间的相位差，完成相位差-电压的变换作用，常用的鉴相电路有乘积型鉴相和门电路鉴相。

频率检波器也称鉴频器，是从输入调频波中检出反映在频率变化上的调制信号，即完成频率-电压的变换作用，鉴频电路大致有四种。

1．幅度鉴频

先将等幅调频波的瞬时频率变化规率不失真地变换为调频波的包络变化，即变换成调幅调频波，然后用包络检波器检出所需的调制信号。

2．相位鉴频

先将等幅调频波的瞬时频率变化规律不失真地变换为调频波的相位变化，即变为调相调频波，然后用相位检波器检出所需的调制信号。

3．脉冲计数式鉴频

调频波瞬时频率的变化，直接表现为单位时间调频信号超过零值的数目的变化，利用计数过零值脉冲数目的方法实现。

4．利用门电路或锁相环路进行鉴频

2.3.5 调频系统的抗噪声性能

调频信号的抗噪声分析模型如图 2-27 所示，抗噪声模型主要是从接收端解调器的角度来思考。

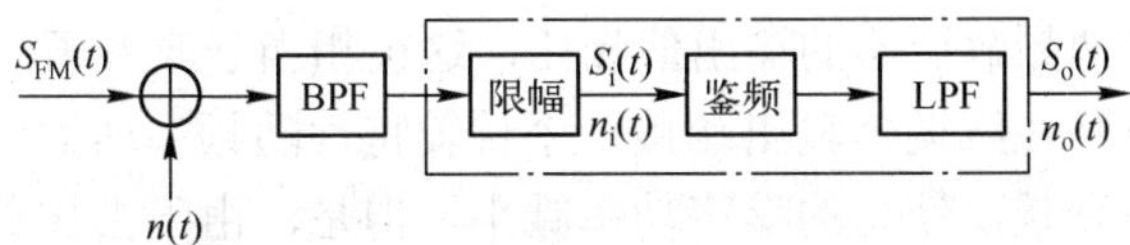

图 2-27 调频系统解调分析模型

图 2-27 中限幅器是为了消除接收信号在幅度上可能出现的畸变。BPF 带通滤波器的作用是抑制信号带宽以外的噪声。$S_{FM}(t)$ 是已调信号，$n(t)$ 是均值为零、单边功率密度为 n_0 的高斯白噪声，经过带通滤波器以后变为窄带高斯噪声 $n_i(t)$。

经过计算，解调器输入信噪比为：$\frac{S_i}{N_i}=\frac{U_m{}^2}{2n_0B_{FM}}$，其中 B_{FM} 为调频信号的带宽。

输出信噪比由于解调不满足叠加性，无法分别计算信号与噪声的功率，因此，考虑两种情况，即大信噪比和小信噪比情况。

在大信噪比情况下，调频系统的信噪比增益：

$$G_{FM}=3m_f^2(m_f+1)$$

如果当 $m_f>>1$ 时有近似式，有：

$$G_{FM}\approx 3m_f^3$$

上面表明大信噪比下时，宽带调频系统的增益是很高的，它与调制指数的立方成正比。这就意味着，对于调频系统来说，增加传输带宽可以改善抗噪声的性能，实现带宽与信噪比之间的互换。

在小信噪比情况下：当 S_i/N_i 低于一定数值时，解调器的输出信噪比（S_o/N_o）急剧恶化，这种现象称为调频信号解调的门限效应。

门限值—出现门限效应时所对应的输入信噪比值称为门限值，记为（S_i/N_i）$_b$。

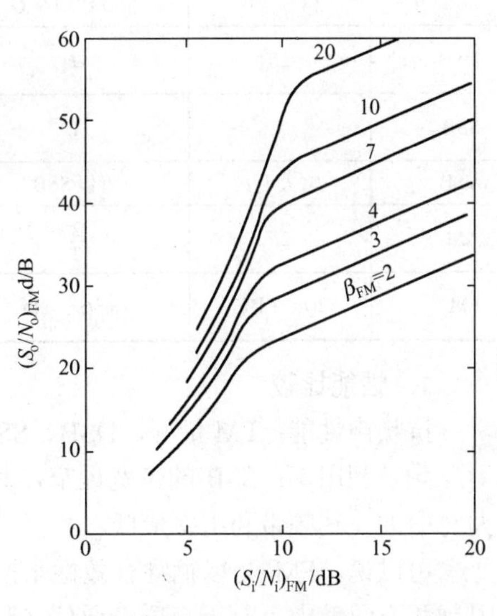

图 2-28 门限效应

图 2-28 表明了在不同调制指数 m_f 下，调频解

调器门限效应近似关系。

由图可见：

1）门限值与调制指数 m_f（即图中 β_{FM}）有关。m_f 越大，门限值越高。不过不同 m_f 时，门限值的变化不大，大约在 8～11dB 的范围内变化，一般认为门限值为 10dB 左右。

2）在门限值以上时，$(S_o/N_o)_{FM}$ 与 $(S_i/N_i)_{FM}$ 呈线性关系，且 m_f 越大，输出信噪比的改善越明显。

3）在门限值以下时，$(S_o/N_o)_{FM}$ 将随 $(S_i/N_i)_{FM}$ 的下降而急剧下降。且 m_f 越大，$(S_o/N_o)_{FM}$ 下降越快。

门限效应是 FM 系统存在的一个实际问题。尤其在采用调频制的远距离通信和卫星通信等领域中，对调频接收机的门限效应十分关注，希望门限点向低输入信噪比方向扩展。

降低门限值（也称门限扩展）的方法有很多，例如，可以采用锁相环解调器和负反馈解调器，它们的门限比一般鉴频器的门限电平低 6～10dB。还可以采用“预加重”和“去加重”技术来进一步改善调频解调器的输出信噪比，这也相当于改善了门限。

所谓“去加重”就是在解调器输出端接一个传输特性随频率增加而滚降的线性网络，将调制频率高频端的噪声衰减，使总的噪声功率减小。但是，由于去加重网络的加入，在有效地减弱输出噪声的同时，必将使传输信号产生频率失真。因此，必须在调制器前加入一个“预加重”网络，人为地提升调制信号的高频分量，以抵消去加重网络的影响。

2.4 各种模拟调制系统的性能比较

表 2-2 在相同条件下比较各种模拟调制方式的性能，表中是输出信噪比在相同的解调器输入信号功率、相同的噪声功率谱密度、相同基带信号带宽 F 的条件下得出的。

表 2-2 各种模拟调制方式的性能比较

调制方式	信号带宽	信噪比增益 G	输出信噪比	设备复杂程度	主 要 应 用
DSB	$2F$	2	$\frac{S_i}{n_0F}$	中等	较少应用
SSB	F	1	$\frac{S_i}{n_0F}$	复杂	短波无线电广播，话音频分多路
VSB	略大于 F	近似 SSB	近似 SSB	复杂	商用电视广播
AM	$2F$	$\frac{2}{3}$	$\frac{1}{3}\cdot\frac{S_i}{n_0F}$	简单	中短波无线电广播
FM	$2(m_f+1)F$	$3m_f^2(m_f+1)$	$\frac{3}{2}m_f^2\frac{S_i}{n_0F}$	中等	超短波小功率电台

1. 性能比较

抗噪声性能：FM 最好，DSB、SSB、VSB 抗噪声性能次之，AM 抗噪声性能最差。

频带利用率：SSB 的带宽最窄，其频带利用率最高；FM 占用的带宽随调频指数 m_f 的增大而增大，其频带利用率最低。

可以说，FM 是以牺牲有效性来换取可靠性的。因此，m_f 值的选择要从通信质量和带宽限制两方面考虑。对于高质量通信（高保真音乐广播，电视伴音、双向式固定或移动通信、卫星通信和蜂窝电话系统）采用 FM，m_f 值选大些。对于一般通信，要考虑接收微弱信号，带宽窄些，噪声影响小，常选用 m_f 较小的调频方式。

2．特点与应用

AM 调制：优点是接收设备简单，缺点是功率利用率低，抗干扰能力差，主要用在中波和短波调幅广播。

DSB 调制：优点是功率利用率高，且带宽与 AM 相同，但设备较复杂，应用较少，一般用于点对点专用通信。

SSB 调制：优点是功率利用率和频带利用率都较高，抗干扰能力和抗选择性衰落能力均优于 AM，而带宽只有 AM 的一半，缺点是发送和接收设备都复杂，SSB 常用于频分多路复用系统中。

VSB 调制：抗噪声性能和频带利用率与 SSB 相当，在模拟电视广播系统中广泛应用。

FM 调制：FM 的抗干扰能力强，广泛应用于长距离高质量的通信系统中，缺点是频带利用率低，存在门限效应。

2.5 无线电发射机

在无线电通信中，无线电发射机是主要设备之一。它的作用是产生一个功率足够大的高频振荡送给发射天线，通过天线转换成空间电磁波辐射出去。

从发射机的用途出发，对发射机有如下要求：

1）频率稳定，以避免对邻近信道信号的干扰和提高接收效果。

2）频率占用幅宽应当尽量狭窄。

3）信号失真小。

4）寄生辐射应低，以减小干扰。

5）振荡电路不受环境温度、湿度的影响。

为衡量发射机的优劣，对发射机质量提出了如下技术指标。

1．输出功率

输出功率是指发射机的载波输出功率。根据输出功率的大小，发射机可以分为大功率发射机（1kW 以上）、中功率发射机（50W 到几百瓦）和小功率发射机（50W 以下）。发射机的功率越大，信号可传播的距离就越远。但盲目地增加输出功率不仅会造成浪费，更主要的是会增加对其他通信系统的干扰。

2．频率范围与频率间隔

频率范围是指发射机的工作频率范围。频率间隔是指相邻两工作频点之间的频率差值。通常要求在频率范围内任一工作频率上，发射机的其他各项电指标均能满足要求。

3．频率准确度与频率稳定度

设发射机的标称频率为 f_0，实际工作频率为 f_x，则频率准确度的定义为：

$$A_f = \frac{f_x - f_0}{f_0}$$

由于发射机内部高频振荡元件的标准性与老化等因素，不同时刻发射机的频率准确度也不同，因而在说明频率准确度时必须说明测试时间。

频率稳定度反映发射机载波频率随机变化的波动情况。根据对发射机观察时间的长短，频率稳定度可分为长期稳定度、短期稳定度和瞬时频率稳定度。

4．邻道功率

邻道功率是指发射机在规定调制状态下工作时，其输出落入相邻波道内的功率。它常用邻道功率和发射机载波功率之比来表示，邻道功率的大小主要取决于已调波频带的扩展和发射机的噪声。

5．寄生辐射

寄生辐射是指发射机有用频率以外的一切寄生频率的辐射。它包括载波频率的各次谐波以及晶振频率的高次谐波。发射机可能在很宽的频率范围内干扰其他发射机的正常工作，在电台密集的地区，必须严格限制各种发射机的寄生辐射。

6．调制特性

调制特性包括调制频率特性和调制线性。调制频率特性即发射机的音频响应，它是指当调制信号的输入电平恒定时，已调波振幅（对于线性调制）、频偏（对于调频）或相位偏移（对于调相）与调制信号频率之间的关系。要求在 300～3400Hz 的频率范围内调制特性平坦，而在 3400Hz 以上，要求调制频率特性曲线迅速下降，以便使话音中无用的高音分量受到充分的抑制。调制线性是指在使用规定的调制频率（1000Hz）时，已调波的振幅（调幅波）或相移（调相波）随调制信号电平变化的函数关系的线性度。调制线性好，可以减少所传送信号的非线性失真。线性程度通常用调制非线性失真系数来表示。

按照信号的调制方式分类，发射机可分为调幅发射机、调频发射机与调相发射机。调幅发射机又分为双边带（DSB）发射机与单边带（SSB）发射机。

2.5.1 调幅发射机

发射机通常由多级组成，调幅发射机的方框图如图 2-29 所示。

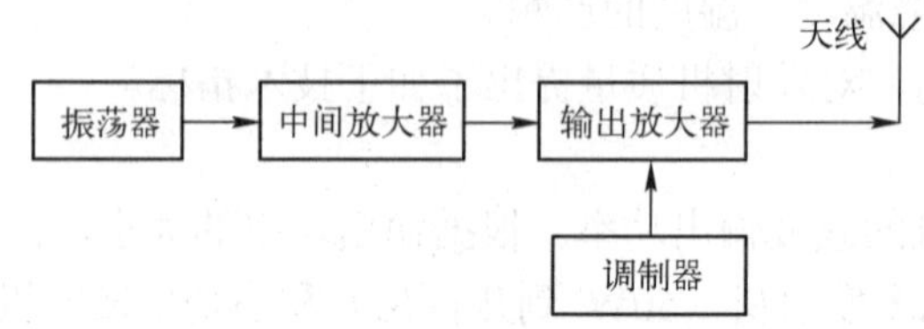

图 2-29 调幅发射机组成方框图

图中振荡器产生出一定频率的高频振荡，通常振荡功率很小。中间放大器的作用就是将这功率较小的振荡加以放大，供给输出放大器所需的激励。中间放大器可由缓冲和倍频等几级构成。输出放大器的主要作用就是在激励信号的频率上产生足够大的高频功率送给天线。在调幅电话发射机中，振幅调制通常在输出放大器进行。图中的调制器换成多级音频放大器，其作用是放大话音信号，供给输出放大器进行调制所需的电压和功率。这种发射机中，调幅信号所占用频带宽，并且能量浪费较大，所以一般采用单边带发射机。

单边带发射机一般是先获得普通调幅信号，在调幅过程中，利用平衡调幅器消去载频得到一个无载频的双边带信号，然后再用某种方法去掉一个边带，就成为单边带信号。

单边带发射机的方框图如图 2-30 所示。

它是由音频放大器、单边调制部分、频率变换器、功率放大器与自动电平控制电路

（ALC）组成。

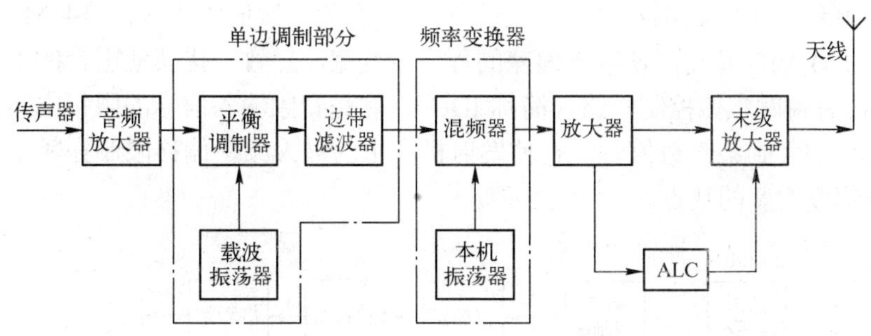

图 2-30　单边带发射机组成方框图

音频放大器把传声器传来的音频信号适当放大，输入到平衡调制器，同时载频振荡器输出的高频振荡信号也送到平衡调制器中，两者进行调幅。它和一般调制器不一样，调幅后载频成分由于平衡电路的抵消作用而消失，只有上、下两个边带输出，这样的信号称为无载频双边带信号。把此信号输入边带滤波器中，这个滤波器是一个带通滤波器，只能允许通过一个特定频率，在这个频带以外的其他频带信号都不能通过，所以从边带滤波器出来的只有一个边带信号，形成单边带输出。

一般单边带发射机的载频振荡器的工作频率选择都较低，因此，调幅后经过滤波器输出的单边带信号的频率也低，通过混频器频率的搬移过程，将它变到一个足够高的工作频率。在混频器的负荷端还应使用滤波器把原来的单边带信号取出，阻止另一些在变频过程中新产生的频率进入功率放大器，但变频器输出端的功率还很小，需要把它送到功率放大器进行功率放大，再送到天线发射出去。

单边带发射机一般在缓冲放大器与本级功率放大器间都设有自动电平控制电路（ALC），其功能是限制本级放大器的输入电平，使发射机输出不发生失真。如果没有 ALC 电路，当讲话声音过大时，输入增大，超过发射机的限定输入电平后，电波不仅失真，同时会使占用频带变宽，干扰其他电台的工作。

SSB、DSB 发射机的比较如表 2-3 所示。

表 2-3　SSB 和 DSB 比较

特　征	功率利用	占用频带	噪　声	结　构
SSB	经济	窄	少	复杂
DSB	不经济	宽	多	简单

2.5.2　调频发射机

利用音频信号来调制高频载波的振荡频率，使其瞬时频率随调制电压而变化，这样获得的调频信号，其幅度保持不变，而其瞬时频率正比于所需传送的音频信号的幅度。使用这种调制的发射机称为调频发射机，其方框图如图 2-31 所示。

首先振荡器产生工作频率的几分之一频率的载频，例如 144MHz 的发射机约为 12MHz。

在频率调制级载频受从传声器送来的音频信号调制，产生 FM 信号，由于其频率低，为了达到希望的工作频率，还须借倍频器升高所需数值。例如：希望的工作频率为 144MHz，振荡级的振荡频率为 12.14MHz 时，须经过 3×2×2 的三级倍频才获得 144MHz 的输出频率。但是随着 FM 频率升高，使频率偏差的程度也变宽，导致干扰其他电台的工作。因此，FM 发射机都接有瞬时频偏控制电路（简称 IDC），它是音频输入信号的限幅电路，当来自传声器的音频信号增大到某一数值时，它使发射机产生的最大频率偏移限制在额定值之下，使之不产生频带幅度增宽的缺点。

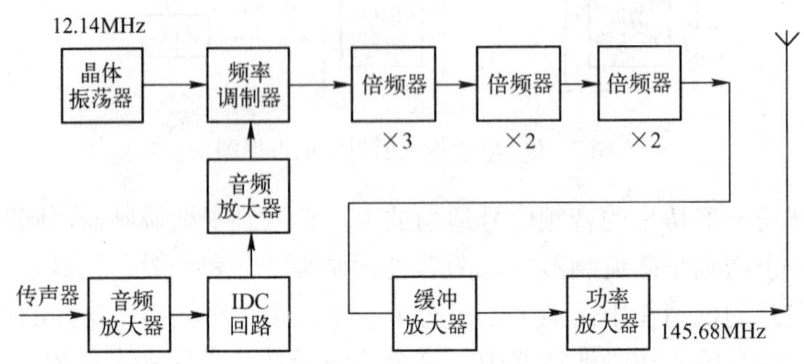

图 2-31　调频发射机组成方框图

从频率调制级输出的信号，通过适当的放大级放大到需要的额定功率，再经天线发射。

调频发射机与调幅发射机相比，具有如下特点：

1）占用频带宽。

2）具有较强的抗干扰能力。

3）功率利用系数高。

2.6　无线电接收机

接收无线电信号的设备叫做无线电接收机。各种无线电台与无线电干扰源都向空中辐射电磁波，并可能在接收天线上感应出电动势，无线电接收机的任务就是要从这许多电台信号与干扰信号中把需要的信号选出，进行放大，解调变换成低频信号（即原来的调制信号）以推动扬声器或其他终端设备。

为了衡量接收机性能优劣，人们对其提出了电性能的质量要求。

1．灵敏度

灵敏度是接收机主要质量指标之一，表示接收微弱信号的能力。我们把接收机正常工作（在规定的输出功率与一定的信号噪声比）时，接收天线上必需的感应电动势叫做接收机的灵敏度。必需感应电动势越小，能接收到的信号越微弱，则说明该接收机的灵敏度越高。

2．选择性

选择性是接收机主要质量指标之一。在天空中，同一时间里有许多电波，接收机需能从许多的电波与干扰中，选择出所希望的信号，并排斥其他电波，这种抑制干扰而选择有用信号的能力叫做接收机的选择性。接收机选择信号的作用是靠检波器以前各级（高频放大、中频放大）的调谐电路完成。调谐电路的 Q 值、调谐电路的级数及电路同步调谐的程度等，是决定选择性优劣的重要因素。

选择性是针对抑制干扰而言的，而干扰的种类与情况很复杂，常见的有中频干扰和镜像干扰。

1）中频干扰：干扰频率接近或恰等于接收机的中频频率称为中频干扰，例如：一接收机中频为 1.5MHz，而外来一干扰频率就在 1.5MHz 附近，这干扰就通过各种途径漏过高放，混频，经中频放大而解调输出形成干扰。

接收机对中频干扰的抑制程度称为中频抗拒比（也称中频抑制比），用其衡量接收机对中频干扰的抑制能力，短波接收机要求中频抗拒比大于 60dB。

2）镜像干扰：干扰频率和信号频率对本振频率成镜像关系。例如，已知接收机中频为 500kHz，当接收 2MHz 信号时，本振频率为 2.5MHz，这时有一干扰频率为 3MHz，只要到达变频器输入端，就可与本振电压进行变频，同样得到中频输出 3MHz–2.5MHz=0.5MHz，通过中放造成干扰。

接收机对镜像干扰的抑制能力用镜像抗拒比表示，用其衡量接收机对镜像干扰的抑制能力，通常要求镜像抗拒比大于 80dB。

3．失真度

失真度是衡量接收机所输出的信号波形与原来传送的信号波形相比是否失真的指标。实际上，信号通过接收机不可避免地会产生失真，失真越小，保真度越高。

接收机产生失真的种类很多，可分为以下几种：

1）频率失真，对不同频率的振幅响应不同所造成的失真，一般通话用的接收机要求在 300～3000Hz 范围内的振幅频率特性的不均匀性小于 10～15dB。

2）非线性失真，又叫非线性畸变或谐波失真，它是由于接收机中的晶体管、电子管、变压器铁心特性曲线的非线性引起的。它使输出信号中产生新的谐波成分，改变了原信号的频谱。非线性失真系数达到 10%时，发出的声音就变得闷塞，嘶哑。接收话音信号时，对非线性失真要求不是很严格，一般不超过 10%就可以，对于高保真度的接收机，须小于 1%。

3）相位失真，当信号通过接收机的某一系统，由于元器件的相位移动作用，引起信号中各频率分量的相位关系发生变化形成的失真，叫做相位失真。因为人耳不能分辨相位移动，所以这种失真对话音通信影响不大，可以忽视。但是接收图像或脉冲信号时，相位失真，需加以重视。

4．波段覆盖

接收机的波段覆盖具体要求为：

1）要求接收机在给定的整个频段范围内，可以调谐在任何一个频率上。

2）要求在整个波段内的任何一个频率上，接收机的主要质量指标都能达到规定要求。

5．工作稳定性

接收机在正常工作过程中，应能使接收的信号非常稳定地工作。稳定性主要是指工作频率、灵敏度、通带宽度和选择性的稳定性。在使用过程中，引起不稳定的原因主要是接收的参数（如增益通频带等）会因电源电压和环境温度的变化而改变，因此应根据不同情况采取适当防止措施。

下面，我们分别介绍调幅接收机、单边带接收机、调频接收机的原理。调幅接收机一般可分为直接放大式和超外差式两种。

2.6.1 调幅接收机

1. 直接放大式接收机

直接放大式接收机也叫调谐放大式（TRF），其结构如图 2-32 所示，对天线接收到的高频信号，直接进行放大，然后检波，把音频信号从已调的高频信号中取出，再经低频放大，送到扬声器等其他终端设备。

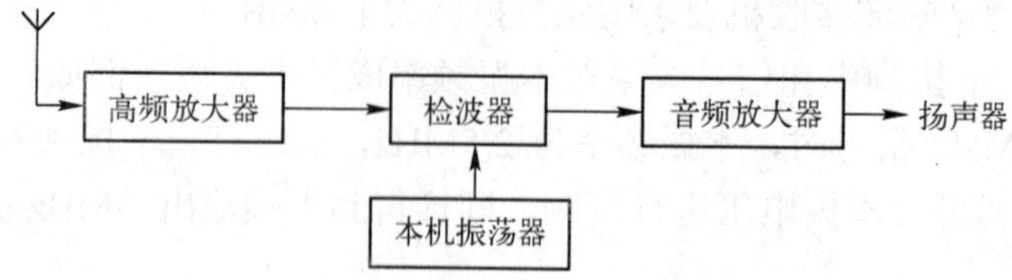

图 2-32　直接放大式接收机组成方框图

这种电路简单，易于安装，但选择性、灵敏度等性能不够理想。当接收机从接收某一信号频率转换到接收另一个频率较高的信号时，其放大和选择信号的能力会变差。此外，由于包括输入回路及所有高频放大器都要调谐到被接收信号的频率上，容易产生振荡工作不稳定。因此，现代的无线电接收机几乎都采用超外差式接收机。

2. 超外差式接收机

超外差式接收机的结构框图如图 2-33 所示。

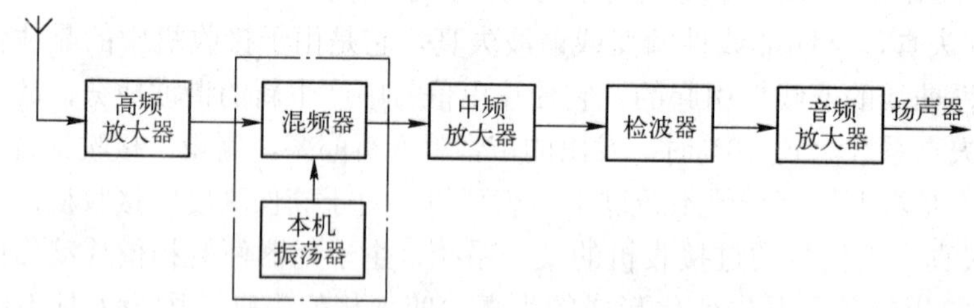

图 2-33　超外差式接收机方框图

与直接放大式调幅接收机相比，超外差式调幅接收机在解调前不但有高频放大，而且还有载波频率变换与中频放大，它的增益与选择性较高，在整个频段内增益比较平稳。其工作原理是：从天线接收到的调幅信号，经过输入电路和高频放大器的选择和放大进入变频器，经过变频器使原来的载波信号变为固定频率的中频信号，随着天线输入频率的改变，本机振荡频率也发生改变，使中频保持不变；再经过中频放大器进行放大，由于中频放大器的工作频率固定，而且通常比接收到的信号频率低，这样便于提高放大量，也便于采用复杂调谐电路，提高接收机的选择性。

载波信号变为中频信号的过程称为变频，这是利用本机振荡器产生一个等幅正弦振荡波，加到变频器与外来的载波信号在变频器内经过混频，得出一个与外来信号调制规律相同，频率固定不变的较低载频的调幅信号，这个载频叫中间频率。但是这个中频信号仍是调幅信号，必须用检波器把原来的音频调制信号取出来，并滤除残余的中频分量，再由音频放大器放大传送到扬声器发出声音。

超外差接收机电路选择性好，增益高、工作稳定。但一次变频的超外差式电路，全机的增益和邻近波道选择性主要依靠中频放大器。为了得到高的增益和窄的通频带，中频频率不能太高。然而，镜像抗拒比与中频频率有关，中频低，则镜像抗拒比差，尤其是在工作频率较高时更是如此。如果增加高频放大级数，或采用双回路，三回路调谐电路，抗拒比虽可以改善，但不能根本改善，且使结构复杂，为了解决一次变频矛盾，产生了二次变频超外差式电路。

3. 二次变频超外差式接收机

经过两次变频的超外差式接收机叫二次变频超外差接收机，其方框图如图 2-34 所示。

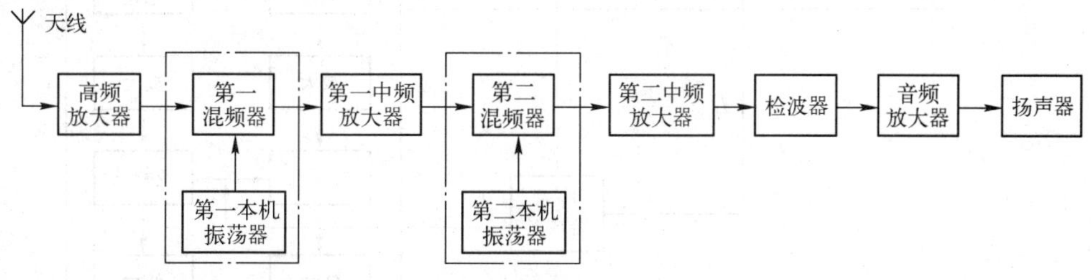

图 2-34　二次变频超外差接收机组成方框图

这种接收机经过两次变频，有两个不同频率的中频，第一个中频频率较高，第二个中频频率较低。第一个中频频率选得高些，使镜像干扰远离接收机的调谐频率，因而镜像干扰在高频放大器中有显著减弱，第二个中频选得低些，便于采用性能良好的带通滤波器，因而在保证通频带的条件下，可以对靠近信号频带附近的邻道干扰有较大的衰减。所以二次变频超外差式接收机对镜像干扰与邻道干扰都有较大的抑制能力，但电路较复杂，而且增加一次变频会增加谐波与组合频率干扰的可能性。除此之外，还有三次变频的超外差式接收机。

2.6.2　单边带接收机

单边带信号的接收过程实质上也是一个频率的搬移过程的逆过程，接收机将接收到的微弱信号放大，并逐步把射频单边带信号搬移到中频，然后再经过解调把中频单边带信号还原成音频信号。

单边带接收机设有只准 SSB 信号通过的带通滤波器。解调部分，当工作频率低于 7MHz 时，用下边带（LSB），高于 10MHz 以上时，使用上边带（USB），根据需要作适当转换。

由于原来发射机在平衡调制器内把载频抵消，因此不能使用一般调幅波的检波法，为了恢复原来的调制信号，要加上一个与发射机原始载频相同的载波频率，这个新加的载频叫恢复载频。一般 SSB 接收机中都由准确而稳定工作的晶体振荡器的振荡信号做为恢复频率。

图 2-35 所示为一典型二重变频超外差式单边带接收机方框图。

它采用频率合成器做为本机振荡器，作为接收机各级的本级振荡源。如果接收机的频率为 3～30MHz，第一中频选用 1.6MHz，变频一的本机振荡频率 f_1 比接收信号频率高 1.6MHz，为 4.6～31.6MHz 范围内可调。第二中频为 100kHz，作为频率搬移的变频二的第二本机振荡频率 f_2 为 1.7MHz。第三本机振荡频率为解调器所需的本地重置载频，其频率为 100kHz。

解调部分有两个带通滤波器，一个供上边带使用，另一个供下边带使用。所以，上、下边带信号分别通过各自带通滤波器，进入变频三进行解调。以上边带为例，信号在变频器三与第三本振信号 f_3 相混合，取其差，就得到原来第一路调制信号，再通过低频放大器，送入扬声器转换成话音放出。

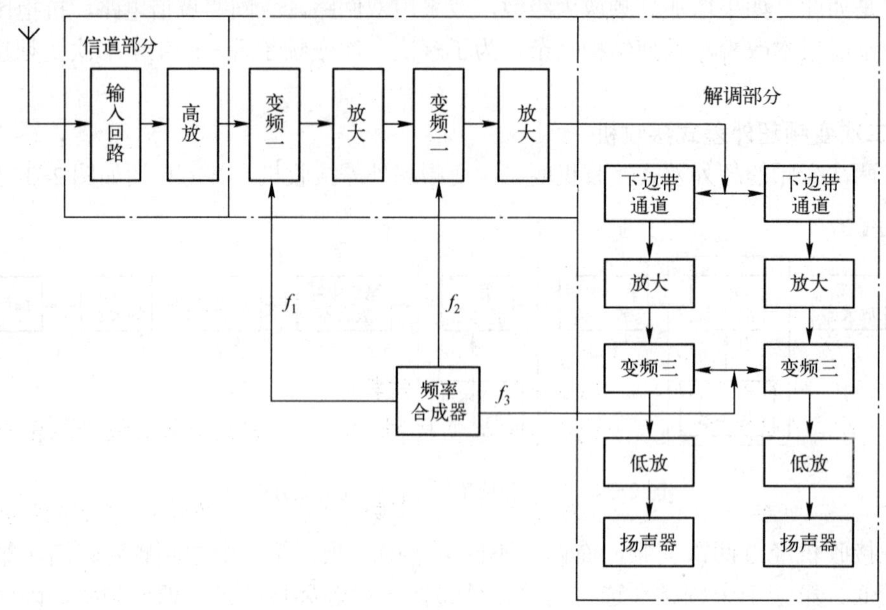

图 2-35　单边带接收机组成方框图

2.6.3　调频接收机

接收调频信号的接收机叫调频接收机，这种接收机通常都采用超外差式电路。其音频放大，低频放大的工作原理与调幅接收机相同，但因调频信号的振幅不变，信号包含在频率变化中，所以调频信号用鉴频器进行解调。为了去掉调频信号在传输信道中产生的寄生调幅和干扰对信号振幅的影响，在鉴频器之前用限幅器对信号进行限幅。其方框图如图 2-36 所示。

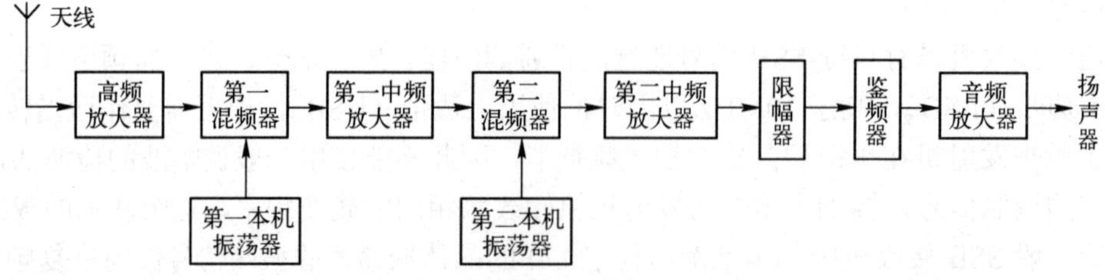

图 2-36　调频接收机组成方框图

2.7　本章小结

模拟通信是曾经应用非常多的通信模式之一，模拟电视、广播和模拟手机都属于模拟通信。由于模拟信号自身特点，在传输前一般都需要信号变换，即调制。调制方式有幅度调制和角度调制。幅度解调有标准幅度调制 AM、双边带调制 DSB、单边带调制 SSB 和残留边带调制 VSB。角度调制有调频和调相两种。在接收端，相应需要解调恢复出原有的模拟信号。

不同的调制和解调方式性能不一样，应用的场合也不一样。

与调制相对应，模拟无线电发射机有调幅发射机和调频发射机。目前应用得广泛的无线电接收机是超外差式接收机，将接收到得各种不同频率信号变换成固定中频，然后进行处理，在手机中常采用超外差式接收机。

2.8 习题

1．调制信号幅度为 2.4V，调频波最大频偏为 4.8kHz，调相波调制指数 m_p=5。

1）求调制频率为 500Hz 及 1kHz 时的调频指数和调相指数。

2）设调制频率为 2kHz，但调制信号幅度增到 7.2V，试求此时调频波和调相波的调制指数。

2．某载波功率为 500W，在调幅过程中，调幅波的功率在载波和边带中的分配情况怎样？

3．单边带信号的特点是什么？

4．三种调制方法各有什么特点？

5．画出调幅发射机，调频发射机方框图，并说明工作原理。

第3章　模拟信号数字化

信息以某种方式依附于物质载体，从而实现交换和传输，完成意愿的表达。可以说通信的根本任务是远距离传输信息，让信息在时间和空间上转换和转移，从此方到彼方，完成意愿的交流。随着人类不断的向前发展，信息的传递技术也发展神速，其技术和手段发展可谓一日千里。数字通信的原理和理论，是现代通信技术的基础，要适应现代通信的发展，就应当学习并掌握数字通信。

3.1　绪论

3.1.1　数字信号

信号是信息的表现形式。它可以是声音、图像、电压、电流等，这里仅讨论电信号。电信号按频率分，分为基带信号和频带信号；按信号参数状态分，分为模拟信号和数字信号。

1．基带信号和频带信号

基带信号是指含有低频成分甚至直流成分的信号，通常原始信号都是基带信号。

频带信号的中心频率相对较高，因而相对带宽窄，适合于在信道中传输。基带信号经过调制可以转换为频带信号。

2．模拟信号和数字信号

模拟信号是指时间和状态都连续的信号。自然界存在的信号大多数是模拟信号。

数字信号是指时间和状态都离散的信号。图 3-1 是数字信号的波形，其特点是：

1）状态的离散性。数字信号的幅值被限制在有限个数值内，因此，这些有限个数值就可以一一加以表示。在计算机和数字通信中常采用二进制来表示任一离散值。例如：图 3-1a 只有两种状态，则可用一位二进制符号来表示，图 3-1b 有四种状态，则可用两位二进制符号来表示。一组 M 位的二进制符号最多可表示 2^M 个状态。当然，除了用二进制符号表示外，还可以采用多进制符号表示。

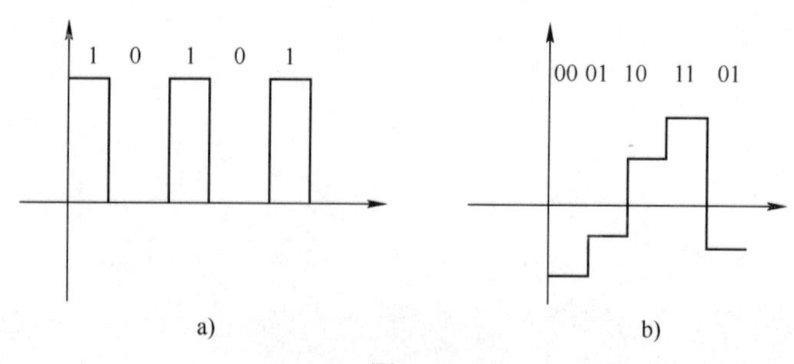

图 3-1

a) 二进制数字信号　b) 四进制数字信号

2）时间的离散性。数字信号从时域波形上看也是不连续的，是离散的。

在数字通信系统中，通常用相同的时间间隔表示一个二进制符号，这个时间间隔叫码元长度，这样的符号简称二进制码元。同样，所有 N 进制信号的时间间隔也是等长的，这样的码元称 N 进制元。

3.1.2 数字通信系统的模型

一个基本的数字通信系统由 8 大部分组成：信源、信宿、编码器、调制器、信道、解调制、解码器、同步系统，如图 3-2 所示。

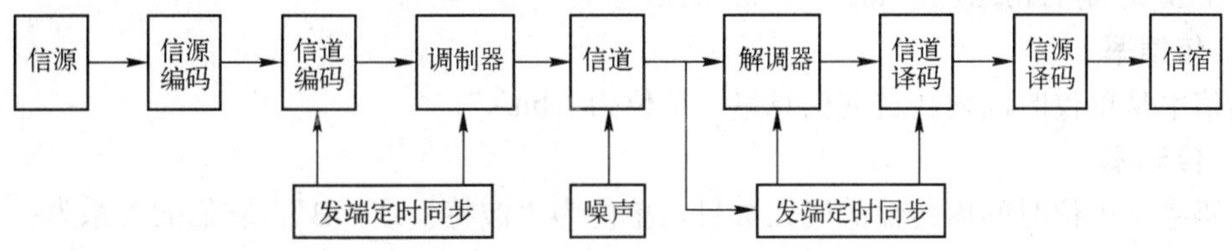

图 3-2 数字通信系统的模型

信源的任务是把原始消息转换为原始电信号，实际上就是一个能量变换器，比如电话的送话器就是把声波信号转换成可以在通信系统中处理的模拟的电信号。

信源编码主要任务有两个：其一，是将信源送出的模拟电信号数字化，即 A/D 转换。其二，是将信源输出的数字信号按实际信息的统计特性进行变换，以提高信号传输的有效性。即在保证一定传输质量的情况下，用尽可能少的数字脉冲来表示信源的信息，减小信息的冗余性。而信道编码是一种代码变换，主要是解决数字通信的传输过程的可靠性问题。

调制器的作用是把二进制脉冲变换或调制成适宜在信道上传输的波形。解调器是调制的逆过程，它是把接收到的已调信号进行反变换，恢复出原数字信号送解码器解码。

同步系统是数字通信系统中的重要部分之一。

数字通信系统除图 3-2 所含的部分外，还有一个特殊的问题——再生中继传输问题。数字信号在传输过程中，由于线路损耗、外界干扰以及内部噪声的影响，致使波形失真。并且随着信道的加长，干扰和噪声的积累，波形失真会越来越严重，甚至无法辨认。在此情况下模拟通信系统中是通过放大器和均衡器的方法加以改善，而在数字通信系统中，则是通过再生中继器来消除信号的衰减、畸变和噪声的影响。

需要注意的是后面所讲的数字基带系统中，其组成和图 3-2 类似，只不过没有调制解调器。

3.1.3 数字通信系统性能指标

1. 比特（bit）

比特是英文 Binary 的简写，意为二进制数字。在二进制中一位二进制数字叫做一比特。

比特在信息论中还是信息的度量单位。如 1bit 可表示两个状态，这样，两个状态的信息量就可用 1bit 来衡量，相应的，2^n 个状态的信息量可用 n bit 来衡量。

2. 概率

概率通常指某一事件发生的相对频数，即某一事件发生的可能性。概率越大，表明发生的可能性越大，概率越小，表明发生的可能性越小。当概率为“1”时，表示该事件必然发生，概率为“0”时，表示该事件不可能发生。

3．码元

码元是单个的数字符号，构成数字信号的基本单位，也是信息的数字载体，数字信号以码元为单位进行传输。

4．信息量

信息量是指信号中所包含的信息的多少，单位为 bit，一个二进制码元携带 1bit 的信息量，一个 M 进制的码元携带 $\log_2{}^M$ 个 bit 的信息量。

5．传信率

传信率是单位时间内传送的信息量，单位为“bit/s”。

6．传码率

传码率是单位时间内传输的码元数目，单位为“波特”或“B”。它们的关系为：

$$R = N\log_2 M \tag{3-1}$$

式中：R 表示传信率，N 表示传码率，M 表示码字的进制数。

比如，某 8 进制数字通信系统的传码率为 1200 波特，则其传信率为 3600bit/s。传信率和传码率都是数字通信系统有效性的重要指标。如果 16 进制通信系统的传信率为 4800bit/s，其传码率也为 1200 波特。

7．误信率

误信率是信息在传输过程中被丢失的概率。

8．误码率

误码率是指通信过程中，系统出现错误码元的数目与传输码元总数的比值，也称码组差错率。误信率和误码率都是数字通信系统可靠性的重要指标。

9．频带利用率

在比较不同的数字通信系统的效率时，单看它们的信息传输速率是不够的，或者即使两个系统的信息传输速率相同，它们的效率也可能不同。还要看传输这种信息所占的信道频带宽度。通信系统所占的频带越宽，传输信息的能力应该越大。所以，真正用来衡量数字通信系统传输效率的指标（有效性）应当是单位频带内的传输速度，即：

$$\eta = \frac{传码率}{频带宽度}\ （波特/赫） \tag{3-2}$$

对于二进制传输时可表示为：

$$\eta = \frac{传信率}{频带宽度}\ （bit/s/Hz） \tag{3-3}$$

3.2 信源编码

3.2.1 脉冲编码调制（PCM）

信源编码的任务包含两个方面：第一，将输入信号变换成适于数字通信系统处理和传输的数字信号。第二，通过信源编码提高数字信号的有效性，尽可能地减少信号中的冗余度，进行压缩信号带宽的编码，使单位时间单位系统频带上所传输的信息量最大。这两大任务，通常是在信源编码的过程中同时完成的。

脉码调制（Pulse Code Modulation）是一种对模拟信号数字化的取样技术，将模拟语音信号变换为数字信号的编码方式。对于音频信号，PCM 对信号每秒钟取样 8000 次，每次取样为 8 个位，总共 64 kbit/s，取样等级的编码有两种标准。北美洲及日本使用 Mu-Law 标准，而其他大多数国家使用 A-Law 标准。

PCM 主要经过 3 个过程：取样、量化和编码。抽样过程将连续时间模拟信号变为时间离散、幅度连续的抽样信号，量化过程将抽样信号变为时间离散、幅度离散的数字信号，编码过程将量化后的信号编码成为二进制码组输出。

1．取样

（1）取样过程

取样也称为抽样、采样，它是把时间连续的模拟信号变换为时间离散信号的过程。取样的任务是每隔一定的时间对模拟信号抽取一个瞬时值（称为样值），其工作过程如图 3-3 所示。

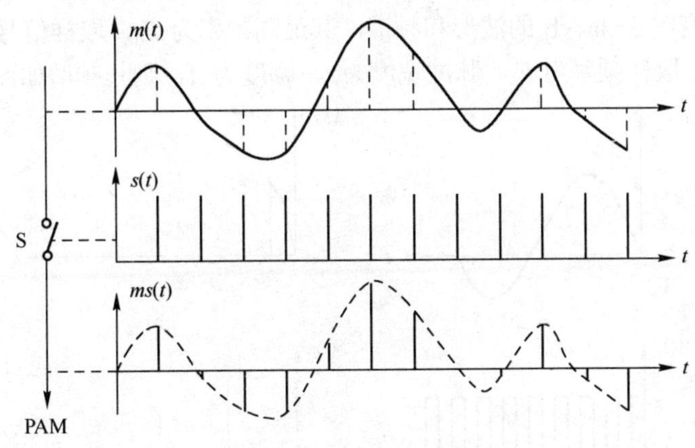

图 3-3　取样过程示意图

将时间连续的模拟信号接到开关 S（也称取样门）上，而取样门的开关受取样脉冲的控制，当取样脉冲到来时，开关闭合，取样脉冲过去后，开关打开，这样，取样门输出模拟信号的一个个脉冲样值。

取样也可以看做是一次脉冲的调制过程。其中，取样脉冲作为载波信号，模拟信号作为调制信号，因此，取样门输出的样值脉冲序列就是脉冲调幅信号（PAM）。这样就完成了模拟信号的离散化，其中载波周期就是取样脉冲周期，也称为取样周期，相应的频率称为取样频率。

那么，模拟信号经取样后会不会造成严重的失真？能不能从取样后的样值脉冲序列中恢复原模拟信号？首先来看一个日常生活中的例子，有人说话非常简练，有人却很罗嗦。讲话简练者，往往是忽略了语言中的某些次要词句，抓住核心问题将意思表达清楚，而讲话罗嗦者，往往是在讲话时加入了大量的修饰语言，这些修饰语言对于核心问题的表达是“多余”

的，这就是“多余度”（也称冗余度）的概念。

如果要提高通信系统的有效性，可以采用压缩技术，保留有用信息，去掉“多余”成分，就可以在提高有效性的同时不会丢失主要信息。当然，也可以从取样的样值脉冲的多少来理解信息丢失的情况：取样的样值脉冲越多，反映原信号的细节越多；取样的样值脉冲越少，反映信息的变化就不完整。换言之，若适当的选取取样频率，使取样频率足够高，将样值脉冲序列恢复为原模拟信号时就不会丢失信息，而如果取样频率过低，样值脉冲在恢复时，必然会出现失真，甚至完全不能恢复。如图 3-3 所示，由于取样频率较高，原模拟信号有 12 个样值，其包络的变化与原模拟信号相同；如果取样频率下降为原取样频率的$\frac{1}{12}$，那么，在相同取样时间段内就只有一个样值，显然不能重现原信号波形。由此可知，取样频率是影响信息丢失和信号失真的重要参数，下面用取样定理来具体的说明这一情况。

（2）取样定理

对于上限频率为 F_h 的带限信号，如果用 $F_s \geqslant 2F_h$ 的信号对它进行取样，则原信号将被所得到的取样值完全地确定。或者可以通过截止频率为 F_h 的理想低通滤波器完全地恢复原信号，这就是著名的奈奎斯特取样定理。

取样定理是模拟信号进行数字编码的主要理论依据，下面通过频域分析证明这一定理。

设模拟信号具有图 3-4a、b 的波形和频谱，其最高频率为 F_h，取样信号 $s(t)$是一个周期为 T_s 的矩形脉冲序列，取样频率为 F_s，脉冲宽度为τ，幅度为 A，则其频谱如图 3-4d 所示。

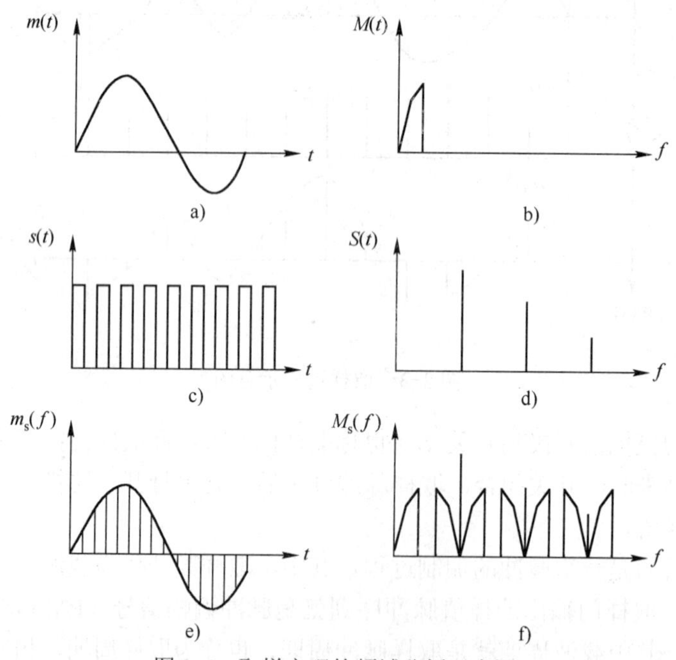

图 3-4　取样定理的频域分析示意图

其第 n 次谐波的幅度为：

$$S(nfs)=\frac{2A_{\tau}}{T_s}\times\frac{\sin\dfrac{n\pi\tau}{T_s}}{\dfrac{n\pi\tau}{T_s}} \tag{3-4}$$

当取样信号 $s(t)$对模拟信号 $m(t)$进行取样时，相当于将 $m(t)$与 $s(t)$相乘，从而获得如图 3-4e 所示的波形，从频谱上看，则是将 $m(t)$的频谱搬到了 $s(t)$的各项谐波的两边。

从图 3-4f 不难看出，只要各频带之间不发生重叠，则每一个频带都包含了 $m(t)$的信息。如果将已取样的信号通过一截止频率为 F_h 的理想低通滤波器，就可获得原信号 $m(t)$。显然各频带要不发生重叠，则需满足如下条件：

$$f_s \geqslant 2f_h \tag{3-5}$$

由取样定理知，若传递一个模拟基带信号，不需要传送模拟基带信号本身，而只需传送取样值即可。这种取样过程相当于用 $s(t)$对 $m(t)$进行了调制，所以也称脉冲振幅调制（PAM）。

（3）保持

取样时，由于模拟信号 $m(t)$的值是连续变化的，取样后，取样器输出的脉冲顶部是变化的，为获得近似不变的准确的取样值，要求 $s(t)$的脉冲宽度τ应尽可能窄。另一方面，在后面的量化过程中，为保证量化编码的要求，取样值必须保持一段时间，这一过程称为取样保持，然后再送量化编码。

从数字信号解码后重建的 PAM 信号来看也需要保持。重建的 PAM 信号其脉冲也是窄脉冲，持续时间很短，滤波器平滑滤波后的输出值明显减小。也就是说，相对原信号而言，输出的复原信号发生了严重的减小，信噪比明显变差，为有效解决这一问题，必须对重建的 PAM 信号的每个取样值在时间轴上展宽并保持。

2．量化

取样后的 PAM 信号幅度仍是连续变化的，不能进行编码。因此，还必须进行数字化的第二步——幅度离散化处理，即量化。

（1）均匀量化

对 PAM 信号的样值幅度进行量化处理，也称为分层或分级。在数字技术中，量化过程实际上是将样值信号的最大幅度范围（设为$-u_m$～$+u_m$）划分为 2^n 个区间，即可用 2^n 个离散值来表示 PAM 的样值幅度变化，并且经量化后，每一个连续样值都将被这些离散值所取代，这些电平被称为量化电平，用量化电平取代每个取样值的过程称为量化。图 3-5 是一个量化过程的原理示意图。图中，横坐标表示取样电压，从幅度上看，它仍是连续的，用纵坐标表示量化电平，即幅度被离散处理后的电压。可以看出，在均匀量化采用四舍五入量化方式下有以下特点：

1）设输入电压 $u(t)=0$～Δ，对应输出 $u_k(t)=0.5\Delta$；如 $u(t)=\Delta$～2Δ，则对应输出 $u_k(t)=1.5\Delta$……这说明这种量化特性的量化值依次为$\pm0.5\Delta$、$\pm1.5\Delta$……而对应的判断值为$\pm\Delta$、$\pm2\Delta$、$\pm3\Delta$……

2）均匀量化的量化误差：

$$e(t) = u_k(t) - u(t)$$

可见，随输入电压的不同，量化电平 $u_k(t)$将不同，量化误差也不同，在线性输入信号的情况下，其量化误差波形如图 3-5 所示，显然最大量化误差为$\pm 0.5\Delta$。

3）图 3-5 中同时标出了过载区和非过载区（即工作区）两个范围。在非过载区内，量化值随输入信号的变化呈离散状变化。在过载区，尽管输入信号继续变化，但输出信号不再发生变化。

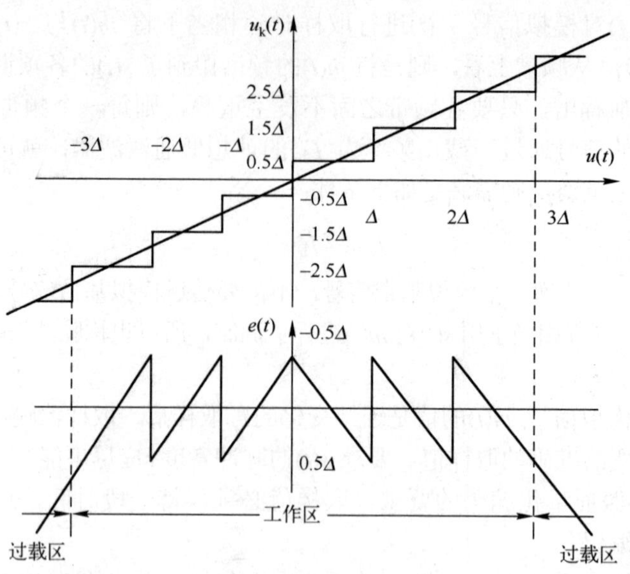

图 3-5　均匀量化及其误差

4）均匀量化的噪声功率。为真实地反映噪声的影响，噪声分析一般采用功率概念。如果采用电压分析，则量化误差所产生的噪声就会被误认为正负误差抵消，这是不合实际的。实际分析中，用均匀量化的均方根值来表示量化噪声功率，现参照图 3-5 来进行计算。

$$N_q = \frac{1}{\Delta}\int_0^{\Delta} e^2(t)\mathrm{d}u \tag{3-6}$$

$$= \frac{1}{\Delta}\int_0^{\Delta}(-u+0.5\Delta)^2\mathrm{d}u$$

$$= \frac{\Delta^2}{12}$$

即未过载均匀量化平均量化噪声功率为：

$$N_q = \frac{\Delta^2}{12} \tag{3-7}$$

设未过载的量化范围为$-u_m$～$+u_m$，量化级数为 N，并编为 $n$bit，即 $N=2^n$，则：

$$\Delta = \frac{2u_m}{2^n} \tag{3-8}$$

则式变为：

$$N_q = \frac{\Delta^2}{12} = \frac{1}{3}\times\frac{{u_m}^2}{2^{2n}} \tag{3-9}$$

上式说明：均匀量化噪声功率与量化级差，编码比特数和输入信号最大幅度有关。

5）均匀量化的信噪比。均匀量化的信噪比一般用有用信号功率与量化噪声功率之比的对数来表示。现分两种情况来讨论。

① 双极性信号的信噪比。对于像声音之类的双极性信号，均匀量化的信噪比可按如下的方法导出：

设可能输入的最大幅度为 U_m，从$+U_m \sim -U_m$，其间分为 N 个量化级，阶距为Δ，则峰-峰信号输入为 $2U_m=N\Delta$。而 $N=2^n$，故信噪比为：

$$\frac{S_m}{N_q}=\frac{\frac{u_m^2}{2}}{\frac{\Delta^2}{12}}=\frac{3}{2}\times 2^{2n} \tag{3-10}$$

即：

$$\left(\frac{S_m}{N_q}\right)_{dB}=6n+1.76 \tag{3-11}$$

式中，S_m 为信号最大功率。

若输入信号幅度 $u<U_m$，对同一量化器则有：

$$\left(\frac{S}{N_q}\right)_{dB}=\left(\frac{S_m}{N_q}\right)_{dB}+20\lg\frac{u}{U_m}$$

$$=6n+1.76+20\lg\frac{u}{U_m} \tag{3-12}$$

② 单极性信号的信噪比。对于单极性信号，常用信号的峰-峰值与量化误差的均方根值之比来表示量化信噪比。

因为：

$$U_{p-p}=2^n\Delta \tag{3-13}$$

所以：

$$\left(\frac{S}{N_q}\right)_{dB}=20\text{Lg}\frac{U_{p-p}}{\frac{\Delta}{\sqrt{12}}}=6n+10.8 \tag{3-14}$$

以上分析说明：

a. 取样信号量化后的信噪比与量化比特数 n 成正比。n 增加或减小 1 比特，信噪比将相应变化 6dB。这是因为：n 越大，量化级数越多，量化分层越密，量化误差越小。

b. 随输入信号幅度的下降，信噪比将严重恶化。因为在量化器确定后，N 和Δ确定，随输入信号幅度的下降，相当于被量化的级数小于 N，使量化误差增大，噪声增大。由表达式 3-12 可知，信号幅度减小的分贝数就是量化信噪比减小的分贝数，由此可知，当输入小信号时，因信噪比严重恶化，将使小信号的复原极为困难，这是均匀量化的严重缺点。

c. 由表达式 3-12 可知，对于正弦信号，$20\lg\frac{u}{u_m}$ 表示信号的动态范围，当 $u=U_m$ 时，有最大的量化信噪比，实用中常用来确定 n 的值。如取音频动态范围为 40dB，要求 $\frac{s}{N_q}\geqslant 26\text{dB}$，则 $n\geqslant$11bit，同样，如动态范围为 50dB，要求 $\frac{s}{N_q}\geqslant 34\text{dB}$，则必须取 $n\geqslant$14bit，这就是实用数字化声音信号选用 14～16bit 的原因。

（2）非均匀量化

为克服均匀量化过程中造成的小信号量化信噪比恶化的缺点，提出了非均匀量化，所谓非均匀量化，指当信号幅度小时，量化台阶也小，信号幅度大时，量化台阶也大。

1）非均匀量化的压缩扩张特性。非均匀量化一般采用图 3-7 所示方法实现。由图 3-6 知，非均匀量化可以认为是经过了“压缩——均匀量化——扩张”的过程。其压扩特性如图 3-7 所示。只要压缩器和扩张器具有相同的特性，接收端就可无失真的恢复原信码。

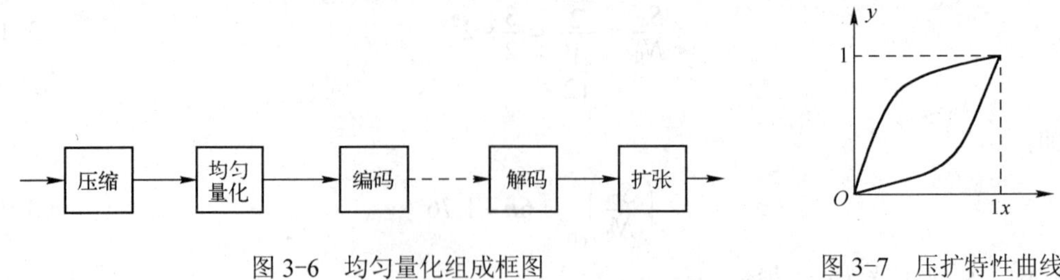

图 3-6　均匀量化组成框图　　图 3-7　压扩特性曲线

目前数字通信系统中常采用两种描述压扩特性的方法：一种是以 u 作为参量的压扩特性，称 u 律压扩特性；另一种是以 A 作为参量的压扩特性，称 A 律压扩特性。

2）u 律压扩特性：

$$Y=\frac{\ln(1+ux)}{\ln(1+u)}\quad(0\leqslant x\leqslant 1) \tag{3-15}$$

式中，Y 表示压缩器输出，x 表示压缩器输入，这两个量都是以量化临界电压 u_m 进行归一化的量，即 $Y=\dfrac{v}{u_\mathrm{m}}$，$x=\dfrac{u}{u_\mathrm{m}}$，其中 v 和 u 和分别表示压缩器的输出和输入。

由表达式 3-15 可知，u 律压扩特性的斜率为：

$$\frac{\mathrm{d}Y}{\mathrm{d}x}=\frac{u}{\ln(1+u)}\times\frac{1}{1+ux} \tag{3-16}$$

对小信号而言，$1+ux\approx1$，故小信号的斜率为：

$$\frac{\mathrm{d}Y}{\mathrm{d}x}\approx\frac{u}{\ln(1+u)} \tag{3-17}$$

对大信号而言，$1+ux\approx ux$，故大信号的斜率为：

$$\frac{\mathrm{d}Y}{\mathrm{d}x}\approx\frac{u}{\ln(1+u)}\times\frac{1}{1+ux}\approx\frac{1}{\ln(1+u)}\times\frac{1}{x} \tag{3-18}$$

对比而言，当 u 取值较大时，小信号的斜率大，大信号的斜率小，即小信号的分层密，大信号的分层疏，从而可改善小信号的量化信噪比，当然它是以牺牲大信号的量化信噪比为前提的，但小信号出现的概率远大于大信号，所以，总体而言对量化信噪比有明显的改善。

3）A 律压扩特性。以 A 为参量的压扩特性称为 A 律特性，A 律特性的表达式为：

$$Y=\begin{cases}\dfrac{Ax}{1+\ln A} & \dfrac{1}{A}\geqslant x>0\\[2ex] \dfrac{1+\ln Ax}{1+\ln A} & \dfrac{1}{A}<x\leqslant 1\end{cases} \tag{3-19}$$

由表达式 3-19 可知：

当 $0\leqslant x\leqslant\dfrac{1}{A}$ 时，压扩特性的斜率为：

$$\frac{dY}{dx}=\frac{A}{1+\ln A} \quad （常数） \tag{3-20}$$

当$\frac{1}{A}<x\leqslant 1$时，压扩特性的斜率为：

$$\frac{dY}{dx}=\frac{1}{1+\ln A}\times\frac{1}{x} \tag{3-21}$$

由表达式 3-20 和式 3-21 可知：小信号时，斜率大（且固定），而大信号时，斜率随输入信号的增大而减小，也即是说，小信号时，分层密，大信号时，分层疏，而且信号越强，分层越疏。显然，它可以改善小信号的量化信噪比，当然，是以牺牲大信号的量化信噪比为前提的。小信号出现的概率远大于大信号出现的概率，所以，总体而言，可以改善量化信噪比。

4）13 折线 A 律压扩特性。如图 3-8 所示，设直角坐标系中 X 轴与 Y 轴分别表示压缩器的输入信号与输出信号的取值域，并假定输入输出的最大范围是$-E$～$+E$，为分析方便，对输入输出的最大范围作归一化处理，即假定输入输出的最大范围是-1～+1。首先将 X 轴的信号正向取值区间（0，+1）不均匀分成 8 段，各段的起始电平为：第 8 段是$\frac{1}{2}$、第 7 段是$\frac{1}{4}$、……依次类推，前面一段的起始电平是后一段的$\frac{1}{2}$，如图 3-8 所示，然后在每一段内均匀的分为 16 个量化级，这样，在（0，+1）范围内共有 8×16=128 个量化级，各段之间的量化台阶是不相同的，而各段内的量化台阶是一致的。最大的量化台阶是$\frac{1}{2}\div 16=\frac{1}{32}$，最小量化台阶是$\frac{1}{128}\div 16=\frac{1}{2048}=\Delta$。最后，把 Y 轴的信号取值区间均匀分为 8 段，每段再均分为 16 等份，这样也得到了均匀的 128 个量化级。如果将 X 轴上的每一段的起始电平作为横坐标，将 Y 轴上相应段的起始电平作为纵坐标，则可在坐标系的第一象限得 9 个点，将两个相领点用线段连接起来，可得 8 条折线，加上第三象限，共 13 条折线，故称 13 折线 A 律压扩特性。

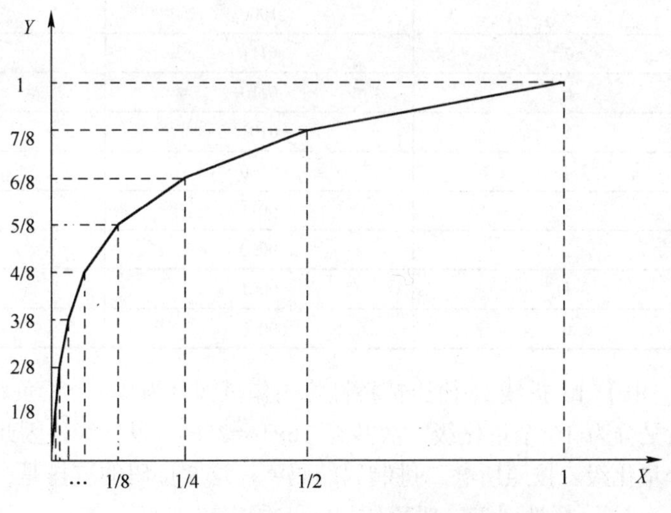

图 3-8　13 折线 A 律压扩特性

3．编码原理与解码

图 3-9 是逐次反馈型编码器的组成框图，它由取样器、整流器、保持电路、比较器、本地译码器等组成。

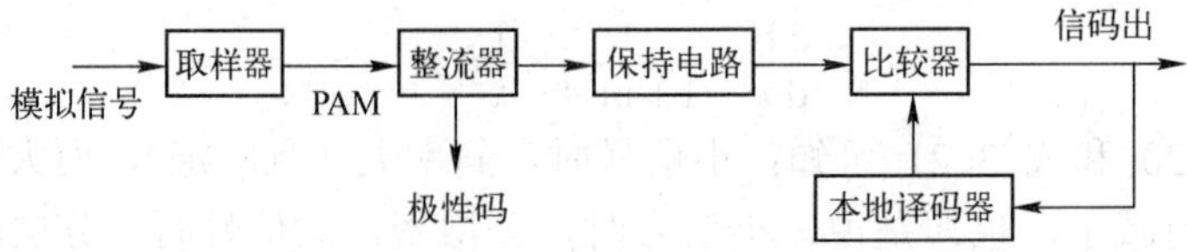

图 3-9　逐次反馈比较型 PCM 编码器

（1）码型选择与编码方法

1）码型选择。话音信号多采用二进制数字编码。编码时，每个量化级都用若干比特的二进制码组表示，这一组二进制数字称为码字信号。如果把所有的量化级按其量化电平大小的次序排列起来，并列出各自对应的码字信号，这个整体就称为码型。

用于语音信号编码的码型常有三种：普通二进制码、折叠二进制码和循环二进制码。如以 4 比特的码字信号为例，表 3-1 列出了前两种码型。由于折叠二进制码可以大为简化编码过程，引入的量化误差小，所以一般采用折叠二进制码。

表 3-1　常用码型

极　性	量 化 级	普通二进制码	折叠二进制码
+	15	1111	1111
	14	1110	1110
	13	1101	1101
	12	1100	1100
	11	1011	1011
	10	1010	1010
	9	1001	1001
	8	1000	1000
-	7	0111	0000
	6	0110	0001
	5	0101	0010
	4	0100	0011
	3	0011	0100
	2	0010	0101
	1	0001	0110
	0	0000	0111

2）编码方法。由于 13 折线 *A* 律压扩特性将工作范围分为 16 个正负对称的非均匀的折线段，每一折线段又分为 16 个量化级，故共有 16×16=256 个量化级，因此可用 8 位二进制码组来表示每一个量化级。按照所叠二进制码的码型，这 8 位码的安排是：

极性码	段落码	段内码
P1	P2P3P4	P5P6P7P8

表 3-2 列出了 A 律 13 折线的每一量化段的起始电平、量化间隔、段落码以及段内码。

① 极性判决与整流电路。

语音信号具有正负两种极性，输入的语音信号分别送入极性判决和全桥整流电路，一方面将正或负编成 P1=“1”码或 P1=“0”码，另一方面将双极性信号整流成单极性信号再送入编码器编码。

② 段落码的编码方法。

段落码按顺序通过逐次比较产生，首先本地译码器产生一个 128Δ的比较电平，判定 P2 时，由本地译码器产生的 128Δ的比较电平与 $m_s(t)$比较，如果 $m_s(t)>128\Delta$，P2 判决为 1，相反判决为 0。然后本地译码器产生一个 512Δ或 32Δ的比较电平（P2=1 时，比较电平为 512Δ，P2=0 时，比较电平为 32Δ），$m_s(t)$再与第二个比较电平进行比较，如果 $m_s(t)$大，则 P3 判决为 1，如果 $m_s(t)$小，则 P3 判决为 0。最后，本地译码器根据收到的 P2P3 位确定第三个比较电平（当 P2P3 为 11 时，比较电平为 1024Δ，当 P2P3 为 00 时比较电平为 16Δ，当 P2P3 为 01 时，比较电平为 64Δ，当 P2P3 为 10 时，比较电平为 256Δ），确定第三个比较电平后，$m_s(t)$和它进行比较，如果 $m_s(t)$大，则 P4 判决为 1，相反 P4 判决为 0，这样就确定了段落码。

表 3-2 段落码

段　落	1	2	3	4	5	6	7	8
起始电平	0	16Δ	32Δ	64Δ	128Δ	256Δ	512Δ	1024Δ
量化电平（Δ）	0、1、2、3…15	16、17、18、19、…31	32、34、…62	64、68、…124	128、136、…243	256、272、…496	512、544、…992	1024、1088、…1084
量化台阶（Δ）	1	1	2	4	8	16	32	64

③ 段内编码。

段内编码方法和段落码类似，其比较电平可按下式计算：

第 5 个比较电平=本段的起始电平+$\frac{1}{2}$×本段长度

第 6 个比较电平=本段的起始电平+（$\frac{1}{2}$P5+$\frac{1}{4}$）×本段长度

第 7 个比较电平=本段的起始电平+（$\frac{1}{2}$P5+$\frac{1}{4}$P6+$\frac{1}{8}$）×本段长度

第 8 个比较电平=本段的起始电平+（$\frac{1}{2}$P5+$\frac{1}{4}$P6+$\frac{1}{8}$P7+$\frac{1}{16}$）×本段长度

确定 P5P6P7P8 时，用 $m_s(t)$分别与第 5、6、7、8 个比较电平进行比较，如果 $m_s(t)$大，相应码编为“1”，相反，编为“0”。经上述 4 项比较后，不难获得段内码。

【例 3-1】 已知某量化器的临界过载值为±2048mv，试将取样后 1121mv 的样值编为 8bitPCM 码。

【解】 由题知：Δ=1mv，则 1121mv 的样值为 1121Δ

第 1 步：由于样值为正，所以极性码 P1=“1”。

第 2 步：利用段落码的判断方法确定段落码。

确定段落码的 P2 位时，比较电平为 128Δ，由于 1121Δ>128Δ，所以 P2=1。

确定段落码的 P3 位时，因为 P2=1，所以比较电平为 512Δ，由于 1121Δ>512Δ，所以 P3=1。

确定段落码的 P4 位时，因为 P2P3=11，所以比较电平为 1024Δ，由于 1121Δ>1024Δ，所以 P4=1。

第 3 步：利用段内码的比较电平确定段内码。

第 5 个比较电平=本段起始电平+$\frac{1}{2}$×本段长度=1024Δ+512Δ=1536Δ。

显然 1121Δ<1536Δ，所以 P5=0。

第 6 个比较电平=本段起始电平+（$\frac{1}{2}$P5+$\frac{1}{4}$）×本段长度=1280Δ。

显然 1121Δ<1280Δ，所以 P6=0。

第 7 个比较电平=本段起始电平+（$\frac{1}{2}$P5+$\frac{1}{4}$P6+$\frac{1}{8}$）×本段长度=1152Δ。

显然 1121Δ<1152Δ，所以 P7=0。

第 8 个比较电平=本段起始电平+（$\frac{1}{2}$P5+$\frac{1}{4}$P6+$\frac{1}{8}$P7+$\frac{1}{16}$）×本段长度=1088Δ。

显然 1121Δ>1088Δ，所以 P8=1。

第四步：编码器通过或门将极性判决器输出的极性码和比较形成电路输出的幅度码合并，输出即为完整的 8 位 PCM 码：

P1P2P3P4P5P6P7P8=11110001

（2）本地译码器

在图 3-9 所示的方框图中，输入经保持的 PAM 信号分两路，一路送入极性判决电路。另一路送入全桥整流后与本地译码器输出的比较电平相比较，形成码字。本地译码器的作用就是将除极性码以外的其他码字逐位反馈经串并变换并储存在记忆电路中，记忆电路输出分别为 M2、M3、……M8，再将 M2～M8 这 7 位非线性码变换 11 位线性码（又称 7/11 变换），再经 11 位线性解码网络，就可以得到各种判定值。

（3）PCM 解码器

从前面的分析可知，本地译码器在确定 P8 时，输出的比较电平已接近信号取样值，因此在 PCM 解调器内也采用了与本地译码器类似的电路。所不同的是 P8 在本地译码器中不作为反馈信号，而在解调器中还需考虑。例如，对 1270Δ的取样值进行 PCM 编码，编码的结果为 11110011，当解调器收到 8 位代码末一位“1”后，信号电平大于最后一个比较电平 1216Δ，因此，在此基础上再增加半个量化级，解调器的输出为 1248Δ，总的量化误差为 1270Δ-1248Δ=22Δ。

PCM 解码器如图 3-10 所示。

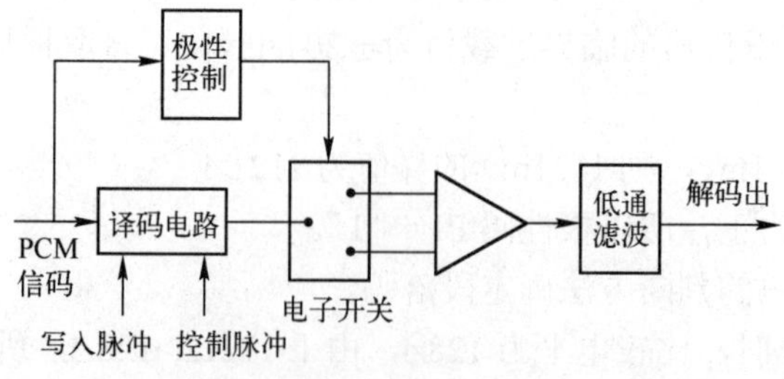

图 3-10　PCM 解码器

3.2.2 预测编码

1．预测编码的基本原理

前面已指出，信源编码的任务之一是提高数字信号的有效性，即如何通过选择合适的编码，用较小的信号功率、频带宽度和持续时间去一一对应所要传输的信息。如果考虑到在数字通信中消息是用数码序列来表示，效率的高低是用传送一定信息所需的数码率来衡量的话，那么，编码器输出的数码率就可以作为衡量编码效率的标准来对待。由于数码率直接关系到传输的频带，这样，提高数字信号有效性的问题就归结为如何降低数码率或压缩频带的问题。

为说明这个问题，先简单的讨论一个信息和多余度的关系问题。比如，发电报的时候，为节约费用，我们经常尽可能的压缩要发的语言，具体而言，如发“家里有急事，请你尽快回家。”这里，作为一条消息是回家，但其中“家里有”相对于“回家”是多余的，“请尽快”相对于“快”也是多余的。如果去掉上述多余词，“急事，快回家”仍是一个完整的信息。这说明，我们把消息经过压缩处理，保留原有的信息，除去多余的成分，就可以在较短的消息中包含相同的信息量。或者说，在保持传输速度不变的情况下，就可以用较短的时间传输确定的信息量。

由此可见，提高消息传输效率的途径是设法压缩消息的多余度。而多余度与信息之间的相关性有关，所以，为提高消息的传输效率，必须减少信息之间的相关性。为此，一个主要的方法就是预测编码法。

所谓预测编码，是根据上一时刻的信号样值预测下一个样值，并仅把预测值与当前的实际样值之差（即预测误差）加以量化、编码后进行传输的方式。也可以说，预测编码是利用信号的相关性，根据当前和过去的信号值来预测未来的信号值。这样，预测误差信号与原信号相比，功率减小，幅度范围减小，但原信号所包含的信息仍保持完整。如果解调，在量化噪声相同的情况下，传输预测误差所需的量化比特数将比 PCM 方式的要少，这就有效地去除了多余信息，达到了压缩频带、提高效率地目的。

2．增量调制

（1）简单增量调制（ΔM）

1）简单增量调制的思想。在实际中，最简单最单纯的预测编码方式是增量调制。它是把刚过去的一个信号样值作为预测值，这个预测值只反映相邻两个样值的差或增量，所以量化只限于正和负两个电平，编码只要用一位二进制码就可以表示这两个状态。增量为正，编码为“1”，增量为负，编码为“0”。简单增量编码在接收端进行解码时，根据接收到的码字来恢复原信号，即当接收到的是“1”码时，在前一个样值脉冲的基础上增加一个固定的台阶Δ，当接收到的是“0”码时，则在前一个样值脉冲的基础上减小一个固定的台阶Δ。

2）简单增量调制的工作原理。图 3-11 是简单增量调制方式的编、解码示意图。其工作过程是：输入信号 u_i 与经积分反馈回来的阶梯波 u_f 相减后输出一个误差信号ε。这一信号送入比较判决器中进行比较编码，当$\varepsilon>0$ 时，输出正脉冲，发“1”码；当$\varepsilon<0$ 时，输出负脉冲，发“0”码，它们组合在一起就形成了用二进制代码表示的数字脉冲序列 u_o。它一方面送入信道，另一方面反馈到积分器中。后者的作用是将脉冲序列 u_o 变换为阶梯波，并当 u_o 为“1”码时，使积分器输出增加一个台阶；当 u_o 为“0”码时，使积分器输出减小一个台

阶。这样，由于积分器构成了一种特殊的反馈环路，使ε进一步减小，所以最后形成的阶梯波十分逼近原信号。接收端的解码器也有积分器，其特性和编码器中积分器的特性一致，所以，每收到一个“1”码就使输出上升一个台阶，每收到一个“0”码就使输出下降一个台阶。连续收到“1”码（或“0”码），阶梯波就一直上升（或下降）。最后，阶梯波经过低通滤波器后恢复与发送端近似的信号。

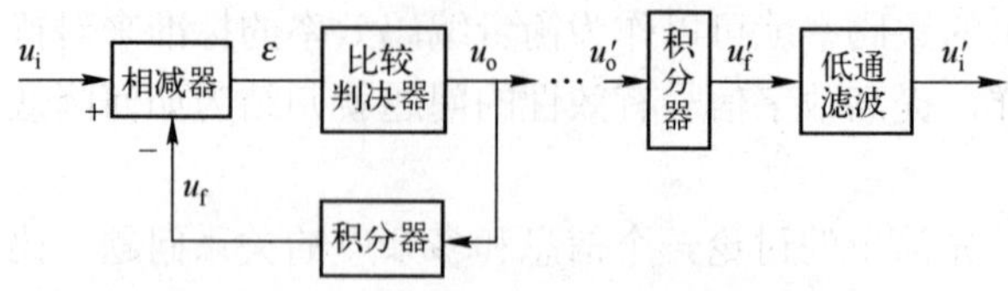

图 3-11　简单ΔM 编解码器示意图

3）简单增量调制的缺点。在简单增量调制编码中，由于量化台阶是固定的，必然存在量化噪声，为减小量化噪声，应该减小量化台阶，但减小量化台阶后，当信号快速变化时，又会使接收端恢复的阶梯波跟不上信号的变化速度而出现失真，这种失真称为过载失真。

由此可见，简单增量调制方式具有过载特性不好，动态范围不大等缺点，所以在实际中一般不采用。

（2）总和增量调制（Δ-$\sum M$）

在简单增量调制中，其本地译码器输出的反馈信号随编码器输出信码的变化而变化。当编码器输出“1”码时，本地译码器增加一个固定的台阶Δ，而当编码器输出为“0”码时，本地译码器减小一个固定的台阶Δ，所以，本地译码器输出的反馈信号斜率是固定的。当输入到编码器的信号变化较快时，本地译码器输出的反馈信号将跟不上信号的快变化而出现失真。换句话说，只要信号的变化速度在某一个范围内，就不会出现过载失真，即不产生过载失真的条件是：

$$\left|\frac{\mathrm{d}u_i}{\mathrm{d}t}\right|_{\max} \leqslant \Delta f_s \tag{3-22}$$

信号幅度的变化速度与其幅度以及频率有关。设加入到调制器输入端的信号为：

$$u_\Omega(t) = A\sin\Omega t$$

则该信号的波形的最大斜率为：

$$k_m = \left|\frac{\mathrm{d}u_\Omega(t)}{\mathrm{d}t}\right|_{\max} = A_\Omega \tag{3-23}$$

由表达式 3-23 可知：信号幅度变化的最大速率与信号峰值成正比，与信号的最高频率成正比。正是由于信号的变化速度与信号频率有关，使得在量化台阶Δ较小时容易出现过载失真。所以简单增量调制频率特性不好的根本原因在于信号的变化速度与信号频率成正比。为了避免因信号频率过高而产生过载失真，可以采用一个 *RC* 积分器对信号进行预处理，使输入信号的高频分量按每倍频程 6dB 衰减，对这样的信号再进行增量编码就不会产生过载失真。这种编码方式称为总和增量调制。其组成如图 3-12 所示，由图 3-12 可知，这种编码方式很简单，编码时，只比简单增量调制多了一个积分器，而总和增量的解码比简单增量的解码更为简单，只需一个低通滤波器即可。

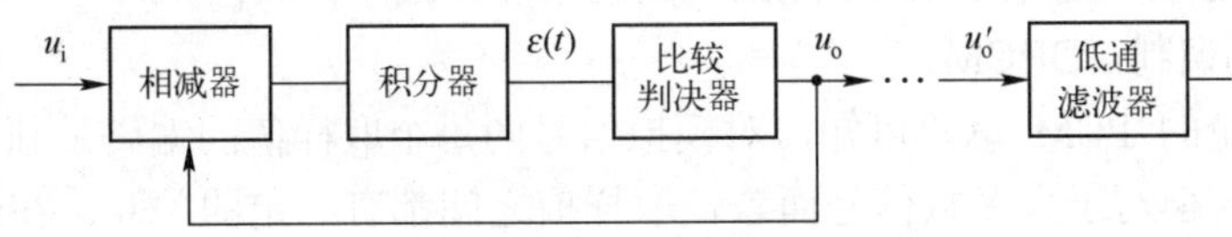

图 3-12　Δ-ΣM 编解码原理示意图

（3）自适应增量调制（ADM）

在简单增量调制和总和增量调制方式中，由于量化台阶是固定的，所以量化噪声也是固定的。这样，为减小量化噪声，应采用较小的阶梯电压，但小的阶梯电压会引起较大的过载噪声；而如果采用较大的阶梯电压，虽然可以减小过载噪声，但量化噪声又将增大，所以简单增量调制和总和增量调制不能同时兼顾过载噪声和量化噪声，而解决这一问题的最好方法是采用自适应增量调制，其基本思想是：量化台阶能自适应的随输入信号的统计特性而变化。大信号时，量化台阶大；小信号时，量化台阶小。这样既消除了大信号时的过载失真，也提高了小信号时的量化信噪比。图 3-13 是一个典型的自适应增量调制应用方框图，称为数字式音节压扩增量调制。

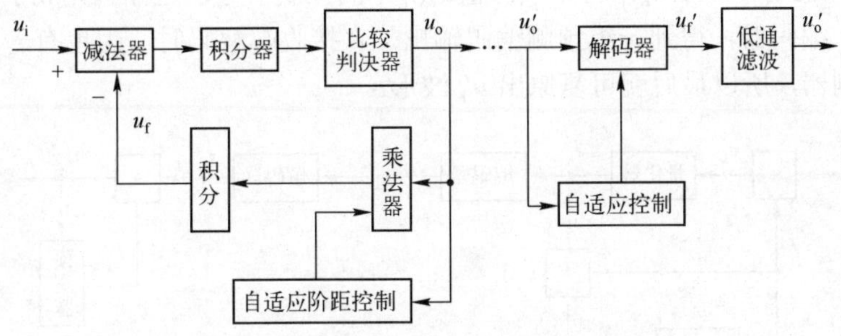

图 3-13　数字式音节压扩自适应增量调制

图 3-13 中，自适应阶距控制器是一个按信号变化速率来调整阶距的控制电路。当输入信号急剧变化时，，输出的脉冲序列中必然出现几个“-1”脉冲（当输入信号急剧减小时）或“+1”（当输入信号急剧增加时）脉冲。输入信号变化越迅速，连续出现的“+1”或“-1”脉冲越多；当输入信号变化缓慢时，输出的“+1”和“-1”脉冲会相间出现。这说明输出脉冲序列中的“+1”和“-1”出现的情况反映了输入信号的变化。自适应阶距控制器可检测连续出现的“+1”或“-1”的多少，并按“+1”或“-1”的多少（反映输入信号变化的快慢）输出相应的控制信号，去控制积分器输出阶梯波的大小（即量化台阶的大小），使它们随输入信号的斜率变化而相应的变化。收端也具有类似的自适应控制器，只要其特性和发端的自适应控制器的特性一致，就可以得到与编码器一致的脉冲信号输出。

由图 3-13 可知，自适应增量调制器与总和增量调制器相比较，自适应增量调制器增加了自适应阶距控制单元和乘法器，自适应阶距控制器包括连码检测单元和控制电压产生器。

连码检测器用于检测输出信码中连“1”或连“0”的个数（反映输入信号的变化速度），当连“1”或连“0”的个数较多时，连码检测器去控制控制电压产生器，使其输出的控制电压随输入连码位数的增加而下降。进而使乘法器输出的反馈电压随输出的连码位数的增加而下降，并最终使量化台阶随输出信码中连码位数的增加而减小。

3. 差值脉码调制（DPCM）

由前面所讨论的 PCM 编码可知，对模拟信号的每个取样值的编码是独立进行的，与其他所有样值无关。但对于大多数信号而言，取样值之间都有一定的关联，在两次取样之间，信号波形不会有太大的变化。为了减小这种因信源之间的相关性所造成的多余度，一个有效的办法就是采有差值脉冲编码调制。

DPCM 是采用预测原理编码的一种方式，是利用信号前后的相关性，根据过去信号的样值预测后面信号的样值，然后将预测值与现有样值之差进行编码的一种方式。由于当信号前后有较大的相关性时，其预测误差值及它的变化都比较小，这样，只要用较少的编码位数就可以传输每一个样值的误差值，每秒传输的码元数（或数码率）就自然降低了，这正是 DPCM 能提高传输效率的原因。

（1）DPCM 系统的原理图

根据上述原理构成的 DPCM 原理图如图 3-14 所示。这个系统的工作过程是：在 t_k 时刻的信号取样值与其预测值相减求得差值，经量化后就有量化误差信号附加在上面，即 $e_k'=e_k+e_q$。这一信号分两路输出，其中反馈部分与预测值 $\breve{u}_k$ 相加，得到所需的信号取样值 $u'_k(t_k)$，送入预测器用作产生 t_{k+1} 时刻预测值 $\breve{u}_k(t_{k+1})$的控制信号，这样就完成了一次样值的预测。另一路送入编码器，得到一组预测编码输出。在接收端解码时，因也有一个与发送端预测值相同的预测器，所以最后就可复原出 u'_k 波形。

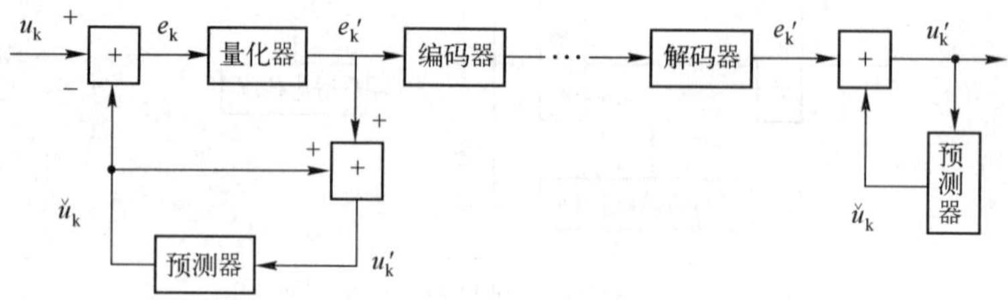

图 3-14　DPCM 系统原理图

（2）DPCM 系统的量化误差

设：输入信号 u_k 是 t_k 时刻的样值，$\breve{u}_k$ 是根据 t_k 时刻以前的样值 u_1、u_2……u_{k-1} 对 u_k 所作的预测值。

在图 3-14 中，e_k 为差值信号，也称为误差信号，其值为：

$$e_k=u_k-\breve{u}_k \tag{3-24}$$

e_q 为量化器的量化误差，e'_k 为量化器输出信号，其值为：

$$e_q=e'_k-e_k \tag{3-25}$$

接收端输出为

$$u'_k=\breve{u}_k+e'_k \tag{3-26}$$

则在接收端复原的信号值 u'_k 与发送端的原输入信号值 u_k 之间的误差为：

$$u'_k-u_k=(\breve{u}_k+e'_k)-u_k=e'_k-(u_k-\breve{u}_k)=e'_k-e_k=e_q \tag{3-27}$$

式（3-27）说明：在 DPCM 系统中的误差来源是发送端的量化器，与接收端无关。若去掉量化器，则 $e_q=0$，即可以完全不失真地恢复输入信号；若 $e_q \neq 0$，那么输入信号和复原信号之间就一定存在误差，必然会使信号质量下降。为了尽可能地减小误差，实际上采用均方误差极小值准则来获得 DPCM 信号，并称为最佳线性预测。另一方面，在 t_k 时刻的输出样值与输入信号样值之间的误差，只与 t_k 时刻的量化误差 e_q 有关，而与以前时刻的误差无关，即 DPCM 系统不会产生量化误差的积累。

4．自适应预测编码（ADPCM）的概念

以上讨论的线性预测编码，其预测系数 a_i 是根据信息的长时间统计特性求得的一组固定参数值，由它构成的 DPCM 系统，从性质上讲是一个“时不变系统”。但是实际上，由于信号内容变化会引起信号样值随时间变化，这就要求 DPCM 系统应当是“时变系统”，否则，将难以得到更好的压缩效果和更好的信号质量。为了实现 DPCM 系统的“时变”性能，必须使预测系数 a_i 紧密跟踪信号内容的变化，即必须使预测系数随时间而变。具体而言，就是使预测器的形式及其参数能够随信号的统计规律而自动调整，这种具有自动调节功能的预测编码方法称为自适应预测编码（ADPCM）。

5．霍夫曼（Huffman）编码

（1）编码方法

霍夫曼编码属于最佳的不等长编码，即按信号的大小配置不同的码元，从而提高编码效率，压缩频带。霍夫曼编码的方法为：

1）将输入的样值脉冲按出现的概率大小，从右到左的进行排列，其中概率相等的可在它们之间任意颠倒排列。

2）将左边的两个概率相加后重复第 1）步。

3）重复第 2）步的操作，直至相加的结果为“1”为止。

4）编码时，各个样值脉冲分别进行，首先，从上向下写出某一样值的概率变化过程，再从右向左看，当概率无变化时，跳过，当概率有变化时，在两个概率相加的过程中，概率小的编为“1”码，概率大的编为“0”码。最后，由右向左写出该样值脉冲的码字。

以下通过实例说明霍夫曼编码的具体过程：

【例 3-2】 设某信号由 8 个样值组成，分别设为 u_1、u_2…u_8，其出现的概率分别为 p_1、p_2…p_8，求霍夫曼编码的码字和码长。

【解】 1）将输入的样值脉冲按出现概率大小，从右向左的顺序排列，如图 3-15 所示。

2）将左边的两个概率相加后重复第 1）步。

3）重复第 2）步，可获得图 3-15 所示的概率排列图。

首先对 u_8 编码，由图 3-15 可写出其的概率变化过程，由此排列过程可知 u_8 的码字为 1，码长为 1。

然后对 u_7 编码，首先写出其概率变化过程，然后由此排列过程可知 u_7 的码字为 001，码长为 3。

依次类推，可获得另外的样值脉冲的码字和码长。当然，对这 8 个样值脉冲的编码是分别进行的，无顺序的。

由以上的分析可知：霍夫曼编码所获得的码字的码长最短为“1”，最长为“7”（当信源的样值数为 8 时）。

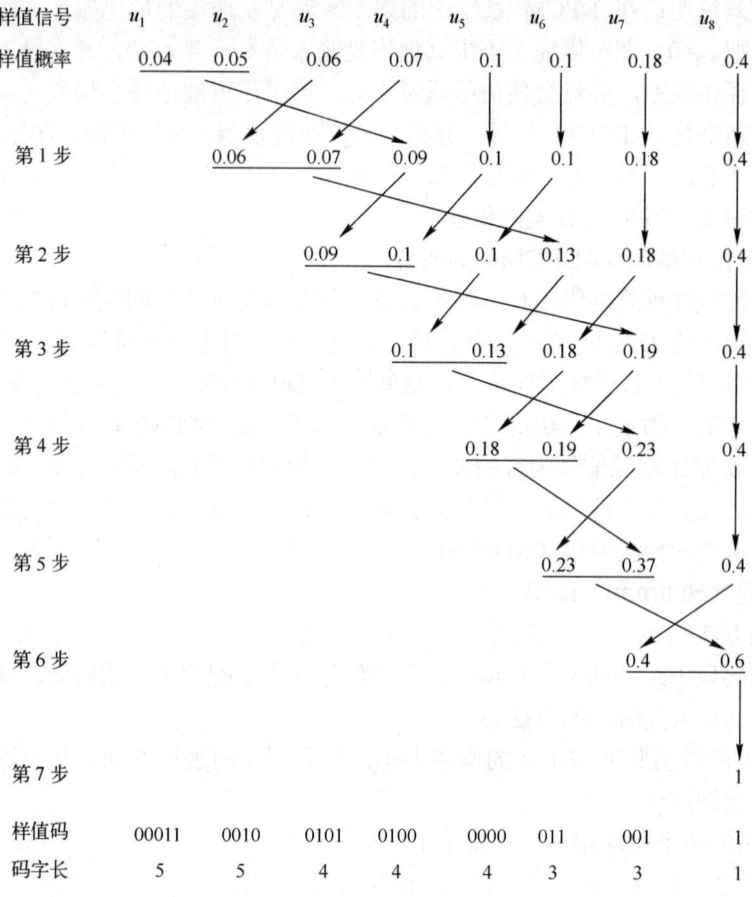

图 3-15 霍夫曼编码

（2）编码器的编码效率

1）熵的计算。设有 n 个信号电平 u_1、$u_2 \dots u_n$，其对应的概率分别为 p_1、$p_2 \dots p_n$，则信号所携带的信息量分别为 $\log_2 \frac{1}{p_1}$、$\log_2 \frac{1}{p_2} \cdots \log_2 \frac{1}{p_n}$ 比特，则信源的平均信息量（熵）可由下式计算得到：

$$H = -\sum_{i=1}^{n} p_i \log^2 p_i \tag{3-28}$$

2）平均码字长度。设码字的长度为 n_1、$n_2 \dots n_n$，则平均码字长度为：

$$\bar{N} = \sum_{i=1}^{n} p_i n_i \tag{3-29}$$

熵表示整个信源的平均信息量，它表示真正有用的信息量，而平均码字长度既包括有用信息，也包括无用信息。

3）编码效率。由于熵表示真正有用的信息量，而平均码字长度既包含有用信息，也包含无用信息。因此，无论采用何种二进制编码，必然有 $H \leqslant \overline{N}$，否则，就说明丢失了有用信息。为比较效果，现引入编码效率的定义：

$$\eta = \frac{H}{\overline{N}} \tag{3-30}$$

由此，还可求出多余度的值为：

$$\gamma = 1 - \eta = 1 - \frac{H}{\overline{N}} \tag{3-31}$$

以上分析说明：只要 $\overline{N}>H$ ，就可以获得某种无失真编码方法，但如果 $\overline{N}$ 远大于 H ，则表明编码效率太低。最好的编码结果是 $\overline{N} \approx H$ ，即 $\eta \approx 1$ ，这种编码称为最佳编码，它不会因丢失信息而引起失真，又占用较少的比特数。

在霍夫曼编码中，以图 3-15 为例，求解霍夫曼编码的编码效率。

【解】∂ 信源的熵为：

$$H = -\sum_{i=1}^{n} p_{\mathrm{i}} \log^2 p_{\mathrm{i}}$$
$$= -(0.04\log_2 0.04+0.05\log_2 0.05+0.06\log_2 0.06+0.07\log_2 0.07$$
$$+0.1\log_2 0.1+0.1\log_2 0.1+0.18\log_2 0.18+0.4\log_2 0.4=2.55$$

平均码字长度为：

$$\overline{N} = \sum_{i=1}^{n} p_{\mathrm{i}} n_{\mathrm{i}}$$
$$=1\times0.4+3\times0.18+3\times0.1+4\times0.1+4\times0.07+4\times0.06$$
$$+5\times0.05+5\times0.04$$
$$=2.61$$

编码效率为：

$$\eta = \frac{H}{\overline{N}} = \frac{2.55}{2.61} = 97.7\%$$

3.3 数据压缩技术

各种媒体信息（特别是图像和动态视频）数据量非常大。例如：一幅 640×480 分辨率的 24 位真彩色图像的数据量约力 900kb；100Mb 的空间只能存储约 100 幅静止图像画面。显然，这样大的数据量对计算机的存储和处理能力，以及通信信道的传输速率要求高。因此，为了存储、处理和传输这些数据，必须进行压缩。相比之下，语音的数据量较小，且基本压缩方法已经成熟，目前的数据压缩研究主要集中于图像和视频信号的压缩方面。

数据压缩方法种类繁多，可以分为无损压缩和有损压缩两大类。

无损压缩利用数据的统计冗余进行压缩，可完全恢复原始数据而不引入任何失真，但压缩率受到数据统计冗余度的理论限制，一般为 2:1 到 5:1。这类方法广泛用于文本数据、程序和特殊应用场合的图像数据（如指纹图像、医学图像等）的压缩。由于压缩比的限制，仅使用无损压缩方法不可能解决图像和数字视频的存储和传输问题。

有损压缩方法利用了人类视觉对图像中的某些频率成分不敏感的特性，允许压缩过程中损失一定的信息；虽然不能完全恢复原始数据，但是所损失的部分对理解原始图像的影响较小，却换来了大得多的压缩比。有损压缩广泛应用于语音、图像和视频数据的压缩。

在多媒体应用中常用的压缩方法有：PCM（脉冲编码调制）、预测编码、变换编码（主成分变换或 K-L 变换、离散余弦变换 MT 等）、插值和外推法（空域亚采样、时域亚采样、自适应）、统计编码（Huffman 编码、算术编码、Shannon-Fano 编码、行程编码等）、矢量量化和子带编码等；混合编码是近年来广泛采用的方法。新一代的数据压缩方法，如基于模型的压缩方法、分形压缩和小波变换方法等也已经接近实用化水平。

经常使用的无损压缩方法有 Shannon-Fano 编码、Huffman 编码、游程（Run-length）编码、LZW 编码（Lempel-Ziv-Welch）和算术编码等。

数据压缩研究中应注意的问题是，首先，编码方法必须能用计算机或 VLSI 硬件电路高速实现；其次，要符合当前的国际标准。下面介绍三种流行的数据压缩国际标准。

1．JPEG——静止图像压缩标准

国际标准化组织（ID）和国际电报电话咨询委员会（CCITT）联合成立的专家组 JPEG（Joint Photographic Experts Group）经过 5 年艰苦细致地工作后，于 1991 年 3 月提出了 ISO CDIO918 号建议草案：多灰度静止图像的数字压缩编码（通常简称为 JPEG 标准）。这是一个适用于彩色和单色多灰度或连续色调静止数字图像的压缩标准。它包括基于 DPCM（差分脉冲编码调制）、DCT（离散余弦变换）和 Huffman 编码的有损压缩算法两个部分。前者不会产生失真，但压缩比很小；后一种算法进行图像压缩是信息虽有损失但压缩比可以很大，例如压缩 20 倍左右时，人眼基本上看不出失真。JPEG 标准实际上有 3 个范畴。

1）基本顺序过程（Baseline Sequential processes） 实现有损图像压缩，重建图像质量达到人眼难以观察出来的要求。采用的是 8×8 像素自适应 DCT 算法、量化及 Huffman 型的墒编码器。

2）基于 DCT 的扩展过程（Extended DCT Based Process）使用累进工作方式，采用自适应算术编码过程。

3）无失真过程（Losslesss Process）采用预测编码及 Huffman 编码（或算术编码），可保证重建图像数据与原始图像数据完全相同。

其中的基本顺序过程是 JPEG 最基本的压缩过程:符合 JPEG 标准的硬软件编码/解码器都必须支持和实现这个过程。另两个过程是可选扩展，对一些特定的应用项目有很大实用价值。

1）JPEG 算法：基本 JPEG 算法操作可分成以下 3 个步骤：通过离散余弦变换（DCT）去除数据冗余；使用量化表对以 DCT 系数进行量化，量化表是根据人类视觉系统和压缩图像类型的特点进行优化的量化系数矩阵；对量化后的 DCT 系数进行编码使其熵达到最小，熵编码采用 Huffman 可变字长编码。

2）离散余弦变换：JPEG 采用 8×8 子块的二维离散余弦变换算法。在编码器的输入端，把原始图像（对彩色图像是每个颜色成分）顺序地分割成一系列 8×8 的子块。在 8×8 图像块中，像素值一般变化较平缓，因此具有较低的空间频率。实施三维 8×8 离散余弦变换可以将图像块的能量集中在极少数几个系数上，其他系数的值与这些系数相比，绝对值要小得多。与 Fourier 变换类似，对于高度相关的图像数据进行这样变换的效果使能量高度集中，便于后续的压缩处理。

3）量化：为了达到压缩数据的目的，对 DCT 系数需作量化处理。量化的作用是在保持一定质量前提下，丢弃图像中对视觉效果影响不入的信息。量化是多对一映射，是造成 DCT 编码信息损失的根源。JPEG 标准中采用线性均匀量化器，量化过程为对 64 个 DCT 系数除以量化步长并四舍五入取整，量化步长由量化表决定。量化表元素因 DCT 系数位置和彩色分量的不同而取不同值。量化表为 8×8 矩阵，与 DCT 变换系数一一对应。量化表一般由用户规定 JPEG 标准中给出了参考值），并作为编码器的一个输入。量化表中元素为 1～255 之间的任意整数，其值规定了其所对应 DCT 系数的量化步长。

4）游程编码：64 个变换数经量化后，左上角系数是直流分量（DC 系数），即空间域中 64 个图像采样值的均值。相邻 8×8 块之间的 DC 系数一般有很强的相关性，JPEG 标准对 DC 系数采用 DPCM 编码（差分编码）方法，即对相邻像素块之间的 L 系数的差值进行编码。其余 63 个交流分量（AC 系数）使用游程编码，从左上角开始沿对角线方向，以 Z 字形（Zig-Zag）进行扫描直至结束。

量化后的 AC 系数通常会有许多零值，以 Z 字形路径进行游程编码有效地增加了连续出现的零值个数。

5）熵编码：为了进一步压缩数据，对 DC 码和 AC 行程编码的码字再作基于统计特性的熵编码。JPEG 标准建议使用的熵编码方法有 Huffman 编码和自适应二进制算术编码。

2．MPEG——运动图像压缩编码

MPEG（Moving Pictures Experts Group）是 ISO/IEC/JTC/SC2/WG11 的一个小组。它的工作兼顾了 JPEG 标准和 CCITT 专家组的 H.261 标准，于 1990 年形成了一个标准草案。MPEG 标准分成两个阶段:第一个阶段（MPEG-I）是针对传输速率为 1～l.5Mbit/s 的普通电视质量的视频信号的压缩；第二个阶段（MPEG-2）目标则是对每秒 30 帧的 720×572 分辨率的视频信号进行压缩；在扩展模式下，MPEG-2 可以对分辨率达 1440×l152 高清晰度电视（HDTV）的信号进行压缩。

MPEG 算法除了对单幅图像进行编码外，还利用图像序列的相关特性去除帧间图像冗余，大大提高了视频图像的压缩比，在保持较高的图像视觉效果的前提下、压缩比可以达到 60～100 倍。MPEG 压缩算法复杂、计算量大，其实现一般要专门的硬件支持。

MPEG 标准有 3 个组成部分:MPEG 视频；MPEG 音频；视频与音频的同步。MPEG 视频是 MPEG 标准的核心。为满足高压缩比和随机访问两方面的要求，MPEG 采用预测和插补两种帧间编码技术。MPEG 视频压缩算法中包含两种基本技术:一种是基于 l6×16 子块的运动补偿技术，用来减少帧序列的时域冗余；另一种是基于 DCT 的压缩，用于减少帧序列的空域冗余，在帧内压缩及帧间预测中均使用了 DCT 变换。运动补偿算法是当前视频图像压缩技术中使用最普遍的方法之一。

1）运动补偿预测：帧序列的相邻画面之间的运动部分具有连续性，即当前画面上的图像可以看成是前面某时刻画面上图像的位移，位移的幅度值和方向在画面各处可以不同。利用运动位移信息与前面某时刻的图像对当前画面图像进行预测的方法，称为前向预测。反之，根据某时刻的图像与位移信息预测该时刻之前的图像，称为后向预测。

MPEG 的运动补偿预测方法将画面分成若干 16×16 的子图像块（称为补偿单元或宏块），并根据一定的条件分别进行帧内预测、前向预测、后向预测及平均预测。

2）运动补偿插值：以插补方法补偿运动信息是提高视频压缩比的最有效措施之一。在时域中插补运动补偿是一种多分辨率压缩技术。例如以 1/15s 或 1/10s 时间间隔选取参考子图，对时域较低分辨率子图进行编码，通过低分辨子图及反映运动趋势的附加校正信息（运动矢量）进行插值，可得到满分辨率（帧率 1/30s）的视频信号。插值运动补偿也称为双向预测，因为它既利用了前面帧的信息又利用了后面帧的信息。

3．H.261——视频通信编码标准

电视电话/会议电视的建议标准 H.261 常称为 P×64k 标准，其中 P 是取值为 1～30 的可变参数；P=1 或 2 时支持 1/4 中间格式（QCIF，Quarter Common Intermediate Format）的帧率较低的视频电话传输；$P \geqslant 6$ 时支持通用中间格式（CIF，Common Intermediate Format）的帧率较高的电视会议数据传输。P×64k 视频压缩算法也是一种混合编码方案，即基于 DCT 的变换编码和带有运动预测差分脉冲编码调制（IDPCM）的预测编码方法的混合。在低传输速率时（P=1 或 2，即 64 bit/s 或 128kbit/s），除 QCIF 外还可使用亚帧（Sub-frame）技术，即每间隔一帧（或数帧）处理一帧，压缩比可高达 50:1 左右。

图像压缩技术、视频技术与网络技术相结合的应用前景十分可观，如远程图像传输系统、动态视频传输一可视电话、电视会议系统等早已商用。

3.4 本章小结

数字通信相比模拟通信有很多的优点，本章主要介绍什么叫数字信号、数字通信系统的性能指标，重点讲解了模拟信号数字化过程，模拟信号经过抽样、量化、编码变成 PCM 脉冲调制信号。

信源编码是为了减小信息的冗余，提高通信的有效性，将信息中多余的部分删除。

本章还介绍了数据压缩技术。

3.5 习题

1．数字通信系统的主要性能指标有哪些？

2．某一数字通信系统的传码率为 1024 波特，试问如果传输的数字信号采用八进制时，其信息的传输率是多少？采用四进制呢？

3．请描述取样定理，并分析接收端解码后采用低通滤波器可使模拟信号获得重建。

4．均匀量化和非均匀量化有何区别？为什么一般采用非均匀量化而不采用均匀量化？

5．对于 n=10 比特的均匀量化，要求信噪比不低于 50，问允许的动态范围是多少？

6．对于均匀量化编码，当量化级差减小一倍时，信噪比变化多少？信号幅度减小一倍时，信噪比变化多少？

7．某抽样值为-600Δ（Δ为最小量化间隔）时，按 A 律 13 折线编成 8 位码。

8．PCM 编码器对最高频率为 4000Hz 的话音信号进行编码，每个样值脉冲用 8 位二进制码表示，则该编码器的编码率至少为多少？

第 4 章　数字信号的基带传输

来自数字设备的原始信号，如计算机输出的二进制或者模拟信号被数字化以后的 PCM 信号等数字信号，这些信号包含有丰富的低频成分，甚至直流分量，因而是数字基带信号。在传输距离要求不高的情况下，基带信号可以直接传输，这种方式称为数字基带传输；然而，在大多数的有线或者无线信道中，数字基带信号不适合传输，数字基带信号必须经过载波调制，把频谱调制到比较高的频率才能在信道中传输，这种方式称为数字频带传输。

4.1　数字基带传输概述

目前来说，利用电缆构成的近距离数字通信系统中广泛采用基带传输，在数字基带传输中包含了许多频带传输的基本问题。

也就是说基带信号是数字信号传输的基本信号，在各种通信系统中（包含模拟通信），一般是从基带信号开始，最后仍要恢复为基带信号。所以，了解基带信号的性质和要求就具有重要的意义。数字基带信号都是用携带信息的电脉冲来表示的，而不同形式的基带信号具有不同的频谱结构，因此，需要合理地选择基带信号，使之适合于在给定的信道中传输。

基带传输系统主要由波形变换器、发送滤波器、信道、接收滤波器和取样判决器等组成，如图 4-1 所示。

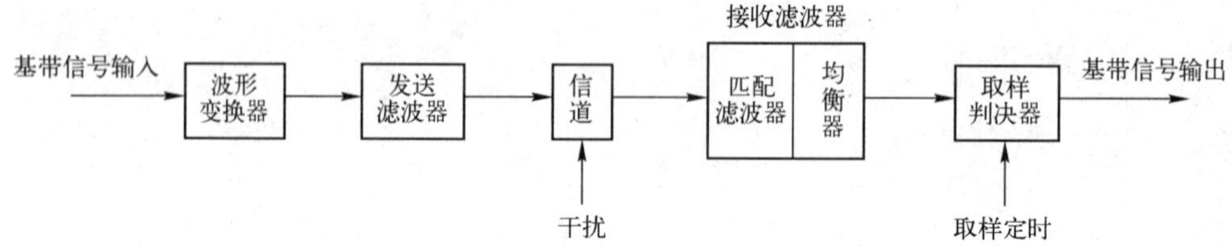

图 4-1　数字基带传输示意图

下面分别讨论各部分的功能。

1）波形变换器：基带传输系统的输入信号是终端设备产生的脉冲序列，一般是单极性的 NRZ 码，它不适合于在信道中传输，波形变换器的功能就是对 NRZ 码进行变换。如变换为 AMI 码或者 HDB3 码，以适合于在信道中传输和减小码间串扰。

2）发送滤波器：起抑制谐波或杂散频率分量的作用。

3）匹配滤波器：由于信道的不理想和噪声以及干扰的存在，会使信号因受污染而变形，为克服由于信道的不理想以及噪声和干扰造成的信号变形，在接收端加入了匹配滤波器。

4）均衡器：减弱码间串扰。

5）取样判决器：通过取样判决器恢复原基带信号。

4.2 基带传输的常用码型

4.2.1 数字基带传输的码型设计

数字基带信号可用不同形式的电脉冲出现，电脉冲的存在形式称为码型。数字信号的电脉冲表示的过程称为码型编码或码型变换，由码型还原为原来数字信号的过程称为码型译码。在有线信道中传输的数字基带信号又称为线路传输码型。

通常由信源编码输出的数字信号多为经自然编码的电脉冲序列（高电平表示 1，低电平表示 0，或相反），这种经过自然编码的数字信号虽然是名符其实的数字信号，但却并不适合于在信道中直接传输，或者说，数字通信系统（数据通信系统）一般并不采用这样的数字信号进行基带传输。因为用这样的数字信号进行基带传输会出现很多问题，换句话说，就是它的码型不满足通信的要求。传输这种数字基带信号会遇到的问题：

1）由于这种数字基带信号包含直流分量或低频分量，那么对于一些具有电容耦合电路的设备或者传输频带低端受限的信道（广义信道），信号将可能传不过去。

2）自然编码后，有可能出现连“0”或连“1”数据，这时的数字信号会出现长时间不变的低电平或高电平，以致收信端在确定各个码元的位置（定时信息）时遇到困难。换句话说，收信端无法从接收到的数字信号中获取定时（定位）信息。

3）对收信端而言，从接收到的这种基带信号中无法判断是否包含有错码。

不同的码型具有不同的特性，因此在设计或选择适合于给定信道传输特性的码型时，通常要考虑许多的因素。

1. 码型选择原则

1）对于传输频带低端受限的信道，传输信号码型的频谱中不应包含直流或低频成分。

2）应尽量减小码型频谱中的高频成分，既可节省传输频带、提高频谱利用率，又可减少有线信道电缆内不同线对之间的信号串扰。

3）接收端易于提取位定时信息，再生出准确的时钟信号供数据判决使用。

4）码型具有一定检错能力，可根据编码规律来检测传输质量，以便做到自动监测。

5）信道中发生误码时要求所选码型不致造成误码扩散（或称误码蔓延）。

6）码型变换过程不受信源统计特性的影响，即码型变换对任何信源具有透明性。

7）高的编码效率。

2. 码型分类及其特点

1）二元码。二元码信号的脉冲波形采用两种幅度表示，即高电平(H)和低电平(L)。

2）三元码（双二进制码，三进制码）。三元码中，数字基带信号的幅度取值有＋1，0 和-1 三种不同的电平，如图 4-2 所示。

3）多元码。多元码码型具有多种电平的幅度取值，如果以 m 个比特组成一个字，则对应地有 2^m 元码的码型。图 4-3 所示为 m=2 时构成的四元码。

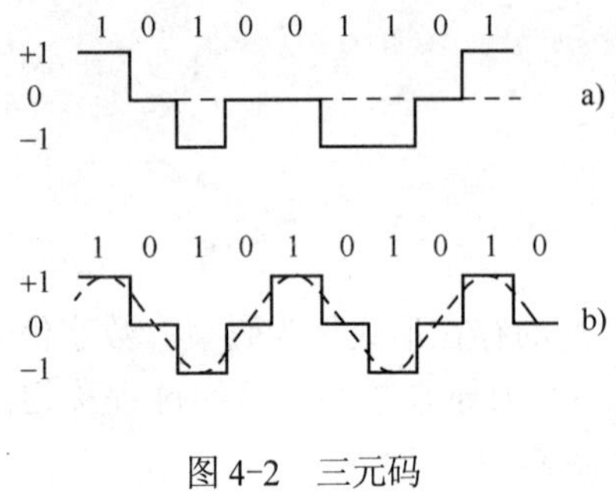

图 4-2　三元码

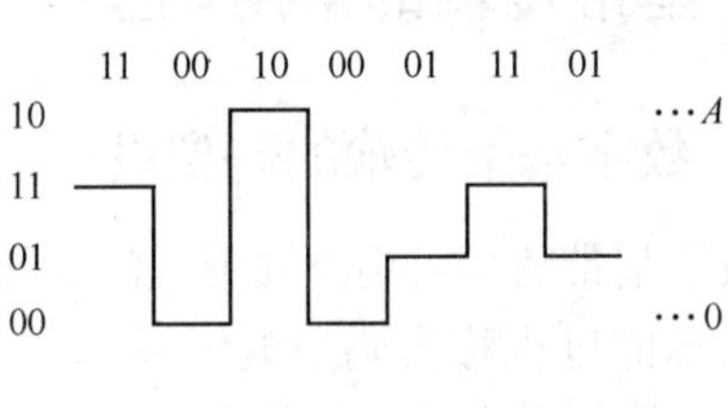

图 4-3　m=2 时构成的四元码

4.2.2　常用码型

数字基带信号的码型种类很多，但没有一种码型能满足上述所有要求，在实际应用中，往往是根据需要全盘考虑，有取有舍，合理选择。下面介绍一些目前广泛应用的重要码型。

1．单极性非归零(NRZ)码

一种最简单的码型，分别用占满一个码元周期的正电平（或负电平）和零电平来表示“1”和“0”。在表示一个码元时，电压均无需回到零，故称为非归零码，如图 4-4c 所示。

NRZ 中有直流分量，将导致信号的失真与畸变，且由于直流分量的存在，无法使用一些交流耦合的线路和设备，不能直接提取位同步信息。

2．双极性非归零(NRZ)码

双极性 NRZ 码中，“1”和“0”分别对应正、负电平，如图 4-4d 所示。

从统计平均角度来看，“1”和“0”数目各占一半时无直流分量，但当“1”和“0”出现概率不相等时，仍有直流成份。

3．单极性归零(RZ)码

在传送“1”码时发送 1 个宽度小于码元持续时间的归零脉冲，在传送“0”码时不发送脉冲。其特征是所用脉冲宽度比码元宽度窄，即还没有到一个码元终止时刻就回到零值，因此，称其为单极性归零码，如图 4-4e 所示。

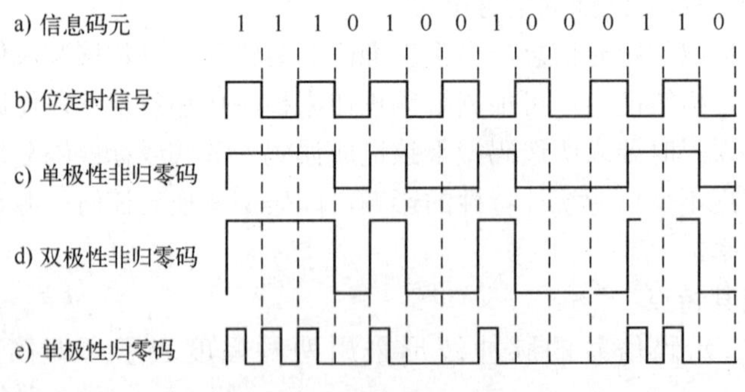

图 4-4　几种常见的二元码

除仍具有单极性码的一般缺点外，主要优点是可以直接提取同步信号。此优点虽不意味着单极性归零码能广泛应用到信道上传输，但它却是其他码型提取同步信号需采用的一个过渡码型。即那些适合信道传输的，但不能直接提取同步信号的码型，可先变为单极性归零码，再提取同步信号。

4．AMI 码

AMI 码是传号交替反转码。其编码规则是将二进制消息代码“1”（传号）交替地变换为传输码的“+1”和“-1”，而“0”（空号）保持不变，如图 4-5 所示。

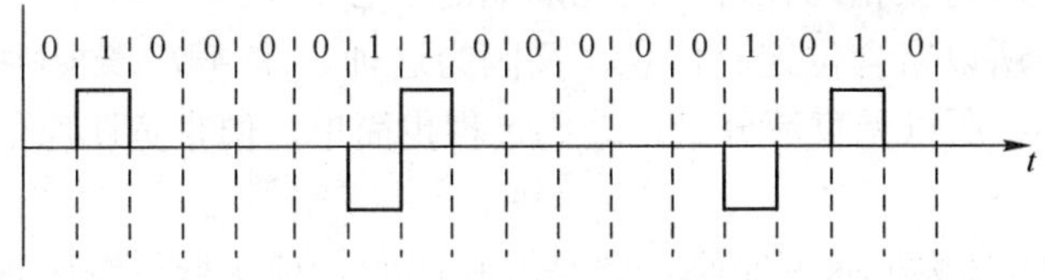

图 4-5　AMI 编码

由一个二进制符号序列变成一个三进制符号序列。这样的码称为 1B/1T 码型，是一种基本的线路码。由于+1 与-1 交替，无直流成份，低频分量较小，编译码电路简单，便于观察误码，是目前最常用的传输码型之一。但它可能出现长的连 0 串，不便于提取定时信号。

5．HDB_3 码

HDB_3 码的全称是 3 阶高密度双极性码，它是 AMI 码的一种改进型，其目的是为了保持 AMI 码的优点而克服其缺点，使连“0”个数不超过 3 个。其编码规则如下：

1）当信码的连“0”个数不超过 3 时，仍按 AMI 码的规则编，即传号极性交替。

2）当连“0”个数超过 3 时，则将第 4 个“0”改为非“0”脉冲，记为+V 或-V，称之为破坏脉冲。相邻 V 码的极性必须交替出现，以确保编好的码中无直流。

3）为了便于识别，V 码的极性应与其前一个非“0”脉冲的极性相同，否则，将四连“0”的第一个“0”更改为与该破坏脉冲相同极性的脉冲，并记为+B 或-B。见图 4-6 HDB_3 编码和 AMI 编码的比较。

代码：	1000	0	1000	0	1	1	000	0	1	1
AMI 码：	–1000	0	+1000	0	–1	+1	000	0	–1	+1
HDB_3 码：	–1000	–V	+1000	+V	–1	+1	–B00	–V	+1	–1

图 4-6　HDB_3 编码和 AMI 编码的比较

其中 B 码和 V 码各自都应始终保持极性交替的变化规律，V 码与前一个非 0 码同极性，B 码与前一个非 0 码反极性。±V 脉冲和±B 脉冲与±1 脉冲波形相同，用 V 或 B 符号的目的是为了示意是将原信码的“0”变换成“1”码。

HDB_3 译码规则如下：

1）找到破坏点 V。

2）断定 V 符号及其前面的 3 个符号必是连“0”符号，从而恢复 4 个连“0”码。

3）再将所有-1 变成+1 后便得到原消息代码。

HDB_3 码保持了 AMI 码的优点外，同时还将连“0”码限制在 3 个以内，故有利于位定时信号的提取。HDB_3 码是应用最为广泛的码型，*A* 律 PCM 四次群以下的接口码型均为 HDB_3 码，比如中兴数字程控交换机 ZXJ10 的 DTI（数字中继接口）出局采用的就是 HDB_3 编码方式。

6. 数字双相码

数字双相码又称曼彻斯特（Manchester）码，如图 4-7 所示，一个周期的正负对称方波表示“0”，而用其反相波形表示“1”。编码规则之一是：“0”码用“01”两位码表示，“1”码用“10”两位码表示。

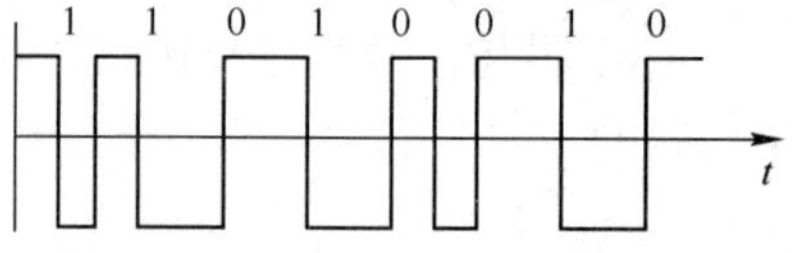

图 4-7 曼彻斯特（Manchester）编码

双相码只有极性相反的两个电平，而不像前面的三种码具有三个电平。因为双相码在每个码元周期的中心点都存在电平跳变，所以富含位定时信息。又因为这种码的正、负电平各半，所以无直流分量，编码过程也简单，但带宽比原信码大 1 倍。

7. 密勒码

密勒（Miller）码又称延迟调制码，它是双相码的一种变形。编码规则如下：“1”码用码元间隔中心点出现跃变来表示，即用“10”或“01”表示。“0”码有两种情况：单个“0”时，在码元间隔内不出现电平跃变，且与相邻码元的边界处也不跃变，连“0”时，在两个“0”码的边界处出现电平跃变，即“00”与“11”交替，如图 4-8b 所示。

双相码的下降沿正好对应于密勒码的跃变沿。因此，用双相码的下降沿去触发双稳电路，即可输出密勒码。密勒码最初用于气象卫星和磁记录，现在也用于低速基带数传机中。

8. CMI 码

CMI 码是传号反转码的简称，与数字双相码类似，它也是一种双极性二电平码。编码规则是：“1”码交替用“11”和“00”两位码表示，“0”码固定地用“01”表示，如图 4-8c 所示。

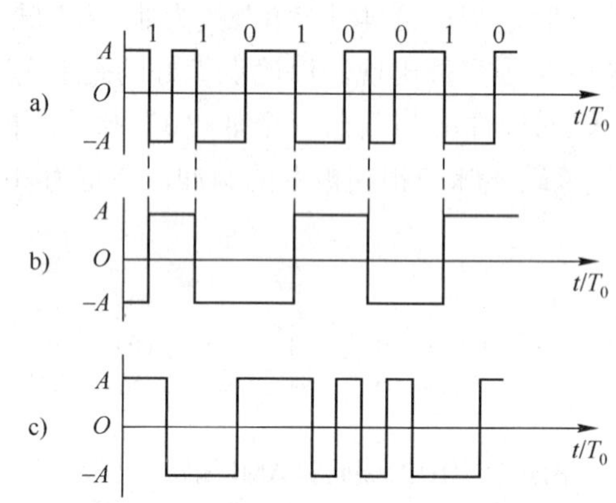

图 4-8 数字双相码、密勒码、CMI 码的编码比较

CMI 码有较多的电平跃变，因此含有丰富的定时信息。此外，由于 10 为禁用码组，不会出现 3 个以上的连码，这个规律可用来宏观检错。

4.3 无码间串扰的基带传输

4.3.1 基带传输的码间串扰

在实际通信中，由于信道的带宽不可能无穷大（我们称为频带受限），并且还有噪声的影响。前面介绍的数字基带信号（波形为矩形，在频域内是无穷延伸的）通过这样的信道传输，不可避免地要受到影响而产生畸变。

一个时间有限的信号，比如门信号 $g_\tau(t)$的出现时间是$-\tau/2$ 到$-\tau/2$，则它的傅里叶变换（频谱）在频域上就是向正负频率方向无限延伸的，是频域抽样信号 $S_a(\omega)$。

一个频带受限的频域信号，比如频域门信号 $G_\Omega(\omega)$的时域信号（傅里叶逆变换）$S_a(t)$就会在时间轴上无限延伸。

因此，信号经频带受限的系统传输后，其波形在时域上必定是无限延伸。这样，前面的码元对后面的若干码元就会造成不良影响，这种影响被称为码间串扰（或符号间干扰）。如图 4-9 所示，几个固定间隔 T_S 的码元“1011”，在时域上是有限的，但在频域上是交叉的。

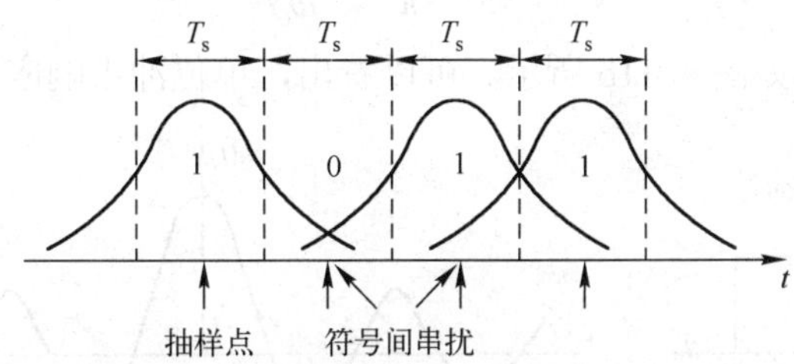

图 4-9　码间干扰示意图

另外，信号在传输的过程中不可避免地还要叠加信道噪声，所以，当噪声幅度过大时，将会引起接收端的判断错误。

码间串扰和信道噪声是影响基带信号进行可靠传输的主要因素，而它们都与基带传输系统的传输特性有密切的关系。如何设计基带系统的总传输特性，才能够把码间串扰和噪声的影响减到足够小的程度？

4.3.2　无码间串扰的条件

数字基带信号的波形已在前面作过详细的讨论，由前面的讨论知道，数字基带信号常用二进制矩形脉冲序列来表示，现以 NRZ 码的矩形脉冲序列为例来讨论数字基带信号的频谱。在研究 NRZ 码矩形脉冲的频谱时，为使分析问题简化，常用冲击函数来表示数字信号。

图 4-10 是单位冲击函数及其频谱，实际上，单位冲击函数就是矩形脉冲的一种特殊情况，即$\tau=0$，$A\to\infty$（振幅趋于无限大）时，矩形脉冲就是冲击函数，由图 4-10 可知，冲击函数对应的频谱是无限的。无限带宽的数字信号要通过有限带宽的信道，必然会产生波形的失真。下面就来讨论有限带宽的信道对无限带宽的信号传输的影响。

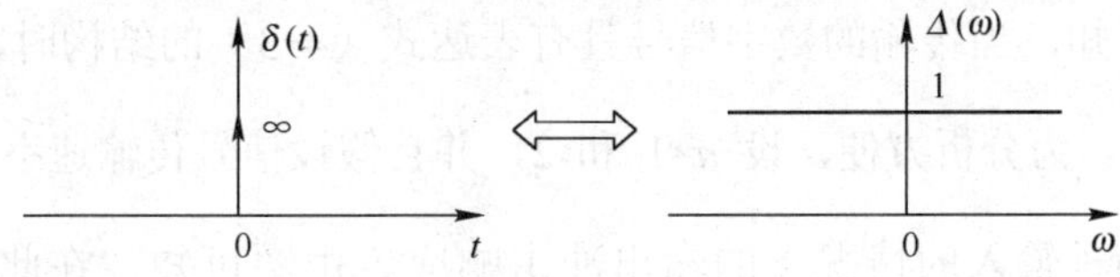

图 4-10　单位冲击函数及其频谱

信道的传输特性可用一等效的理想低通滤波器近似表示，如图 4-11a 所示，图中所示的传递函数可表示为：

$$H(\omega)=\begin{cases}A,|\omega|\leqslant\omega_c\\0,|\omega|>\omega_c\end{cases}\tag{4-1}$$

式中，ω_c 是等效理想低通滤波器的截止频率，带宽为ω_c；A 是通带内传递系数，通常令其为 1。

当单位冲击函数通过此理想滤波器时，其输出的响应可表示为：

$$h(t)=\frac{\omega_c}{\pi}\times\frac{\sin\omega_c t}{\omega_c t}\tag{4-2}$$

与此对应的响应波形如图 4-11b 所示。可以看出，单位冲击响应具有如下特点：

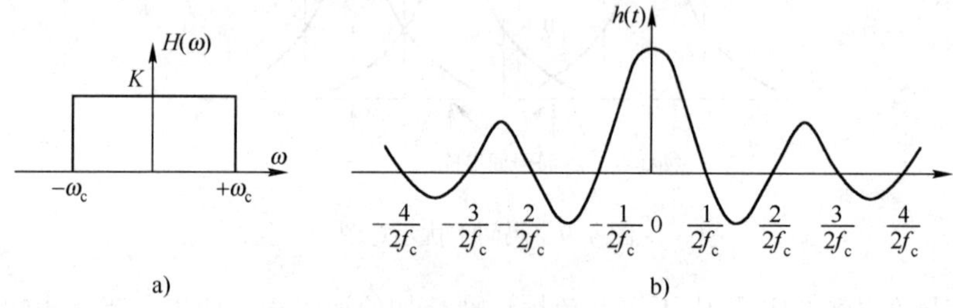

图 4-11 理想低通滤波器

a) 理想低通滤波器 b) 理想低通的冲击响应

1）响应 $h(t)$在 t=0 时有最大的输出，随时间的推移，输出响应的幅度逐渐减小，波形形成一种拖尾现象。

2）在时间轴上有很多的零点，相邻的两个零点的距离为$\frac{1}{2f_c}$（除低频部分）。

3）在冲击响应的波形图上有很多的峰值点，但随着时间的推移，峰值越来越小，所以，冲击响应的主要能量集中在低端。

在实际传输中，数字信号序列可用下式表示：

$$S(t)=\sum_{n=-\infty}^{\infty}a_n\delta\quad(t-nT)\tag{4-3}$$

式中，a_n 是二进制信号的取值，显然可取“1”或“0”，也可取“+1”或“-1”，T 为时间间隔，f_c 是理想低通滤波器的截止频率。对于信道，可以简化为一线性时不变系统，由于线性系统具有迭加性，所以输出响应为输入信号各分量的响应之和。

由前面的分析可知，当传输的数字信号具有表达式（4-3）的结构时，输出冲击响应是输入信号各分量之和。为分析方便，设 n=1 和 2，并且假设信号传输速率 $f\neq\frac{1}{2T}$，图 4-12 是在 n=1 和 n=2 两种输入的情况下的输出冲击响应。由图可知，在此情况下，a_1=1 和 a_2=1 两个输出响应互相迭加，形成了干扰。其原因是由于传输系统的带宽有限，使输出信号形成无限长的拖尾造成的。

数字基带传输中，码元是按一定间隔发送的，其信息携带在 a_n 上，接收端的再生判决器如能准确地恢复幅度信息，则原始信码就能无误的传送，而接收端的再生判决器是在特定的时刻进行判决的，所以只要在特定时刻的波形无失真，接收端就能正确无误的恢复原信码。

为分析的方便，设 a_1=1 的输出响应波形为 $a_1(t)$，a_2=1 的输出响应波形为 $a_2(t)$，由图 4-12 看出，当 $f = f_c$ 时，凡是 $a_1(t)$为峰值的地方，$a_2(t)$必然为零，相应的，凡是 $a_2(t)$为峰值的地方，$a_1(t)$必然为零。根据这一特点，如果接收端用 nT 时刻分别加入一系列冲击脉冲作为取样脉冲，则信道输出的信号序列在 kT 时刻的取样值就仅与第 k 个输入信码有关。因为其他时刻输入信码的脉冲，通过信道后所产生的响应波形在该时刻都为零，所以不会产生码间串扰。

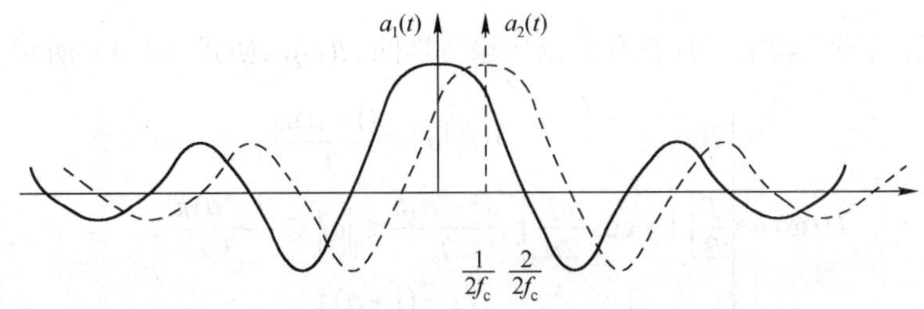

图 4-12　有码间干扰的脉冲序列响应

奈奎斯特等人研究了以上情况，提出了数字基带传输的无失真条件，即奈奎斯特第一准则：如信号传输速率 f=$2f_c$(f_c 为信道带宽)，各码元的间隔为 $T=\dfrac{1}{2f_c}$，则该数字序列就可以做到无码间干扰传输。其中称 f_c 为奈奎斯特带宽；T 为奈奎斯特间隔；$\dfrac{\sin\omega_c t}{\omega_c t}$ 响应波形为奈奎斯特脉冲。

奈奎斯特第一准则实质上是取样值无失真条件，他指出了无码间串扰和充分利用频带的关系。由以上的分析可知，当 $T=\dfrac{1}{f_c}$ 时，即信号传输速率等于信道带宽时，也能实现无失真传输，实际上，信道带宽只要为信号传输速率的 $\dfrac{1}{2}n$（n 为正整数）倍，都能实现无失真传输。但随着 n 取值的增加，频带的利用率随之下降。同时需要说明的是，信号经传输后，虽然整个波形会发生变化，但只要样值不变，则在接收端可以用再次取样的方法（再生判决）准确无误的恢复原信号。

4.3.3　无码间干扰的滚降系统

理想低通滤波器是不可能存在的，其截至频率特性要求非常陡峭。好比飞机降落时候都要提前开始缓慢下降，理想低通滤波器也需要进行一个缓变的过程，因此提出了滚降特性。

理想低通是非物理可实现的。因此，要寻求一个传输系统．它既可以物理实现，又能满足奈氏第一准则的基本要求：速率为 $2f_c$ 的序列通过该系统后能在所有按间隔 $T=\dfrac{1}{2f_c}$ 的取样点处不产生码间干扰，对理想低通的幅频特性加以修改，使它在 f_c 处不是垂直截止特性，而是有一定的缓变过渡特性，如图 4-13 所示。这种缓变过渡特性称为滚降特性。

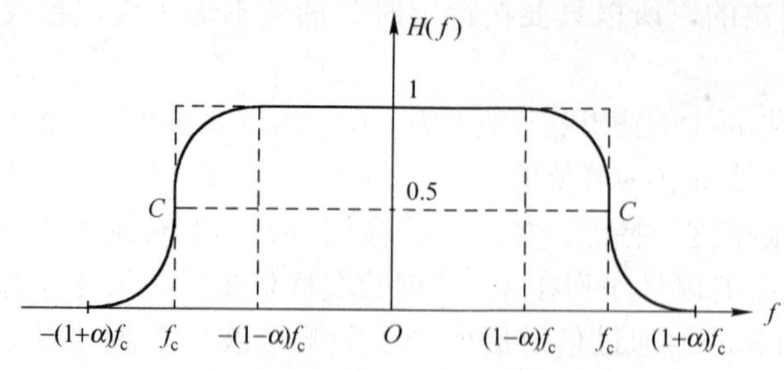

图 4-13　滚降示意图

实际的通信系统一般采用具有升余弦传输特性的 $H(\omega)$，如式（4-4）所示。

$$H(\omega)=\begin{cases} T & 0\leqslant|\omega|<\dfrac{(1-a)\pi}{T} \\ \dfrac{T}{2}\left[1+\cos\dfrac{\omega T}{2a}\right] & \dfrac{(1-a)\pi}{T}\leqslant|\omega|\leqslant\dfrac{(1+a)\pi}{T} \\ 0 & |\omega|>\dfrac{(1+a)\pi}{T} \end{cases} \tag{4-4}$$

式中，T 为码元宽度，a 为滚降系数，具有升余弦特性的滤波器的冲击响应可表示为：

$$h(t)=\frac{\sin\dfrac{\pi}{T}t}{\dfrac{\pi}{T}t}\times\frac{\cos\dfrac{a\pi}{T}t}{1-\left(\dfrac{2at}{T}\right)^2} \tag{4-5}$$

具有升余弦滚降特性的传输函数和冲击响应波形如图 4-14 所示。

由表达式（4-5）可知：

当滚降系数 a=0 时，系统为理想低通特性，$a\leqslant1$ 时为升余弦滚降特性。

1）对于 $a>0$ 的升余弦特性，其冲击响应 $h(t)$的值，除在 t=0 时不为零外，其余各取样点值都为零，且在 t>0 后，各样值点之间又增加了一个零，使滚降随时间的延长而衰减加快。

2）由图 4-14 可知，升余弦特性的冲击响应在除 0 时刻的各取样值均为零，因此满足无失真传输条件。a 越小，波形的振荡幅度越大，但可减小传输频带，a 越大，波形的振荡幅度越小，但传输频带相应展宽，对频带的利用率不利。所以，减小波形拖尾的振荡幅度和提高频带的利用率是矛盾的，实际中 a 的取值一般为 $a\geqslant0.2$。

3）对于 a>0 的升余弦特性，其冲击响应 $h(t)$的值，除在 t=0 时不为零外，其余各取样点的值都为零，且在 t>0 后，各样值点之间又增加了一个零，使“尾巴”随时间的延长而衰减加快。

4.3.4　部分响应基带传输系统

以上讨论了理想低通和升余弦特性的传输系统，由以上的分析可知：具有理想低通特性的传输系统虽然频带利用率可以达到最高，但其冲击响应的波形拖尾太大；而具有升余弦特性的传输系统虽然可以减小波形拖尾的幅度，但是以牺牲频带的利用率为代价的，那么，能否找到一种既能达到最高的系统频带利用率，又能消除码间串扰的方法？答案是肯定的，下面就来讨论这样一种基带传输系统——部分响应基带传输系统。

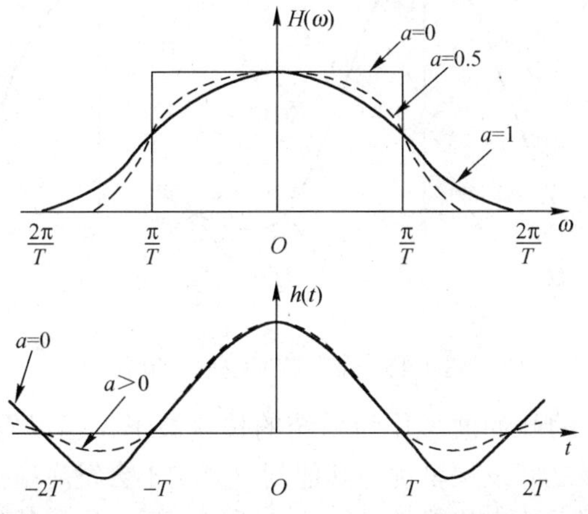

图 4-14　不同 a 值的升余弦响应及其频谱

部分响应基带传输系统的滚降特性是利用 $\frac{\sin x}{x}$ 波形去克服 $\frac{\sin x}{x}$ 波形之缺点的一种特性。即用两个相隔一个码元周期的 $\frac{\sin x}{x}$ 波形合成来代替 $\frac{\sin x}{x}$ 波形，如图 4-15 所示。这种合成波形叫做部分响应信号，其数学表达式为：

$$h(t)=\frac{\sin\frac{\pi}{T}\left(t+\frac{T}{2}\right)}{\frac{\pi}{T}\left(t+\frac{T}{2}\right)}+\frac{\sin\frac{\pi}{T}\left(t-\frac{T}{2}\right)}{\frac{\pi}{T}\left(t-\frac{T}{2}\right)}$$

$$=\frac{\pi}{4}\left[\frac{\cos\frac{\pi t}{T}}{1-\left(\frac{2t}{T}\right)^2}\right] \tag{4-6}$$

$$H(\omega)=\begin{cases}2T\cos\frac{\omega T}{2} & \omega\leqslant\frac{\pi}{T}\\ 0 & \omega>\frac{\pi}{T}\end{cases} \tag{4-7}$$

由图 4-15 可以看出部分响应信号具有如下特点：

1）合成的部分响应信号带宽为 $\frac{\pi}{T}$，在相同进制的条件下，其频带的利用率与理想低通特性传输系统的频带利用率相同。

2）部分响应具有缓慢的滚降过度特性，其冲击响应的波形拖尾按 $\frac{1}{t^2}$ 衰减，这是因为相距一个码元周期的 $\frac{\sin x}{x}$ 波形正负拖尾相互抵消的结果。显然，部分响应可以改善理想低通特性传输系统的拖尾幅度。

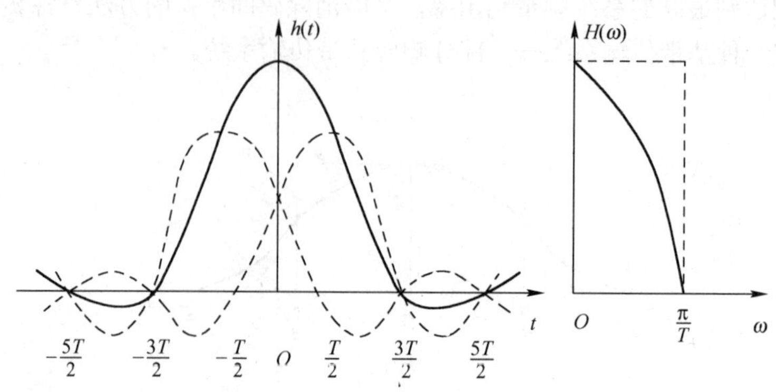

图 4-15　部分响应波形及频谱

3）用部分响应信号的脉冲波形作为系统的传输波形，当以码元宽度为间隔进行判决时，只在相邻的两个码元之间发生串扰，其他判决时刻不会发生串扰。这样，如果前一码元已知，则此码元对后一码元的串扰就是已知的，所以，后一码元就可以从该时刻的取样值减去前一码元的串扰值来得到。所以，部分响应的传输特性可以达到极限频带利用，同时可以消除码间串扰，或者可以说，它的码间串扰是已知的，是可以控制的，接收端可以将它除掉。例如：t=0 时，先传送一个“0”码，即传送 $-h(t)$，接收端此时取样得“−1”，就判决为“0”码。接着在 t=T 时发送一个“1”码，即传送$+h(t)$，此时接收端不但收到 t=T 时发送的$+h(t)$，而且收到 t=0 时发送的$-h(t)$的后尾，这两个信号迭加的结果为“0”。由于接收端已经收到了前一个“0”，知道它还有负后尾，所以将样值加“1”后（得+1）再判决，结果为“1”，从而正确恢复了发送的“1”码。

4）部分响应虽然解决了理想低通特性的缺点，但它是以相邻两个码元取样时刻出现一个与接发端取样值相同幅度的串扰为代价的。由于存在固定幅度的串扰，使部分响应信号序列中出现了新的取样值，称为“伪电平”。这个伪电平会造成误码的扩散，即一个码元错判时，会造成后几个码元的错判，如表 4-1 所示。

表 4-1　部分响应的伪三码序列

信　码						码元与取样值					
二进制信码	1	1	0	1	0	0	0	0	1	1	1
a_k	+1	+1	−1	+1	−1	−1	−1	−1	+1	+1	+1
a_{k-1}		+1	+1	−1	+1	−1	−1	−1	−1	+1	+1
$c_k=a_k+a_{k-1}$		+2	0	0	0	−2	−2	−2	0	+2	+2

由表 4-1 可知：采用上述部分响应信号作为接收波形的结果，会使取样值出现−2、0、+2 三种，从而构成一种伪三元序列。另外，由表 4-1 可以看出，接收的取样值 c_k 为+2 时，判决为“1”；c_k 为−2 时，判决为“−1”；但当 c_k 为“ 0 ”时就不知该判决为何值，此时可以通过加前一取样时刻发送的信码来获得正确的判决值。

以上的分析可知：当某一位信码出现误码时，不但会造成恢复此信码时出现错误，而且还会影响到以后所有的样值的恢复。这种现象可以通过在发送端进行预编码来解决。其方法为：

1）在发送端进行预编码，其编码规则如下所述。

$$a_k=b_k \oplus b_{k-1} \text{ 或者 } b_k=a_k \oplus b_{k-1}$$

其中，b_k 为预编码后的新序列，即在发送端不再发 a_k 序列，而发 b_k 序列。

2）发送端发送的是经过预编码的 b_k 序列，由于相邻两个码元的相关性，接收端获得的脉冲序列为：$c_k=b_k \oplus b_{k-1}$，所以接收端是对 c_k 脉冲进行判决。而 $c_k=b_k \oplus b_{k-1}=(a_k \oplus b_{k-1}) \oplus b_{k-1}=a_k$，所以，接收端所获得的 c_k 脉冲就是发送端的 a_k 脉冲，接收端也就能够进行正确的判决。

3）部分响应的预编码和接收端的判决如图 4-16 所示。

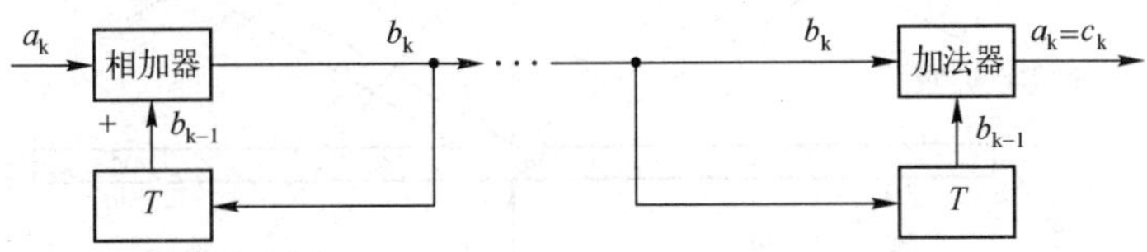

图 4-16　部分响应系统收发端示意图

4.4　眼图和均衡

4.4.1　眼图

数据信号经过实际传输系统后，仍会或多或少地产生波形畸变，在实际工作中通常采用观察眼图的方法来衡量这种畸变的严重程度。所谓眼图，就是把示波器采用外同步，扫描周期调整到码元（符号）间隔 T_S 的整数倍，在这种情况下示波器荧光屏上就能显示出一种由多个随机码元波形所共同形成的稳定图形，类似于人眼，因此称为数据信号的眼图。

将示波器的水平扫描周期调整为所接收脉冲序列码元间隔 T_S 的整数倍，从示波器的 Y 轴输入接收码元序列，在荧光屏上就可以看到由码元重叠而产生的类似人眼的图形。由于荧光屏的余辉作用，呈现的图形是若干个码元重叠后的图案。只要示波器扫描频率和信号同步，不存在码间干扰和噪声时，每次重叠上去的迹线都会和原来的重合，这时的迹线既细又清晰，如图 4-17c 所示；若存在码间干扰，序列波形变坏，就会造成眼图迹线杂乱，眼皮厚重，甚至部分闭合，如图 4-17d 所示。

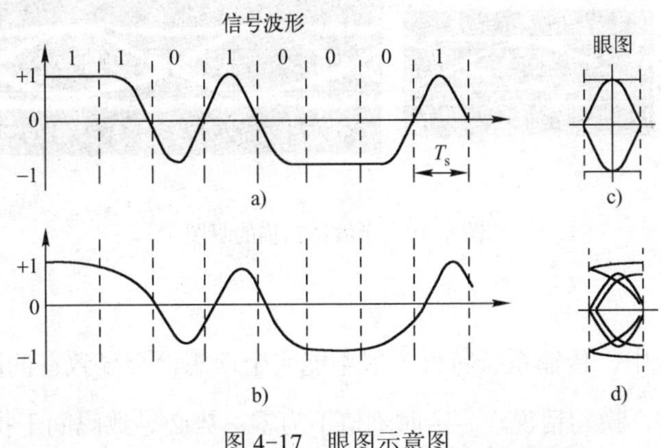

图 4-17　眼图示意图

观察眼图是一种简便、直观、有效的衡量传输信号质量的方法。具体的方法是从眼图的开启程度来衡量传输质量。我们从单个眼型来定义眼图的量度。图 4-18 眼图的理想模型图。从这一模型图中可得出如下几个重要的传输特性。

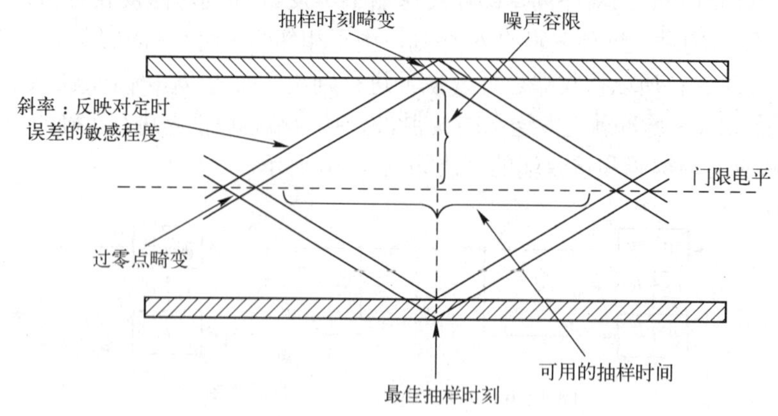

图 4-18 眼图模型图

1）最佳抽样时刻：在眼睛张开得最大的时刻代表最佳取样时刻。

2）门限电平：图中央的横轴位置应对应判决门限电平。

3）抽样时刻畸变（幅度畸变范围）：图示的垂直高度表示信号幅度畸变范围。

4）过零点畸变：过零点畸变反映了传输系统的过门限点失真，许多数据传输系统接收机的定时信号是从过门限点的平均位置提取，过门限点失真越大，对定时信号的提取越不利。

5）噪声容限：在抽样时刻上，上下两阴影区的间隔距离一半为噪声容限（或称噪声边际），即若噪声瞬时值超过这个容限，则可能发生错误判决。

6）定时误差灵敏度：对定时误差的灵敏度可由眼图的斜边之斜率决定，斜率越大，对定时误差就越灵敏，则要求系统定时准确度越高。

下面是二进制升余弦频谱信号在示波器上显示的两张眼图照片。图 4-19a 是在几乎无噪声和无码间干扰下得到的，而图 4-19b 则是在一定噪声和码间干扰下得到的。

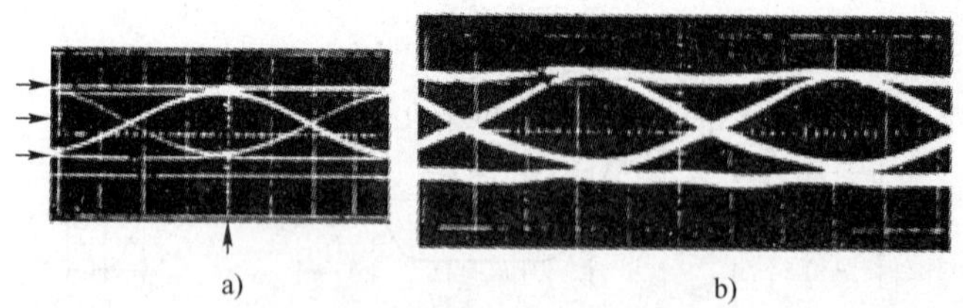

图 4-19 示波器扫描的眼图

4.4.2 均衡

在实际通信系统中，传输系统特性一般不能完全理想，会导致在间隔$1/2f_c$时刻该出现零点的时候没有过零，换句话说，$\frac{n}{2f_c}$时刻值不为零，势必导致码间干扰。如果在基带系统中插入一种可调（也可不调）滤波器起补偿作用，将能减小码间干扰的影响，这种滤波器统称为均衡器。

频域均衡：利用幅度均衡器和相位均衡器来补偿传输系统幅频特性和相频特性的不理想，即保证传输系统对各频率分量具有相同的传输系数和相同的传输时延，这样，就可消除符号间干扰。

时域均衡：消除接收的时域信号波形在取样点处的码间干扰，并不要求传输波形的所有细节都与奈氏准则所要求的理想波形完全一致。因此可以利用接收波形本身来补偿以消除取样点的符号干扰，提高判决的可靠性。所以时域均衡是对信号在时域上进行处理，较频域均衡更直接，更直观。

由于缺少信道的统计特性，因此，设计最佳的有限滤波器较难，一般利用可调网络形式的横向滤波器来实现均衡，如图 4-20 所示。

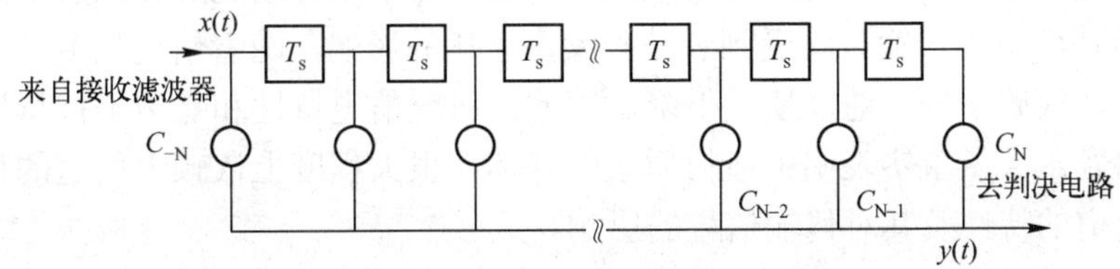

图 4-20　可调横向滤波器

该网络可由无限多的按横向排列的延迟单元及抽头系数组成，将输入端（接收滤波器输出端）抽样时刻上有码间干扰的响应波形变换成抽样时刻上无码间干扰的响应波形。

$x(t)$是经过发送滤波器、接收滤波器和信道的形成波形。由于信道特性的不理想或信道参数的变化，使 $x(t)$不能是理想的形成波形，即按奈氏准则在各取样点的值将存在码间干扰。如果x_n 表示 $x(t)\big|_{t=nT}$ 的取样值，x_0 表示本符号(码元)的取样值，则是$\sum_{n=-N}^{N} x_n \neq 0$（$\sum_{n=-N}^{N}{}'$中的“′”表示不包括 $n=0$ 的一项）。这就表示有码间干扰存在。

输入信号 $x(t)$送入串接的 $2N$ 节迟延线，每节迟延时间为$T=\dfrac{1}{2f_N}$，f_N 为传输系统的奈氏带宽。在每一节迟延线的输出端都引出相应的 $x(t)$的迟延信号，并分别经过增益加权系数为c_k 的乘法器。加权系数c_k 是可调节的，能取正值或负值，且每一个系数值都对中心抽头系数 c_0 归一化。

根据线性系统原理．可得均衡器的输出为：

$$y(t)=\sum_{k=-N}^{N} c_k x(t-kT)$$

为了书写方便，对于$t=nT$ 时的 $y(t)$ 的取样值写成：

$$y(t)\Big|_{t=nT}=y_n=\sum_{k=-N}^{N} c_k x(n-k) \tag{4-8}$$

按奈氏准则，时域均衡的均衡目标是：调整各增益加权系数c_k，使得除 $n=0$ 以外的 y_n 值为零，即 $\sum_{\substack{n=-N\\n\neq 0}}^{N} y_n=0$，这就消除了符号间干扰。从理论上讲，只有横截滤波器节数 $N\to\infty$

时，才能消除符号间干扰，但一般当抽头数 $2N+1$ 足够大时，可以达到 $\sum_{\substack{n=-\infty \\ n\neq 0}}^{\infty} y_n \to 0$ 的要求。

一般来说，无穷大的抽头数是不可实现的，用有限长的横向滤波器减小码间干扰也是可能的，但完全消除是不可能的，抽头邻近的抽样点的码间干扰校正为零，但相隔稍远的抽样时刻却出现了干扰。在实际应用中还采用峰值畸变准则和均方畸变准则来衡量均衡效果。

4.5 数字基带信号的再生中继传输

4.5.1 PCM 信号基带传输信道

传输信道是通信系统必不可少的组成部分，而信道中不可避免的存在着干扰和噪声。因此 PCM 信号在信道中传输时将受到衰减和噪声干扰的影响，随着信道长度的增加，接收端信噪比将下降，误码增加，通信质量下降。因此，研究信道特性和噪声干扰特性是通信系统设计的重要问题。大量事实表明：通信质量的好坏在很大程度上依赖于信道的传输特性。下面主要分析信道的特性及其对传输信号的影响。

传输信道可等效为一个传输网络，所以信号通过信道的传输可用如下的模型来表示。

$$e_0(t) = h(t) * e_{\mathrm{i}}(t) + n(t) \qquad (4\text{-}9)$$

其中，$e_0(t)$为信道输出信号，$h(\mathrm{t})$为以冲激响应表示的信道特性，$n(t)$为信道引入的加性干扰噪声，$e_{\mathrm{i}}(t)$为信道输入信号，*为卷积符号。如果信道特性和噪声特性是已知的，在发送信号已知的情况下，由表达式（4-9）就可以求解信号经过信道后输出的信号。由传输线基本理论可知，传输线衰减频率特性的基本关系是与 $\sqrt{f}$ 成比例变化的，其中，f 指传输信号的频率。这样，当具有较宽频谱的数字信号经过传输线传输后其幅频特性将发生改变。比如，图 4-21 是一个一个幅度为 A，脉宽为 τ 的矩形脉冲通过不同长度的市话电缆传输后的波形失真示意图。其失真主要反映在脉冲底部被展宽，从而产生拖尾（从理论上讲，这种拖尾的产生是带限传输对传输波形的影响）。

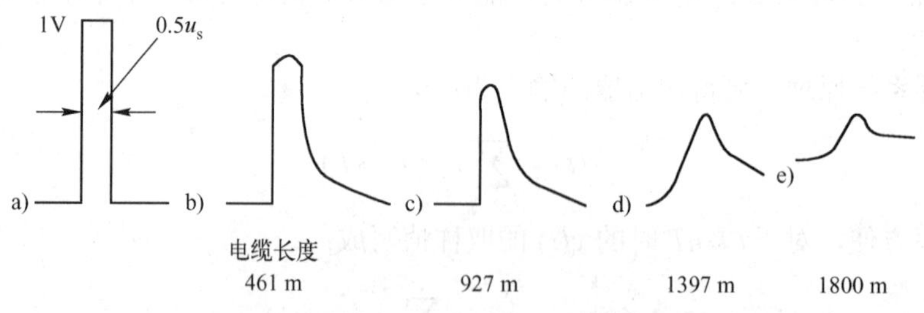

图 4-21 经电缆传输后脉冲波形失真示意图

由图 4-21 可以看出：传输距离越长，波形失真越严重。当传输距离增加到一定长度时，传输的波形将受到衰减和失真，使信码的幅度变小，波形变差，随着传输距离的增加，这种影响将越来越严重，接收到的信号很难识别。因此，PCM 数字信号的传输距离将受到限制，为了延长通信距离，在传输通道的适当位置应设置再生中继设备，把已失真的信号整形恢复成和原来信号一样的标准脉冲后，再向更远的距离传输，这就是 PCM 再生中继传输。

需要说明的是，PCM 的再生中继是对电信号的再生中继传输，如果是更远距离的传输，要采用损耗和衰减都很小的光纤传输，将 PCM 电信号转换成光信号进行传输。

图 4-22 给出了再生中继传输的方框图，其中的均衡放大、时钟提取和判决再生构成了再生中继器的三大基本单元。

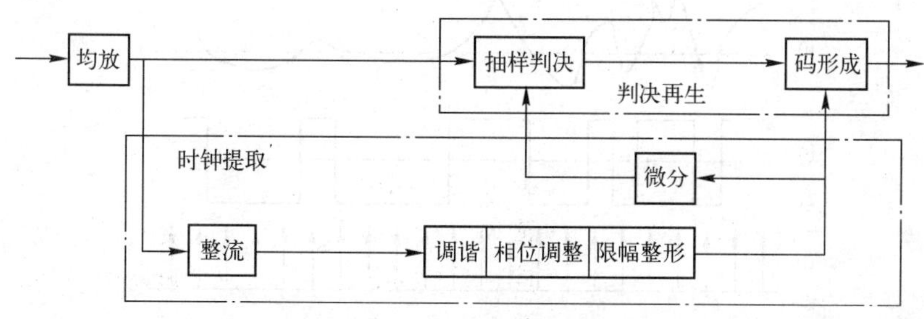

图 4-22　再生中继器方框图

1. 均衡放大

为了补偿线路的损耗和非理想传输特性对信号造成的影响，在中继器中首先需要对输入信号进行均衡补偿和放大，使均衡放大电路输出符合要求的均衡脉冲。

2. 时钟提取

为了在正确的最佳的时刻识别判决均衡波是“1”码还是“0”码，并把它恢复成一定宽度和幅度的脉冲，各再生中继器必须具有与发送定时绝对同步的定时电路。通常有两种办法产生接收端的定时时钟信号。

1）外同步定时法：发送端在发送 PCM 信号序列的同时用另外的信道同时发送时钟信号，以供各中继器和接收端使用。此方法需要有一条附加的信道，所以在实际中很少采用。

2）自同步定时法：从传送的 PCM 信号中提取定时信号，不需要附加信道传送定时信号，目前一般采用这种方法。在数字程控交换机进行局间连接的时候，局间中继采用 HDB_3 码型，含有丰富的时钟信息，从 HDB_3 码中提取时钟，即可实现交换机之间的时钟同步。

3. 判决再生

判决再生由判决和脉冲形成两部分组成。

这就是说，判决电路根据判决时刻和判决电平这两个基准，对已均衡的脉冲序列进行判决。如果在判决时刻信号电平在判决电平以上，则判决为“1”，否则判决为“0”。在脉冲形成部分，根据判决的结果，有脉冲发生电路产生新的脉冲，并借助定时脉冲与原始脉冲取得同步。这样就得到与发送端脉冲序列一致的脉冲序列，从而完成再生中继功能，如图 4-23 所示。

图 4-23a 表示发端发送的二进制数码序列，图 4-23b 是经过信道的传输后接收端接收到的信号波形，由于信道特性的不理想以及信道中干扰和噪声的存在，使接收到的信码波形出现了失真，图 4-23c 是根据接收到的信码波形恢复的二进制信码，它与发送端发送的信码相比，脉

冲的宽度和相位都发生了变化，即出现了误码，图 4-23d 是接收端定时电路恢复的取样脉冲，图 4-23e 是取样脉冲对接收端恢复的二进制信码进行取样后获得的再生脉冲，比较图 4-23a 和图 4-23e 可知，再生中继器可以对发送端的信码进行再生，从而可以有效的克服信码波形失真所引起的误码。

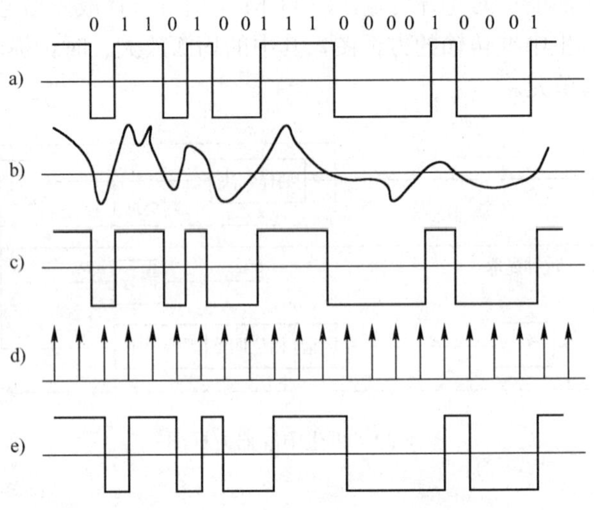

图 4-23　判决再生原理波形示意图

4.5.2　误码率和相位抖动

数字信号传输系统中反映传输质量的指标是误码和相位抖动，PCM 系统中的误码主要发生在传输信道（含再生中继器）中，产生的原因是多方面的，包含噪声、干扰、串音以及码间干扰等，当总干扰幅度超过判决电平时将产生误判而出现误码。

1．误码率

本书仅考虑由噪声所引起的误码。

为便于分析，假设接收的单极性码是矩形脉冲，幅度为 A，判决门限电平为 $A/2$；随机噪声是叠加在信码脉冲上，如图 4-24 所示。由图可知，在判决时刻，当噪声电压 $<A/2$ 时，将使“1”码误判为“0”码，即产生误码；当噪声电压 $>A/2$ 时，将使“0”码误判为“1”码，即产生误码。

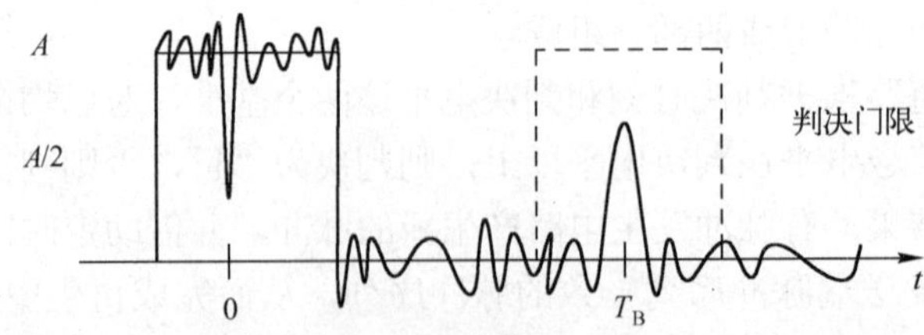

图 4-24　噪声叠加在数字信号上的波形

经计算，单极性码的误码率 P_e 为：

$$P_e \approx \sqrt{\frac{2}{\pi}}\left(\frac{N}{A}\right)\mathrm{e}^{-(A/N)^2/8}$$

由上式可知：误码率与信噪比有关，信噪比越大，则误码率越低；当P_e较小时，信噪比对误码率的影响也越灵敏。

双极性码实际上是一种伪三进码（+1，0，-1），其中传号码“1”的峰值是交替采用A，$-A$值。“0”码则取零值。经过计算后双极性码的误码率P_e为：

$$P_e（双极性码）=\frac{3}{2}P_e（单极性码）$$

因为随机噪声电压的正负值都可能使“0”码误码成“+1”或“-1”码，使双极性码的误码机会增多，因此双极性码的误码率是单极性码误码率的 1.5 倍，致使双极性码的抗噪声能力稍差于单极性码。

在实际通信系统中，两个端机之间有许多再生中继器，每一段中继线路都有发生误码的可能。这些误码会积累起来。因此，对于系统设计者而言，最关心的是总误码率，对PCM 通信系统，要求总的误码率$P_m<10^{-6}$。

2．相位抖动

PCM 信号的脉冲码流经过信道传输，各中继站和终端站接收的脉冲在时间上不再是等间隔的，而是随时间变动，这种现象称为相位抖动。相位抖动使再生判决时刻的时钟偏离信号的最大值而产生误码，

引起相位抖动的原因是多方面的，包含定时电路的不理想、信道干扰及噪声以及码元组合方式的变化等。其中，信道噪声以及干扰引起的相位抖动为非系统性抖动，它将按一定能关系积累，显然其影响是不大的。而系统性抖动是由于中继器和终端站采用自定时方式而产生的，其来源包括码间干扰、有限脉冲宽度效应、码元组合方式的变化等。

4.6 扰码与解扰

4.6.1 m 序列

减少连“0”码以保证定位时恢复质量是数字基带信号传输的一个重要问题。将二进制数字信息先作“随机化”处理，变为伪随机序列，也能限制连“0”码的长度。这种对数字基带信号进行的“随机化”处理称为“扰码”。

扰码虽然“扰乱”了数字信号的原有形式，但这种“扰乱”是人为的，有规律的，因而也是可以解除的。在接收端解除这种“扰码”的过程称为“解扰”。完成“扰码”和“解扰”的电路相应的称为扰码器和解扰器。

扰码器通常上是一个 m 序列发生器。因此，本书首先介绍 m 序列发生器，m 序列是最常用的一种伪随机序列，它是最长线性反馈移位寄存器序列的简称。

带线性反馈逻辑的移位寄存器设定各级寄存器的初始状态后，在时钟触发下，每次移位后各级积存器状态会发生变化。观察其中一级寄存器（通常为末级）的输出，随着移位时钟

节拍的推移会产生一个序列，称为移位寄存器序列。移位寄存器序列是一个周期性序列，其周期不但与移位寄存器的级数有关，而且还与线性反馈逻辑有关。

本书仅通过实例说明上述结论，避免用复杂的数学理论作严格的论证。

图 4-25 所示是遵从 $a_4 = a_1 \oplus a_0$ 反馈关系的 4 级 m 序列发生器，即第三级与第四级输出的模 2 和运算结果反馈到第一级。设此四级移位寄存器的初始状态为 0001，在时钟脉冲的作用下，此移位寄存器各级相继出现的状态如表 4-2 所示。由表 4-2 m 序列发生器状态转换：在第 15 个时钟节拍时，移位寄存器的状态与第 0 个状态（即初始状态）相同，因而从第 16 个节拍开始重复第 1～15 节拍的过程，这说明该移位寄存器的状态具有周期性，其周期长度为 15。如果从末级输出，便可以得到如下线性反馈移位寄存器序列：

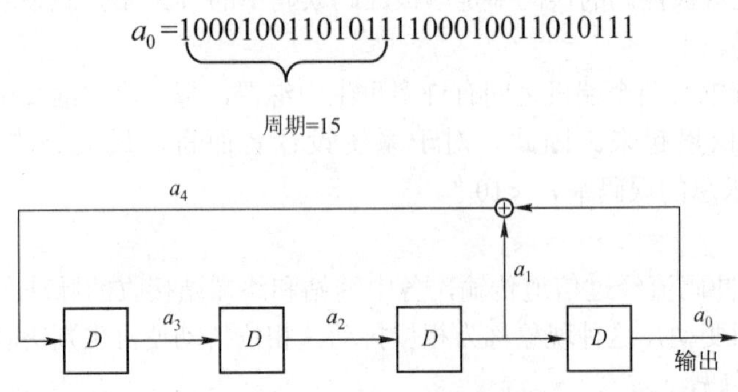

图 4-25　遵从 $a_4=a_1 \oplus a_0$ 的 4 级 m 序列发生器

表 4-2　m 序列发生器状态转换

移位脉冲节拍	第 4 级 a_0	第 3 级 a_1	第 2 级 a_2	第 1 级 a_3	反馈值 a_4
0	1	0	0	0	1
1	0	0	0	1	0
2	0	0	1	0	0
3	0	1	0	0	1
4	1	0	0	1	1
5	0	0	1	1	0
6	0	1	1	0	1
7	1	1	0	1	0
8	1	0	1	0	1
9	0	1	0	1	1
10	1	0	1	1	1
11	0	1	1	1	1
12	1	1	1	1	0
13	1	1	1	0	0
14	1	1	0	0	0
15	1	0	0	0	1

4 级移位寄存器共有 16 种可能出现的不同状态。上述序列中出现了除全 0（0000）外的所有状态，因此是可能得到的最长周期的序列。实际上全 0 状态在生产线性反馈移位寄存器时是禁止出现的，一旦出现全 0 状态，则以后的序列将恒位 0。在图 4-25 中，从任何一级寄存器输出的序列都是周期为 15 的序列。如果将图中的反馈改为 $a_4 = a_2 \oplus a_0$，如图 4-26 所示，仍然令初始状态为 0001，根据同样原理可知末级输出序列为：

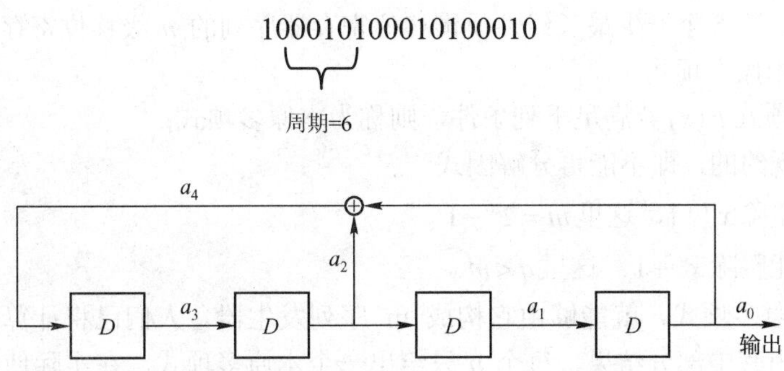

图 4-26　遵从 $a_4 = a_2 \oplus a_0$ 的 4 级 m 序列发生器

其周期为 6。如果将初始状态改为 1011 或 1111，则可得到另外两个完全不同的序列。

初始状态为 1011 时：111100　111100…

初始状态为 1111 时：101　101　101…

他们的周期分别为 6 和 3。

上述例子说明线性反馈移位寄存器的周期不但与线性反馈逻辑有关，而且与初始状态有关。但在产生最长线性反馈移位寄存器序列时，初始状态并不影响序列的周期长度，关键在于得到合适的线性反馈逻辑。

一般情况下，n 级线性反馈移位寄存器如图 4-27 所示。图中 $C_i(i=0,1...,n)$ 表示反馈线的连接状态，$C_i=1$ 表示连线接通，第 $n-i$ 级输出加入到反馈中；$C_i=0$ 表示连线断开，第 $n-i$ 级输出未加到反馈中。因此，一般形式的线性反馈逻辑表达式为：

$$a_n = c_1 a_{n-1} \oplus c_2 a_{n-2} \oplus c_3 a_{n-3} \oplus ... c_n a_0 = \sum_{i=1}^{n} c_i a_{n-i} \quad （模 2 加）$$

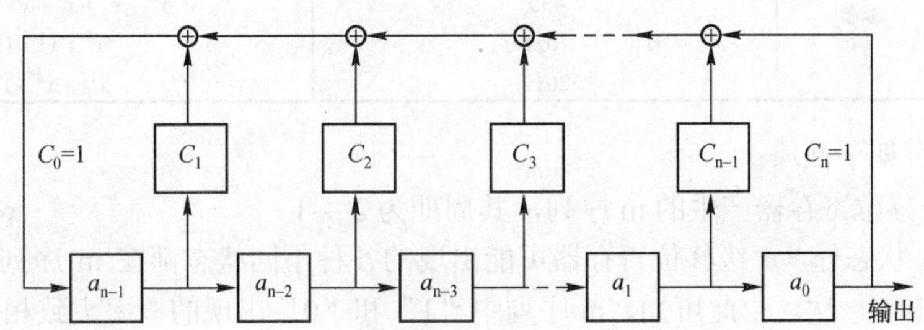

图 4-27　n 级线性反馈移位寄存器

将等式左边的 a_n 移到右边，则上式可改写成：

$$0 = \sum_{i=0}^{n} c_i a_{n-i}$$

通常定义一个与上式相对应的多项式：

$$F(x) = \sum_{i=0}^{n} c_i x_i$$

上式称为线性反馈移位寄存器的特征多项式。理论分析表明：特征多项式与输出序列的周期有密切关系，即一个产生最长线性反馈移位寄存器序列的 n 级移位寄存器，其特征多项式必须是 n 次的本原多项式。

一个 n 次多项式 $F(x)$ 若满足下列条件，则称为本原多项式：

1）$F(x)$ 是既约的，即不能再分解因式。

2）$F(x)$ 可整除 x^m+1，这里 $m=2^n-1$。

3）$F(x)$ 不能整除 x^q+1，这里 $q<m$。

只要找到本原多项式，就能够由它构成 m 序列发生器。人们已将计算得到本原多项式列成表。表中给出其中部分结果，每个 n 只给出一个本原多项式，在实际使用中总是希望 m 序列发生器尽量简单，因此常用只有 3 项的本原多项式，此时发生器中只需要一个模 2 加法器。为简便起见，表 4-3 中采用八进制表示本原多项式的系数。如当 n=4 时，本原多项式的八进制数表示为 23，与其对应的二进制码为 010 与 011，因此 $c_0=c_1=c_4=1$，$c_2=c_3=c_5=0$，本原多项式为：x^4+x+1。如当 n=9 时，本原多项式的八进制数表示为 1021，与其对应的二进制码为 001，000，010，001，因此 $c_0=c_4=c_9=1$，$c_1=c_2=c_3=c_5=c_6=c_7=c_8=c_{10}=c_{11}=0$，本原多项式为：$x^9+x^4+1$。

表 4-3　本原多项式的系数

n	本原多项式的八进制表示	代　数　式
2	7	x^2+x+1
3	13	x^3+x+1
4	23	x^4+x+1
5	45	x^5+x^2+1
6	103	x^6+x+1
7	211	x^7+x^3+1
8	435	$x^8+x^4+x^3+x^2+x+1$
9	1021	x^9+x^4+1
10	2011	$x^{10}+x^3+1$

m 序列具有如下性质：

1）由 n 级移位寄存器产生的 m 序列，其周期为 2^n-1。

2）除全 0 状态外，n 级移位寄存器可能出现的各种不同状态都在 m 序列的一个周期内出现，而且只出现一次。由此可知，m 序列中“1”和“0”出现的概率大致相等。

3）通常将一个序列中连续出现的相同码称为一个游程。m 序列中共有 2^n-1 个游程，其中长度为 1 的游程占 1/2，长度为 2 的占 1/4，长度为 3 的占 1/8……

4.6.2　扰码与解扰原理

1. 扰码原理

扰码原理是以线性反馈移位寄存器理论为基础的。扰码的一般原理如图 4-28 所示。分析扰码器的工作原理时引入一个运算符号“D”，D 表示将序列延时一位，D^kS 表示将序列延时 k 位。采用延时运算符后，可得到扰码原理的表达式：

$$G=S\oplus\sum_{i=0}^{n}C_iD^i$$

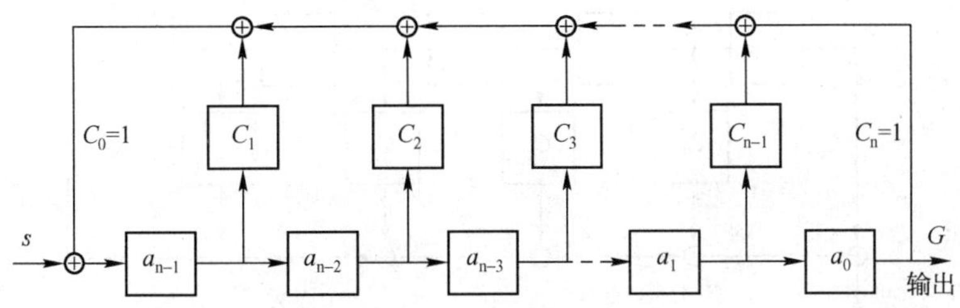

图 4-28　扰码器的一般形式

图 4-28 中，*S* 表示输入数据，*G* 表示输出序列。

以 4 级移位寄存器构成的扰码器为例，在图 4-28 基础上可得到图 4-29 结构形式的扰码器。设各级移位寄存器的初始状态为全 0，输入序列为周期性的 101010…则输出序列及各级反馈输出的序列如下：

输入序列 *S*：10101010101010

D^3S：00010110111001

D^4S：00001011011100

输出序列 *G*：10110111001111

由上例可知，输入周期性序列经扰码器后变为周期较长的伪随机序列。不难验证，输入序列中有连“1”或连“0”串时，输出序列也将会呈现伪随机性。

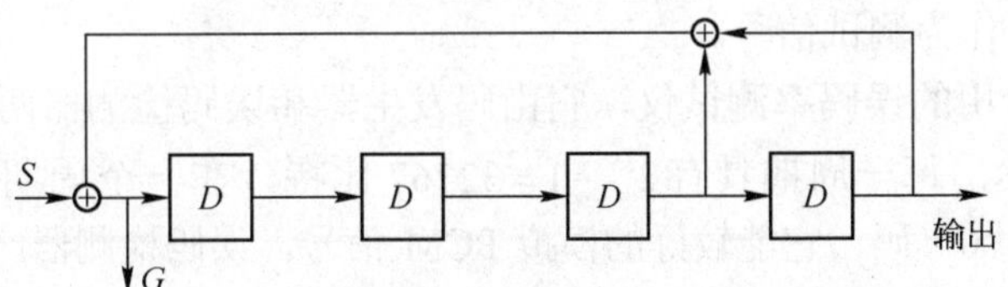

图 4-29　4 级移位寄存器构成的扰码器

2. 解扰原理

以经 4 级移位寄存器构成的扰码器扰码后的解扰为例，接收端可以采用如图 4-30 所示的解扰器，这是一种线性反馈移位寄存器结构。采用这种结构可以自动将扰码后的序列恢复为原数据序列。

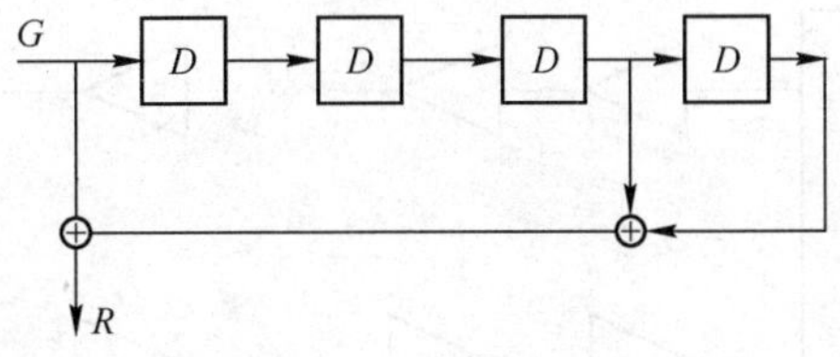

图 4-30　4 级移位寄存器构成的解扰器

图 4-30 中，*G* 表示接收到的序列，*R* 表示恢复的序列，不难验证，解扰器输出的序列 *S* 就是发送端的数据序列 *S*。

根据 4 级解扰器的原理示意图不难得到一般扰码器的原理示意图，如图 4-31 所示。

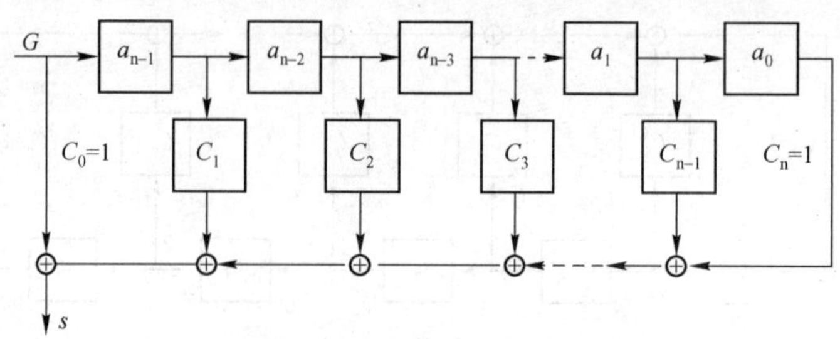

图 4-31　解扰器的一般形式

采用扰码和解扰能使包括连“0”码（或连“1”码）内的任何输入序列变为伪随机码，因而可以在基带传输系统中代替旨在限制连“0”码的各种复杂的码型变换。

采用扰码和解扰的主要缺点是对系统的误码率有影响；另一个缺点是当输入序列为某些伪随机码形式时，扰码器的输出可能是全 0 码或全 1 码。但对于实际的输入数据序列，出现这种码组的可能性很小。

4.7　PCM 中继系统的测量

误码率是 PCM 中继传输系统衡量质量的重要指标，它对数字系统的设计和日常维护是很必要的。PCM 中继传输系统传输的是 PCM 信码，它是一个随机的数字信号，通常采用 m 序列码（伪随机码）作为测试信号。

测量仪器采用专用的误码率测试仪，它由码发生器和误码检测器两部分组成，码发生器产生的伪随机码图案，每一周期具有 $2^{15}-1=32767$ 比特，在一个周期内能提供连续 15 个“1”码和连续 14 个“0”码，它能较好的模拟 PCM 信号，误码检测器产生与码发生器相同的伪随机码，且与发端同步。图 4-32a 是测试单程传输信道误码率，图 4-32b 是测试往返双程传输信道误码率。单向测试是将码发生器加于发送端 PCM 端机的单/双码型变换的输入端，而将误码检测器置于接收端 PCM 端机再生电路输出端，它准确反映了单程信道的误码性能。

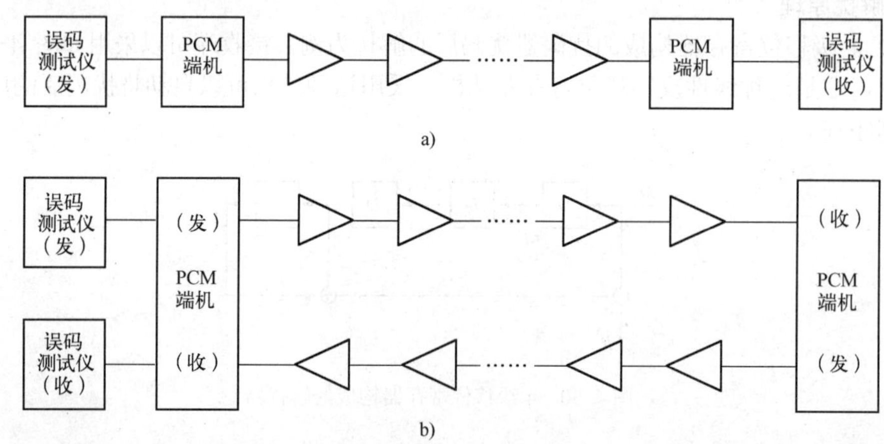

图 4-32　全程误码测试

环路测试法是将误码检测仪放在一边，所测的结果是两个传输方向上误码性能的叠加，在估计平均误码率值时取其一半，即可得到一个传输方向上的指标，但它不能区分是哪一个方向上的指标，也不能区分是哪一个传输方向上的误码分布情况，但这种测试方法误码测试仪的发、收都在一端，便于操作。

4.8 差错控制编码

4.8.1 差错控制方式

1. 差错的特点

衡量信道传输性能的指标之一是误码率 p_e。

$$p_e = \frac{\text{错误接收的码元数}}{\text{接收的总码元数}}$$

目前普通电话线路中，当传输速率在 600～2400bit/s 时，p_e 在 10^{-4}～10^{-6} 之间，大多数通信系统，p_e 在 10^{-5}～10^{-9} 之间，而计算机之间的数据传输则要求误码率低于 10^{-9}。

2. 差错控制方式

差错控制方式基本上分为两类，一类称为“反馈纠错”，另一类称为“前向纠错”。在这两类基础上又派生出一种称为“混合纠错”。

（1）反馈纠错

这种方式在是发信端采用某种能发现一定程度传输差错的简单编码方法对所传信息进行编码，加入少量监督码元，在接收端则根据编码规则收到的编码信号进行检查，一量检测出（发现）有错码时，即向发信端发出询问的信号，要求重发。发信端收到询问信号时，立即重发已发生传输差错的那部分信息，直到正确收到为止。

（2）前向纠错

这种方式是发信端采用某种在解码时能纠正一定程度传输差错的较复杂的编码方法，使接收端在收到信码中不仅能发现错码，还能够纠正错码。采用前向纠错方式时，不需要反馈信道，也无需反复重发而延误传输时间。

（3）混合纠错

少量纠错在接收端自动纠正，差错较严重，超出自行纠正能力时，就向发信端发出询问信号，要求重发。因此，“混合纠错”是“前向纠错”及“反馈纠错”两种方式的混合。

对于不同类型的信道，应采用不同的差错控制技术。反馈纠错可用于双向数据通信，前向纠错则用于单向数字信号的传输，例如广播数字电视系统，因为这种系统没有反馈通道。

4.8.2 纠错编码原理

1. 纠错编码原理简述

我们先举一个日常生活中的实例。如果你发出一个通知：“明天 14: 00～16: 00 开会”，但在通知过程中由于某种原因产生了错误，变成“明天 10: 00～16: 00 开会”。别人收到这个错误通知后由于无法判断其正确与否，就会按这个错误时间去行动。为了使接收者能判断正误，可以在发通知内容中增加“下午”两个字，即改为：“明天下午 14: 00～16: 00 开会”，这时，如果仍错为："明天下午 10：00～16：00 开会"，则收到此通知后根据"下午"两字即可判断出其中"10：00"发生了错误。但仍不能纠正其错误，因为无法判断"10：00"错在何处，即无法判断原来到底是几点钟。这时，接收者可以告诉发送端再发一次通知，这就是检错重发。为了实现不但能判断正误（检错），同时还能改正错误（纠错），可以把发的通知内容再增加"两个小时"四个字，即改为："明天下午 14：00～16：00 两个小时开会"。这样，如果其中"14：00"错为"10：00"，不但能判断出错误，同时还能纠正错误，因为其中增加的"两个小时"四个字可以判断出正确的时间为"14：00～16：00"。

通过上例可以说明，为了能判断传送的信息是否有误，可以在传送时增加必要的附加判断数据；如果又能纠正错误，则需要增加更多的附加判断数据。这些附加数据在不发生误码的情况之下是完全多余的，但如果发生误码，即可利用被传信息数据与附加数据之间的特定关系来实现检出错误和纠正错误，这就是误码控制编码的基本原理。

具体地说就是：为了使信源代码具有检错和纠错能力，应当按一定的规则在信源编码的基础上增加一些冗余码元（又称监督码），使这些冗余码元与被传送信息码元之间建立一定的关系，发信端完成这个任务的过程就称为误码控制编码；在收信端，根据信息码元与监督码元的特定关系，实现检错或纠错，输出原信息码元，完成这个任务的过程就称误码控制译码（或解码）。另外，无论检错和纠错，都有一定的误别范围，如上例中，若开会时间错为"16：00～18：00"，则无法实现检错与纠错，因为这个时间也同样满足附加数据的约束条件，这就应当增加更多的附加数据（即冗余）。我们已知，信源编码的中心任务是消去冗余，实现码率压缩，可是为了检错与纠错，又不得不增加冗余，这又必然导致码率增加，传输效率降低；显然这是个矛盾。我们分析误码控制编码的目的，正是为了寻求较好的编码方式，能在增加冗余不太多的前提下来实现检错和纠错。再者，经过信源编码，如果传送信道容量与信源码率相匹配，而且信道内引入的噪声较小，则误码率一般是很低的。例如，当信道的信噪比超过 20dB 时，二元单极性码的误码率低于 10^{-8}。

2．差错控制编码的分类

随着数字通信技术的发展，研究开发了各种误码控制编码方案，各自建立在不同的数学模型基础上，并具有不同的检错与纠错特性，可以从不同的角度对误码控制编码进行分类。

按照误码控制的不同功能，可分为检错码、纠错码和纠删码等。检错码仅具备识别错码功能而无纠正错码功能；纠错码不仅具备识别错码功能，同时具备纠正错码功能；纠删码则不仅具备识别错码和纠正错码的功能，而且当错码超过纠正范围时可把无法纠错的信息删除。

按照误码产生的原因不同，可分为纠正随机错误的码与纠正突发性错误的码。前者主要用于产生独立的局部误码的信道，而后者主要用于产生大面积的连续误码的情况，例如磁带数码记录中磁粉脱落而发生的信息丢失。

按照信息码元与附加的监督码元之间的检验关系可分为线性码与非线性码。如果两者呈线性关系，即满足一组线性方程式，就称为线性码；否则，两者关系不能用线性方程式来描述，就称为非线性码。

按照信息码元与监督附加码元之间的约束方式之不同，可以分为分组码与卷积码。在分组码中，编码后的码元序列每 n 位分为一组，其中包括 k 位信息码元和 r 位附加监督码元，即 $n=k+r$，每组的监督码元仅与本组的信息码元有关，而与其他组的信息码元无关。卷积码则不同，虽然编码后码元序列也划分为码组，但每组的监督码元不但与本组的信息码元有关，而且与前面码组的信息码元也有约束关系。

按照信息码元在编码之后是否保持原来的形式不变，又可分为系统码与非系统码。在系统码中，编码后的信息码元序列保持原样不变，而在非系统码中，信息码元会改变其原有的信号序列。

3．有关误码控制编码的几个基本概念

（1）信息码元与监督码元

信息码元又称信息序列或信息位，这是发送端由信源编码后得到的被传送的信息数据比特，通常以 k 表示。由信息码元组成的信息组为：

$$M=（m_{k-1}，m_{k-2}，\cdots m_0）$$

在二元码情况下，每个信息码元取值只有 0 或 1，故总的信息码组数共有 2^k 个。

监督码元又称监督位或附加数据比特，这是为了检纠错码而在信道编码时加入的判断数据位，通常以 r 表示，即为：

$$n=k+r \text{ 或 } r=n-k$$

经过分组编码后的码又称为(n,k)码，即表示总码长为 n 位，其中信息码长(码元数)为 k 位，监督码长(码元数)为 $r=n-k$。通常称其为长为 n 的码字(或码组、码矢)。

（2）许用码组与禁用码组

信道编码后的总码长为 n，总的码组数应为 2^n，即为 2^{k+r}。其中被传送的信息码组有 2^k 个，通常称为许用码组；其余的码组共有(2^n-2^k)个，不传送，称为禁用码组。发送端误码控制编码的任务正是寻求某种规则从总码组(2^n)中选出许用码组；而接收端译码的任务则是利用相应的规则来判断及校正收到的码字符合许用码组。通常又把信息码元数目 k 与编码后的总码元数目（码组长度）n 之比称为信道编码的编码效率或编码速率，表示为：

$$R=k/n=k/k+r$$

这是衡量纠错码性能的一个重要指标，一般情况下，监督位越多（即 r 越大），检纠错能力越强，但相应的编码效率也随之降低了。

（3）码重与码距

在分组编码后，每个码组中码元为“1”的数目称为码的重量，简称码重。两个码组对应位置上取值不同（1 或 0）的位数，称为码组的距离，简称码距，又称汉明距离，通常用 d 表示。例如：000 与 101 之间码距 d=2；000 与 111 之间码距 d=3。对于(n,k)码，许用码组为 2^k 个，各码组之间距离最小值称为最小码距，通常用 d_0 表示。码距又称汉明距。

最小码距 d_0 的大小与信道编码的检纠错能力密切相关。以下举例说明分组编码的最小码距与检纠错能力的关系。

设有两个信息 A 和 B，可用 1 比特表示，即 0 表示 A，1 表示 B，码距 d_0=1。如果直接传送信息码，就没有检纠错能力，无论由 1 错为 0，或由 0 错为 1，接收端都无法判断其错否，更不能纠正，因为它们都是合法的信息码(许用码)，如图 4-33 所示，若码组 A 中发生一位错码，则可以认为 A 的位置将移动至以 0 点为中心，以 1 为半径的圆上某点，而在此圆上有另一个许用码组，因此不能检测错误。

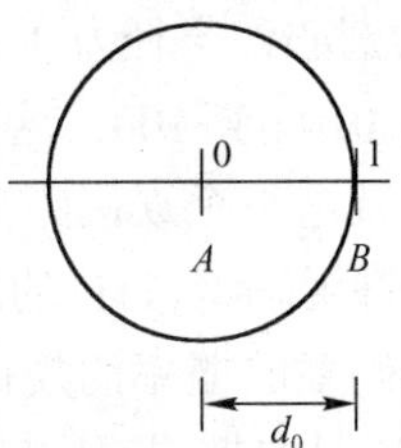

图 4-33 （1，1）码的纠检错示意图

如果对这两个信息 A 和 B 经过信道编码，增加 1 比特监督码元，得到(2，1)码组，即：n=2、k= 1、r=n−k=1，就具有检错能力。

由于 n=2，故总码组数为 2^2=4，由于 k=1，故许用码组数 2^1=2，其余为禁用码组。许用码组有两种选择方式，即 00 与 11，或 01 与 10，其结果是相同的，只是信息码元与监督码元之间的约束规律不同。现采用信息码元重复一次得到许用码组的编码方式，故许用码组为 00 表示 A，11 表示 B。这时 A 和 B 都具有 1 位检错能力，因为无论 A(00)或 B(11)如果发生一位错码，必将变成 01 或 10，这都是禁用码组，故接收端完全可以按不符合信息码重复一次的准则来判断为误码。但却不能纠正其错误，因为无法判断误码(01 或 10)是 A(00)错误造成还是 B(11)错误造成，即无法判定原信息是 A 或 B，或说 A 与 B 形成误码(01 或 10)的可能性（或概率）是相同的。如果产生两位错码，即 00 错为 11，或 11 错为 00，结果将从一个许用码组变成另一个许用码组，接收端就无法判断其错否。通常用 e 表示检错能力(位数)，用 t 表示纠错能力（位数）。由上述分析可知，当 d_0 =2 的情况下，码组的检错能力 e=1，纠错能力 t=0。如图 4-34 所示，若码组 A 中发生一位错码，则可以认为 A 的位置将移动至以 0 点为中心，以 1 为半径的圆上某点，此圆上全是禁用码组，因此可以判断出现错码，但此错码是码组 A 发生的错误还是码组 B 发生的错误却不能判断，因此，（2，1）码组能判断 1 位错，不能纠错。

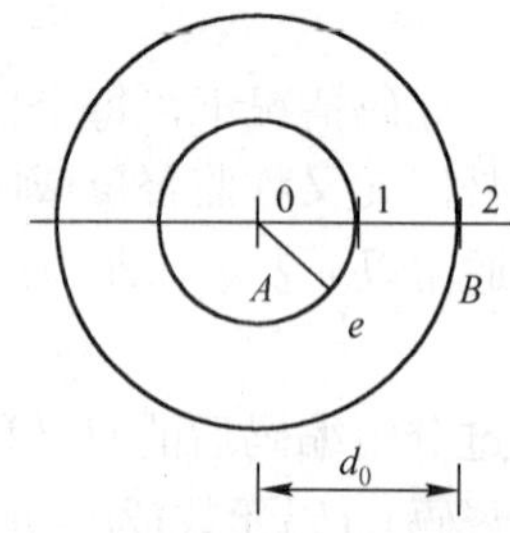

图 4-34 （2，1）码的纠检错能力示意图

为了提高检纠错能力，可对上述两个信息 A 和 B 经过信道编码增加 2 比特监督码元，得到(3，1)码组，即 n=3、k=1、r=n−k=2，总的码组数为 2^n=2^3=8。

信道编码后，许用码组之间的最小码距 d_0 越大，检纠错的能力就越高。此例中由于 k=1,2^k=2^1=2=2，故只有两个许用码组，其余 6 个为禁用码组。满足最小码距为最大的条件共有 4 种选择方式，即为(000 与 111)、(001 与 110)、(010 和 101)、(011 与 100)，这四种选择方式具有相同的最小码距，故其抗干扰能力或检纠错能力也相同。为了编码直接、简便，选择二重重复编码方式，即按信息码元重复两次的规律来产生许用码组，编码结果为 000 表示 A，111 表示 B。

相同的道理，不难得到（3，1）码组能够检测两位错误。同时能够纠正 1 位错误。由图 4-35 中可以看出，这时的两个许用码组 A 或 B 都具有一位纠错能力。例如，当信息 A(000)产生一位错误时，将出现在以 A 为圆心，半径为 1 的圆上，即有三种误码形式，001 或 010 或 100，这些都是禁用码组，可确定是误码。而且这三个误码距离最近的许用码组的 000，与另一个许用码组 111 的距离较远，根据误码少的概率大于误码多的概率的规律，可以判定原来的正确码组是 000，只要把误码中的 1 改为 0 即可得到纠正。同理，如果信息 B(111)产生一位错误时，则有另三种误码可能产生，即 110 或 101 或 011，根

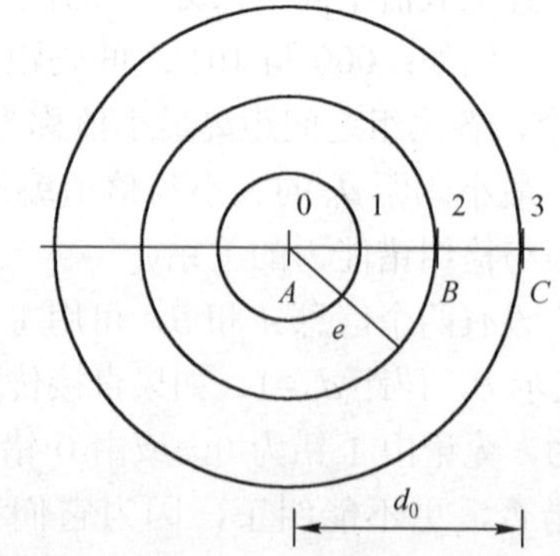

图 4-35 （3，1）码的纠检错能力示意图

据同样道理可以判定原来的正确码组是 111，并能纠正错误。但是，如果信息 A(000)或信息 B(111)产生两位错误时，虽然能根据出现禁用码组识别其错误，但纠错时却会作出错误的纠正造成误纠错。如果信息 A(000)或信息 B(111)产生三位错误时，将从一个许用码组 A(或 B)变成了另一个许用码组 B(或 A)，这时既检不出错，更不会纠错了，因为误码已成为合法组合的许用码组，译码后必然产生错误。

综上所述，可以得到分组编码最小码距与检纠错能力的关系有以下三条结论：

1）在一个码组内为了检测 e 个误码，要求最小码距应满足：

$$d_0 \geqslant e+1$$

2）在一个码组内为了纠正 t 个误码，要求最小码距应满足：

$$d_0 \geqslant 2t+1$$

3）在一个码组内为了纠正 t 个误码，同时能检测 e 个误码($e>t$)，要求最小码距应满足：

$$d_0 \geqslant e+t+1$$

4.8.3 常用差错控制编码

1. 奇偶校验码

奇偶校验码也称为奇偶监督码，是一种检错码。其编码的方法是在每个信息码组后添加一位监督码，监督码的取值是使新的码组中“1”码的个数为奇数个或偶数个。其中，新码组中，“1”码的个数如果为奇数个，称为奇校验，相反则称为偶校验。

显然，奇偶校验码只能检测奇数个误码，不能检测偶数个误码，并且只能检错不能纠错，但它的编码过程非常简单，所以常和其他纠错码组合使用，可发挥很好的效果。

2. 正反码

正反码是一种简单的能够纠错的编码方法。其编码规则为：在信息码后加上与信息码位数相同的监督码，当信息码中“1”码的个数为偶数个时，监督码是信息码的反码，当信息码中“1”码的个数为奇数个时，监督码是信息码的简单重复。如电报通信用的码字长为 10，其中前 5 位为信息码，后 5 位为监督位。

接收端解码的方法是：先将接收码组中的信息位和监督位按模 2 相加，得到一个 5 位的合成码组，若接收到的信息位中有偶数个“1”码，则合成码组的反码作为检验码组，若接收到的信息位中有奇数个“1”码，则合成码组就是校验码组。之后，观察校验码组中“1”码的个数，按表 4-4 进行检纠错。

表 4-4　正反码的检纠错方法

可能的情况	校验码组的组成	错 码 情 况
1	全为“0”	无错码
2	有 4 个“1”，1 个“0”	信息码中有一位错码，其位置对应校验码组中“0”的位置
3	有 4 个“0”，1 个“1”	监督码中有一位错码，其位置对应校验码组中“1”的位置
4	其他组成	错码多于一个

3. 线性分组码

（1）分组码的构成

首先将待传输的信息码分成长度等于 K 的码组，然后在每个由 K 码元组成的信息码组之后加上 R 个监督码元，使码组长度等于 N，附加的 R 个监督码元的取值由同一组的 K 个信息码元决定，这样就构成了等长的分组码，用（N，K）表示。如果信息码元与监督码元呈线性关系，则称其为线性分组码。

（2）许用码组和禁用码组

在长度为 N 的分组码中，共有 2^N 中可能的组合，即有 2^N 个码字，但只用其中的 2^K 来传输信息，这些码组称为许用码组，其他的 2^N-2^K 种组合对于信息而言是多余的，称为禁用码组。

（3）线性分组码的编码

为讨论的方便，现以（7，4）分组码为例说明其编码过程设（7，4）分组码中的 4 个信息码为 $A_6A_5A_4A_3$，3 个监督码为 $A_2A_1A_0$。由于监督码有 R 位，共有 2^R 种不同的组合，而监督码仅是其中的一种组合，所以需要按一定的编码规则来产生监督码，按代数的方法构成的分组码，都是使每个监督码元是本组信息码元的模 2 和，且每一个信息码元同时受到几个监督码元的多重监督。根据以上原则，列出 3 个监督码的线性方程组：

$$A_2 = A_6 \oplus A_5 \oplus A_4 \tag{4-10}$$

$$A_1 = A_5 \oplus A_4 \oplus A_3 \tag{4-11}$$

$$A_0 = A_6 \oplus A_5 \oplus A_3 \tag{4-12}$$

经移项变换为：

$$A_2 \oplus A_6 \oplus A_5 \oplus A_4 = S_1 = 0 \tag{4-13}$$

$$A_1 \oplus A_5 \oplus A_4 \oplus A_3 = S_2 = 0 \tag{4-14}$$

$$A_0 \oplus A_6 \oplus A_5 \oplus A_3 = S_3 = 0 \tag{4-15}$$

这样，在已知信息码元的取值后，就可根据以上的表达式求出监督码的取值情况，并得出（7，3）分组码为 $A=A_6A_5A_4A_3A_2A_1A_0$。

（4）纠错原理

由于分组码是通过附加监督码实现对信息码的监督，两者之间又由监督方程组建立了相互约束关系，这样，当码元在传输过程中有误码时，方程组中的关系就将被破坏，于是，接收端可以通过校验监督方程来发现错误。另外，监督是多重监督，每个信息码元都受到两个或两个以上的监督码的监督，所以不但能够发现错误，而且能够知道错误的位置进而纠正。

在式 4-12～式 4-14 中，$S_1S_2S_3$ 可称之为校验码，当接收端的码组没有错误时，$S_1=S_2=S_3=0$，当接收端的码组有单个错误时，$S_1S_2S_3$ 将有一个或几个不为零，这样，接收端可根据 $S_1S_2S_3$ 的取值来确定有无错误，以及错误的位置。仍以（7，4）为例，根据 $S_1S_2S_3$ 的不同结果，可判断出错误的具体位置，如表 4-5 所示。

表 4-5　线形分组码的检纠错方法

$S_1S_2S_3$	错误位置	判断途径
000	无错	
001	A_0	由 S_1S_2 决定 A_1～A_6 正常
010	A_1	由 S_1S_3 决定 A_0、A_2～A_5 正常
011	A_3	S_1 正确，A_3 在 S_2S_3 方程中共用
100	A_2	由 S_2S_3 决定 A_0A_1、A_3～A_5 正常
101	A_6	S_2 正确，A_6 在 S_1S_3 方程中共用
110	A_4	S_3 正常，A_4 在 S_1S_2 方程中共用
111	A_5	A_5 在 $S_1S_2S_3$ 方程中共用

由以上的分析可知线性分组码具有如下一些特点：

1）封闭性。线性分组码的任意两个许用码组的对应位按模 2 相加，得到一个的新码组，这个码组仍在许用码组中。

2）线性分组码的一致监督方程表示了该码的编码规则。

3）线性分组码具有循环性。在线性分组码中，任何一个许用码组的每一次循环移位（右移或左移），都可以获得另外一个许用码组。

上面介绍了一些常用的差错控制编码，由上面的介绍可知，为了提高通信系统的可靠性，在差错控制编码中，是利用加入监督码来实现的，显然，加入监督码后，虽然可以提高通信的可靠性，但系统的有效性降低了，所以，差错控制编码提高系统的可靠性是以牺牲系统的有效性为前提的。

4.9　本章小结

基带传输现在仍然被使用在通信系统中，比如数字程控交换机之间的局间中继传输。本章主要介绍了基带信号在码型设计、抗干扰和传输过程中中继处理等问题。

基带信号在采取何种码型来传输，与码型本身的优缺点有关，也与传输线路有关。常用的有 HDB_3 等编码方式。

理想的无码间串扰的方式是按照奈奎斯特准则的信号，但是理想的滤波器物理上无法实现，所以采用滚降特性的系统来实现，为了提高频率利用率，又可以采用部分响应系统。

另外，还有眼图和均衡、扰码与解码、差错控制编码等内容。

4.10　习题

1．什么是基带信号？数字传输信道对基带信号有何要求？

2．带限传输对波形有何影响？码间干扰是如何形成的？

3．无码间串扰的条件是什么？奈奎斯特第一准则说明了什么问题？

4．结合升余弦特性的冲击响应，分析其特点，为什么说它可以克服理想低通特性的缺点？

5．升余弦响应的缺点是什么？如何克服？

6．试分析部分响应的特点，其缺点是什么？如何克服？

7．什么是再生中继传输？在数字通信系统中，再生中继的作用是什么？

8．再生中继由哪几部分构成？各部分的作用是什么？

9．眼图是如何测出来的？其恶化说明了什么问题？

10．设信道上有 8 个再生中继器，再生中继传输系统全程误码率不超过10^{-6}，试问每个中继段的误码率不能超过多少？

11．试将如下信息码转换为 AMI 码和 HDB3 码。

1011000001100000111000001

12．某一数字系统的抗干扰编码码型为字长等于 8 的正反码，如接收到的码组为 10101110，试问其中是否有错码？错在哪一位？

13．画出下列数字序列的单极性归零码、双极性不归零码、差分码及数字双相码。

01001101011100010101

14．从传输角度看，AMI 码有何优缺点？为什么在数字通信系统中常采用 HDB3 码？

15．差错控制编码的原理是什么？分组码（n，k）与能检测的错误数 e 之间的关系是什么？与能纠正的错误数 t 之间又是什么关系？

第 5 章　数字信号的频带传输

目前大多数信道并不适合传输基带信号。基带信号一般都包含有频率较低，甚至是直流的分量，很难通过有限尺寸的天线得到有效辐射，无法利用无线信道来直接传播。对于大量有线信道，由于线路中多半串接有电容器或并接有变压器等隔直流元件，低频或直流分量就会受到很大限制。因此，为了使基带信号能利用这些信道进行传输，必须使代表信息的原始基带信号变换成一种新的信号，这种变换就是调制。一般选正弦信号为基准信号，称为载波信号。代表所传信息的原始信号，是调制载波的信号，称为调制信号。信号经调制后再传输的方式又叫频带传输。

若已调信号等于调制信号与载波信号之积，则称这样的调制为线性调制，否则叫非线性调制。振幅调制是线性调制，调频调相都属于非线性调制。而实现这些调制过程的设备叫调制器。从已调波中恢复调制信号的过程叫解调，相应的设备叫解调器。一般将调制器和解调器做成一个设备，可用于双向传输，称为调制解调器（Modem）。

调制信号是模拟信号的叫模拟调制，模拟调制是对载波信号的参量进行连续调制；而数字调制则是用载波的某些离散状态来表征所传输的信息，在接收端也只要对载波信号的离散调制参量进行检测。二进制数字调制所用调制信号由代表“0”、“1”的数字信号脉冲序列组成。数字调制信号也称为键控信号。在二进制振幅调制、频率调制和相位调制分别称为振幅键控（ASK）、移频键控（FSK）、移相键控（PSK）。数字调制产生模拟信号，其载波参量的离散状态是与数字数据相对应的，这种信号适宜于在带通型的模拟信道上传输。

5.1　二进制数字振幅调制

1. 调制信号及其形成

二进制振幅键控 ASK（Amplitude Shift Keying）系统所用的基带信号是表示二进制数据的原始矩形脉冲信号。设二进制数字信号为单极性不归零脉冲，以 $s(t)$表示，载波以 $A\cos\omega_c t$ 表示。那么，二进制振幅键控信号由 $s(t)$与载波信号相乘而得到，如图 5-1 所示。

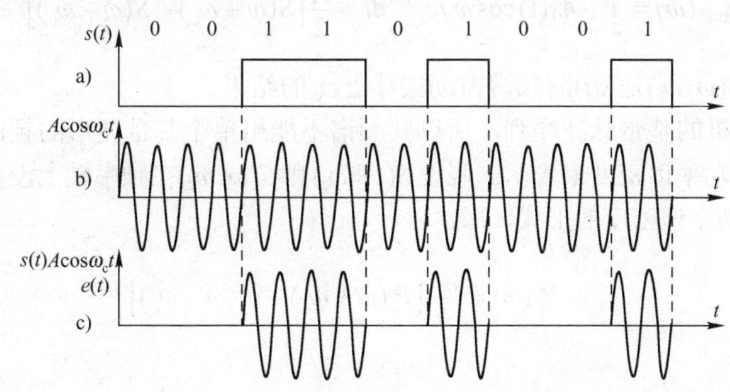

图 5-1　2ASK 信号波形

a) 基带调制信号　b) 载波信号　c) 已调信号(ASK 信号)

从图中看出，基带信号 $s(t)$相当于开关，当其值取“1”时，载波原样输出，当其为“0”时，则没有载波输出。整个过程相当于一个电子开关的开关控制，这种调制称为振幅键控调制。如图 5-1 所示的调制波形仅是 2ASK 信号中典型的一种。

图 5-2 中描述的是一种产生 2ASK 信号的实用键控电路。这是一个平衡调制器，通常也把它表示为一个乘法器。电路由二极管和变压器组成。T_1 的次极和 T_2 的初级具有对称的中心抽头。AB 端所加载波信号的电压足够小，而 EF 端所加数据基带信号的电压应足够大（这里，基带信号中的直流分量去除），并能保证在 $s(t)$为“0”时，二极管都截止，在 $s(t)$为“1”时，二极管都导通，即 $s(t)$信号相当于一个开关控制载波信号的输出。因此在 CD 端得到随 $s(t)$变化的已调 2ASK 信号。

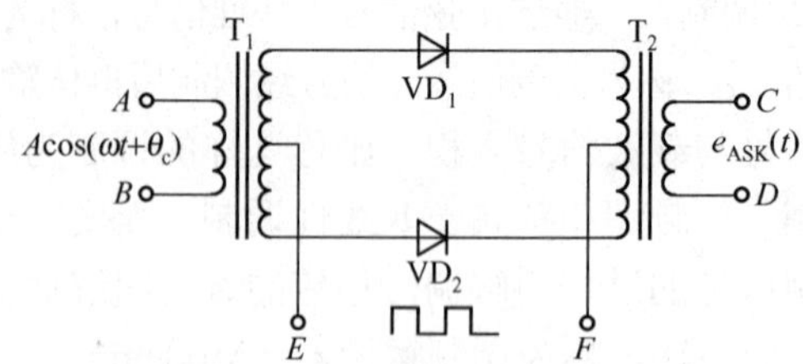

图 5-2　2ASK 调制的一种电路

综上所述，一个典型的二进制 ASK 信号为：

$$e_{\mathrm{ASK}}(t) = s(t) \cdot A\cos(\omega_{\mathrm{c}} t + \theta_{\mathrm{c}}) \tag{5-1}$$

即

$$\begin{cases} e_1(t) = A\cos(\omega_{\mathrm{c}} t + \theta_{\mathrm{c}}) & \text{发“1”码} \\ e_2(t) = 0 & \text{发“0”码} \end{cases}$$

顺便指出，此时基带信号也可视具体需要而选择各种不同的波形和码型，为了便于讨论，假设基带信号为单极性或双极性矩形码（不归零码），但所得结论也适合于其他波形和码型。

2．2ASK 信号的频谱

为了简化推导，取载波的初相 $\theta_{\mathrm{c}}=0$。于是，对于已调信号 $e_{\mathrm{ASK}}(t) = s(t) \cdot A\cos\omega_{\mathrm{c}} t$,其频谱为：

$$F_{\mathrm{ASK}}(\omega) = \int_{-\infty}^{\infty} As(\mathrm{t})\cos\omega_{\mathrm{c}} t \mathrm{e}^{-\mathrm{j}\omega t}\mathrm{d}t = \frac{A}{2}\left[S(\omega+\omega_{\mathrm{c}}) + S(\omega-\omega_{\mathrm{c}})\right] \tag{5-2}$$

式中，$S(\omega+\omega_{\mathrm{c}})$和 $S(\omega-\omega_{\mathrm{c}})$是 $s(t)$的频谱 $S(\omega)$搬移$\pm\omega_{\mathrm{c}}$ 的结果。

因为 $s(t)$是随机的基带脉冲序列，所以其频谱不能用单个基带波形的频谱表示方法，而应该用随机序列的功率谱密度来表示。假设 $S(\omega+\omega_{\mathrm{c}})$和 $S(\omega-\omega_{\mathrm{c}})$在频率轴上没有重叠，则可把式（5-2）改写成功率谱密度的形式，即：

$$P_{\mathrm{E}}(\omega) = \frac{A^2}{4}\left[P_{\mathrm{s}}(\omega+\omega_{\mathrm{c}}) + P_{\mathrm{s}}(\omega-\omega_{\mathrm{c}})\right] \tag{5-3}$$

或写成：

$$P_{\mathrm{E}}(f) = \frac{A^2}{4}\left[P_{\mathrm{s}}(f+f_{\mathrm{c}}) + P_{\mathrm{s}}(f-f_{\mathrm{c}})\right] \tag{5-4}$$

式中，$P_E(f)$和 $P_s(f)$分别是 $e_{ASK}(t)$和 $s(t)$的功率谱密度。由此可见，只要知道 $P_s(f)$就能求得 $P_E(f)$。

假设 $s(t)$是单极性不归零的随机脉冲序列，其功率谱密度为：

$$P_s(f)=2f_s p(1-p)|G(f)|^2+f_s^2(1-p)^2|G(0)|^2\sigma(f)$$

式中，$G(f)$为宽度为 T_s 的矩形脉冲的傅里叶变换，$f_s=1/T_s$，T_s 为码元宽度。那么：

$$P_E(f)=\frac{A^2}{2}f_s p(1-p)\left[|G(f+f_c)|^2+|G(f-f_c)|^2\right]+ \frac{A^2}{4}f_s^2(1-p^2)|G(0)|^2\left[\sigma(f+f_c)+\sigma(f-f_c)\right] \quad (5\text{-}5)$$

当 P=0.5 时，上式为：

$$P_E(f)=\frac{A^2}{8}f_s\left[|G(f+f_c)|^2+|G(f-f_c)|^2\right]+ \frac{A^2}{16}f_s^2|G(0)|^2\left[\sigma(f+f_c)+\sigma(f-f_c)\right] \quad (5\text{-}6)$$

图 5-3 示出的是构成 $s(t)$的持续时间为 T_s 的矩形脉冲 $g(t)$，其频谱 $G(f)$为：

$$G(f)=T_s\left(\frac{\sin \pi f T_s}{\pi f T_s}\right)\mathrm{e}^{-\mathrm{j}\pi f T_s} \quad (5\text{-}7)$$

$$|G(f)|=T_s\left|\frac{\sin \pi f T_s}{\pi f T_s}\right| \quad (5\text{-}8)$$

所以：

$$|G(0)|=T_s$$

$$|G(f+f_c)|=T_s\left|\frac{\sin \pi(f+f_c)T_s}{\pi(f+f_c)T_s}\right|$$

$$|G(f-f_c)|=T_s\left|\frac{\sin \pi(f-f_c)T_s}{\pi(f-f_c)T_s}\right|$$

那么：

$$P_E(f)=\frac{A^2}{8}T_s\left[\left|\frac{\sin \pi(f+f_c)T_s}{\pi(f+f_c)T_s}\right|^2+\left|\frac{\sin \pi(f-f_c)T_s}{\pi(f-f_c)T_s}\right|^2\right]+ \frac{A^2}{16}\left[\sigma(f+f_c)+\sigma(f-f_c)\right] \quad (5\text{-}9)$$

此功率谱密度如图 5-3c 所示。

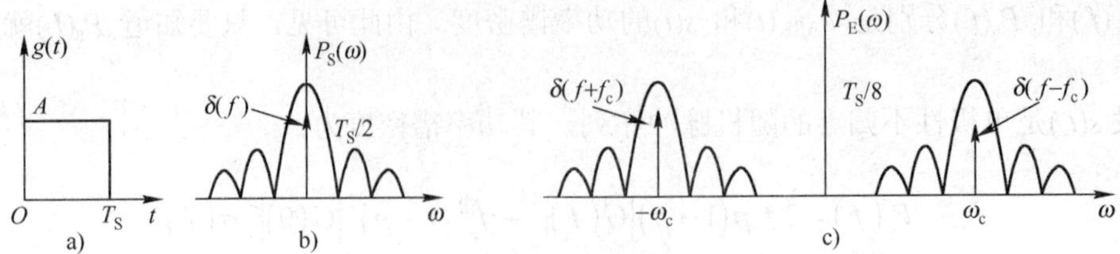

图 5-3　ASK 信号的功率谱

由式（5-9）可知，二进制 ASK 信号的功率谱由连续谱和离散谱两部分组成。其中，第一项连续谱取决于 $g(t)$的双边带谱，第二项离散谱则由载波分量确定。同时，二进制 ASK 信号的带宽是原基带信号带宽的两倍，故频带利用率仅有直接传输基带信号的一半。

3. 已调信号的解调

从已调信号中恢复基带信号的过程叫解调，解调是调制的逆过程。二进制振幅键控信号的解调方法主要有两种：非相干解调法（包络检波法）和相干解调法（同步检波法）。相应的接收系统方框图如图 5-4 所示。

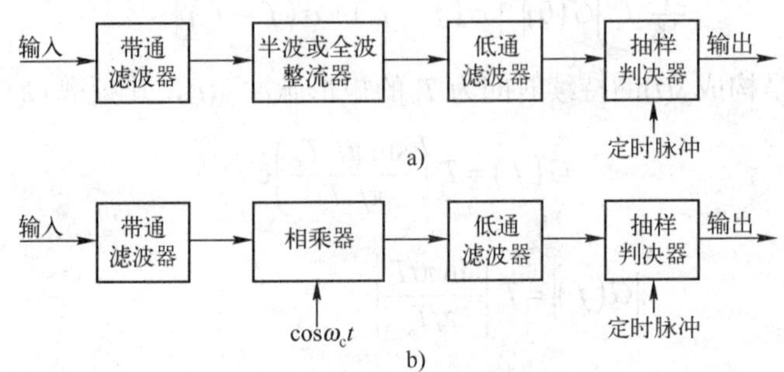

图 5-4　二进制振幅键控信号的接收系统组成方框图

a) 非相干解调方式　b) 相干解调方式

（1）非相干解调法

常用的非相干解调法是包络检波法，简单的包络检波器电路示于图 5-5a，它能够得到一个与输入信号瞬时振幅大小成正比的输出电压。由于这种检波器比较简单，并具有稳定性好、可靠性高和价格便宜等优点，所以在 ASK 接收机中用得最广泛。

检波的过程很简单，即电容充电、放电的过程，检波器输出波形示于图 5-5b。为了使检波出来的基带信号接近于方波，电路中元件应满足于：二极管正向电阻足够小，反向电阻足够大（后者一般为前者的几十倍），二极管的极间电容要小，RC 值要远大于载波的周期，而又必须与基带信号的码元间隔相比足够小。

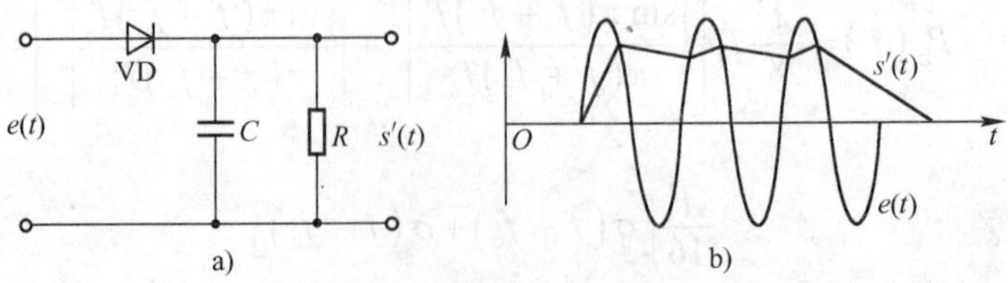

图 5-5　包络检波器及其输出波形

（2）相干解调法

常用的相干解调法是同步检波法，同步检波器主要是由乘法器和低通滤波器组成，按照图 5-4b，输入已调信号 $e(t)$与一个由本机产生的正弦振荡信号 $A\cos(\omega_L t+\theta_L)$在乘法器中相乘，并通过一个低通滤波器输出。若设输入信号为：

$$e(t) = s(t)\cos(\omega_c t + \theta_c)$$

则乘法器输出应为：

$$\begin{aligned} & s(t)\cos(\omega_c t + \theta_c)\cdot A\cos(\omega_L t + \theta_L) \\ & = \frac{A}{2}s(t)\cos\left[(\omega_c - \omega_L)t + (\theta_c - \theta_L)\right] + \frac{A}{2}s(t)\cos\left[(\omega_c + \omega_L)t + (\theta_c + \theta_L)\right] \end{aligned} \quad (5\text{-}10)$$

高频率成分$\omega_c+\omega_L$被低通滤波器滤除，故输出信号可用式(5-11)表示：

$$s'(t) = \frac{A}{2}k_c s(t)\cos\left[(\omega_c - \omega_L)t + (\theta_c - \theta_L)\right] \quad (5\text{-}11)$$

式中 k_c 为低通滤波器的电压传输系数。

在同步的情况下，即相干情况下，本地振荡信号与接收信号应同频同相，即$\omega_C=\omega_L$，$\theta_L=\theta_C$，则：

$$s'(t) = \frac{A}{2}k_c s(t) \quad (5\text{-}12)$$

通常也称同步检波器为相干检波器或相干解调器，并称本机振荡信号为相干振荡信号。相应地，包络检波器显然为非相干解调器。相干解调器是因解调过程中利用了与发送信号同频同相的振荡信号而得名。

采用同步解调法，接收端必须提供一个与 ASK 信号的载波保持同频同相的相干振荡信号，否则会造成解调后的波形失真。通常，接收端本身是无法独立产生这种相干信号的。而此相干信号原则上可以通过窄带滤波（如果已调信号中含有载波分量）或锁相环路来提取。但是实现起来还是比较困难，将给设备增加复杂性。目前在实际设备中很少采用同步检波法来解调 ASK 信号。

5.2 二进制数字频率调制

二进制频移键控（FSK）调制，它是继振幅键控信号之后出现比较早的一种调制方式。由于它的抗噪声、抗衰减性能优于 ASK，设备又不算复杂，实现也比较容易，所以一直在很多场合，例如在中低速数据传输，尤其在有衰减的无线信道中广泛应用。

1. 频移键控信号（2FSK）及其调制

二进制频移键控（2FSK）用靠近载波的两个不同频率表示两个二进制数。信号具有如下形式：

$$e_{FSK}(t) = \begin{cases} A\cos(2\pi f_1 + \theta_1), & \text{二进制“1”} \\ A\cos(2\pi f_2 + \theta_2), & \text{二进制“0”} \end{cases} \quad (5\text{-}13)$$

这里 f_1 和 f_2 通常偏离载波频率相等并且是相反的量。一般情况下，$f_1>f_2$ 即“0”码频率比“1”码频率高。θ_1 和θ_2 分别代表“1”码及“0”码的振荡信号的初相角。称 $f_0=(f_1+f_2)/2$

为标称载频，而称 $\Delta f=|f_2-f_1|$ 为频移宽度（简称频移）。

FSK 信号有两种产生方法：载波调频法和频率选择法。图 5-6 示出了频率键控调制的波形。本节主要介绍相位不连续的 FSK 信号。载波调频法产生的是相位连续的 FSK 信号，相位连续 FSK 信号一般由一个振荡器产生，用基带信号改变振荡器的参数，使振荡频率发生变化，这时相位是连续的，其原理如图 5-7a 所示。频率选择法产生的一般是相位不连续的 FSK 信号，如图 5-7b 所示，相位不连续 FSK 信号一般由两个不同频率的振荡器产生，由基带信号控制这两个频率信号的输出。由于这两个振荡器是相互独立的，因此在 f_1 转换为 f_2 或相反的过程中，不能保证 f_1 与 f_2 之间相位的连续。

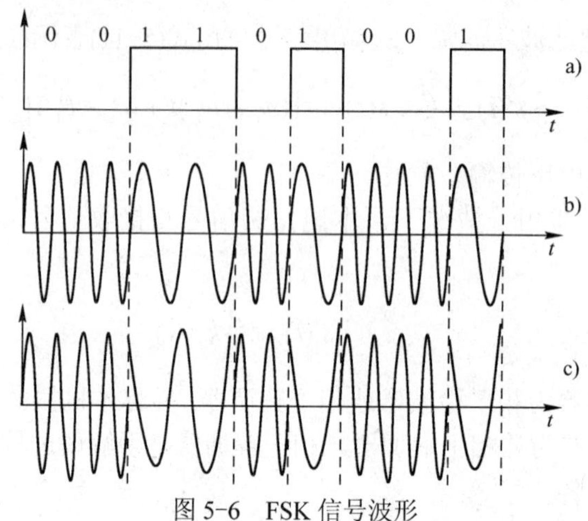

图 5-6 FSK 信号波形

a) 基带信号 b) 相位连续 FSK 信号 c) 相位离散 FSK 信号

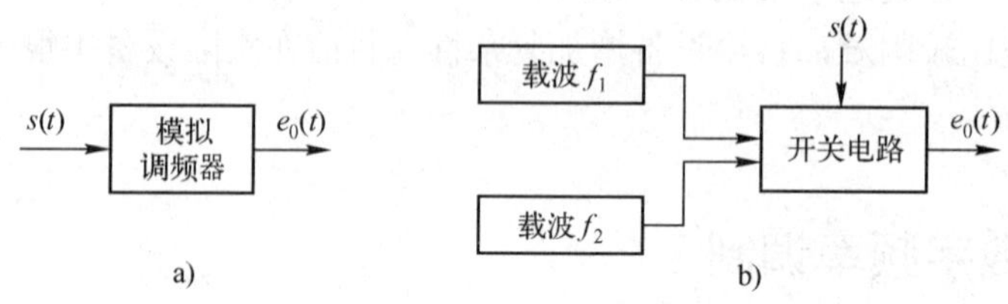

图 5-7 二进制频移键控(2FSK)信号的产生

从图 5-6c 中看出，相位不连续 FSK 信号可视为由两路频率不同且相位不连续的 ASK 信号叠加而成，其频谱特性或功率谱密度都将与 ASK 信号对应，即 FSK 信号可表示为：

$$e_{\mathrm{FSK}}(t)=\left[\sum_{n}a_{\mathrm{n}}g(t-nT_{\mathrm{s}})\right]\cos(\omega_1 t+\theta_1)+\left[\sum_{n}\overline{a}_{\mathrm{n}}g(t-nT_{\mathrm{s}})\right]\cos(\omega_2 t+\theta_2) \qquad (5\text{-}14)$$

其中：

$$a_n=\begin{cases}0, & \text{概率为}p\\ 1, & \text{概率为}1-p\end{cases}$$

$\overline{a}_{\mathrm{n}}$ 是 a_{n} 的反码，即若 $a_{\mathrm{n}}=0$，则 $\overline{a}_{\mathrm{n}}=1$，若 $a_{\mathrm{n}}=1$，则 $\overline{a}_{\mathrm{n}}=0$，即：

$$\overline{a}_{\mathrm{n}}=\begin{cases}0, & \text{概率为}1-p\\ 1, & \text{概率为}p\end{cases}$$

$g(t)$是单个矩形脉冲，脉宽为 T_{S} ，令：

$$s_1(t)=\sum_n a_{\mathrm{n}}g(t-nT_{\mathrm{s}}) \tag{5-15}$$

$$s_2(t)=\sum_n \overline{a}_{\mathrm{n}}g(t-nT_{\mathrm{s}}) \tag{5-16}$$

及：

$$s_1(t)\to S_1(\omega),\ s_2(t)\to S_2(\omega)$$

$$e_{\mathrm{FSK}}(t)\to E_{\mathrm{FSK}}(\omega),\ g(t)\to G(\omega)$$

则由式（5-14）可得 FSK 信号的频谱密度为：

$$\begin{aligned}E_{\mathrm{FSK}}(\omega)=&\frac{1}{2}S_1(\omega+\omega_1)\mathrm{e}^{-\mathrm{j}\vartheta_1}+\frac{1}{2}S_1(\omega-\omega_1)\mathrm{e}^{-\mathrm{j}\vartheta_1}+\\&\frac{1}{2}S_2(\omega+\omega_2)\mathrm{e}^{-\mathrm{j}\vartheta_2}+\frac{1}{2}S_2(\omega+\omega_2)\mathrm{e}^{-\mathrm{j}\vartheta_2}\end{aligned} \tag{5-17}$$

考虑到 $s_1(t)$和 $s_2(t)$是随机脉冲序列，那么相位不连续 FSK 信号的功率谱密度为：

$$\begin{aligned}P_{\mathrm{E}}(\omega)=&\frac{1}{4}\left[P_1(\omega+\omega_1)+P_1(\omega-\omega_1)\right]\\&+\frac{1}{4}\left[P_2(\omega+\omega_2)+P_2(\omega-\omega_2)\right]\end{aligned} \tag{5-18}$$

式中，$P_1(\omega)$及 $P_2(\omega)$分别为 $s_1(t)$和 $s_2(t)$的功率谱密度。由式（5-18）、式（5-15）、式（5-17）、式（5-5），可得FSK 信号的功率谱密度为：

$$\begin{aligned}P_{\mathrm{E}}(f)=&\frac{1}{2}f_{\mathrm{s}}p(1-p)\left[\left|G(f+f_1)\right|^2+\left|G(f+f_1)\right|^2\right]+\frac{1}{2}f_{\mathrm{s}}p(1-p)\left[\left|G(f+f_2)\right|^2+\left|G(f+f_2)\right|^2\right]\\&+\frac{1}{4}f_{\mathrm{s}}^2p(1-p)^2\left|G(0)\right|^2\left[\delta(f+f_1)+\delta(f-f_1)\right]+\frac{1}{4}f_{\mathrm{s}}^2p(1-p)^2\left|G(0)\right|^2\left[\delta(f+f_2)+\delta(f-f_2)\right]\end{aligned} \tag{5-19}$$

图 5-8 是相位不连续 FSK 信号的功率谱密度的示意图。由图可以得出 FSK 信号功率谱密度的特点：

1）相位不连续 FSK 信号的功率谱与 ASK 信号相似，由连续谱和离散谱组成。其中连续谱由两个双边谱叠加而成，而离散谱出现在 f_1 和 f_2 这两个频率位置，并对称于标称载频 f_0。

2）若两个载频相隔较远，则连续谱出现双峰，峰值对应于这两个载频位置。当 Δf 减少时，双峰随之靠近，最后并为单峰，其峰值对应于标称载频 f_0 的位置。

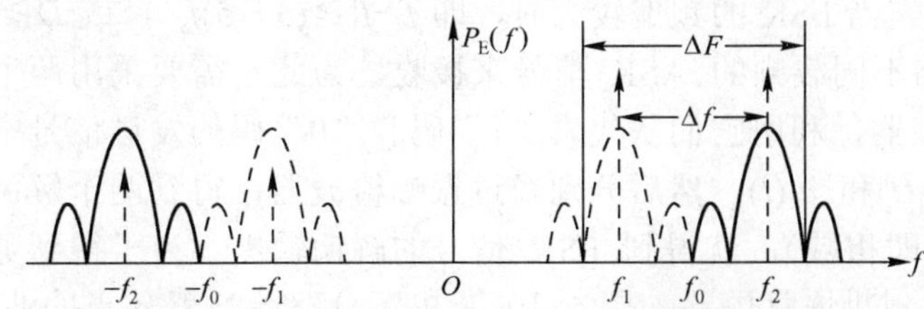

图 5-8　相位不连续 FSK 信号功率谱密度示意图

3）如果仅计算FSK信号频谱第一个零点之间的频率间隔，那么相位不连续FSK信号的频带宽度ΔF为：

$$\Delta F=|f_2-f_1|+2f_s \tag{5-20}$$

4）引入两个参量：相对频偏（频率偏移率）$D=(f_2-f_1)/f_s$ 和归一化频率 $x=(f-f_0)/f_s$。如果假设概率$p=0.5$，那么式（5-19）可以写成如下简化的单边功率谱密度：

$$P_E(f)=P_v(f)+\frac{1}{8}\left[\delta(f-f_1)+\delta(f-f_2)\right] \tag{5-21}$$

其中连续谱为：

$$\begin{aligned}P_v(f)&=\frac{1}{8\pi^2 f_s}\left[\frac{\sin^2\pi\left(\dfrac{f-f_1}{f_s}\right)}{\left(\dfrac{f-f_1}{f_s}\right)^2}+\frac{\sin^2\pi\left(\dfrac{f-f_2}{f_s}\right)}{\left(\dfrac{f-f_2}{f_s}\right)^2}\right]\\&=\frac{1}{8\pi^2 f_s}\left[\frac{\sin^2\pi\left(x+\dfrac{D}{2}\right)}{\left(x+\dfrac{D}{2}\right)^2}+\frac{\sin^2\pi\left(x-\dfrac{D}{2}\right)}{\left(x-\dfrac{D}{2}\right)^2}\right]\end{aligned} \tag{5-22}$$

5）相位连续的FSK信号的带宽要小于相位离散的FSK信号的带宽。当相对频偏D大于2时，两种FSK信号的带宽基本相同，此时二进制FSK信号的带宽大于二进制ASK信号的带宽。当$D<1$时，相位连续FSK信号的带宽小于相位不连续FSK信号的带宽。例如，当D=0.8～1时，相位连续FSK信号带宽为$2.5f_s$，相位不连续FSK信号的带宽为$2.8f_s$。

2．频移键控信号的产生与解调

相位不连续FSK信号的产生是利用数据信号来选通两个不同频率的振荡源来获得所需的调频信号，如图5-7b所示，这种方法称为频率选择法。在图5-7b中画的是两个独立的振荡器，实际上，往往用一个频率合成器提供这两种频率的标准振荡信号，这时得到的FSK信号频率具有很高的准确度和稳定性，而且两种频率信号的幅度可以保持一致。

相位连续的FSK信号则利用数字基带信号直接控制振荡器的电路参数来获得。例如，基带信号控制一个电容器接入或不接入振荡器，从而改变振荡器中的电容值而改变振荡频率，这样可以得到相位连续性FSK信号。

FSK信号的解调方法很多。由于从FSK信号中提取相干载波较困难，因此目前大多采用非相干解调。非相干解调法又有鉴频法、零交点法、分路滤波包络检波法等。这里仅介绍两种方法。

（1）分路滤波法

如图5-9所示，当FSK的频偏较大时，即$f_2-f_1\geqslant(3\sim5)f_s$，或$D\geqslant3\sim5$时，可以把FSK信号当做两路不同载频的ASK信号来接收。为此，需要采用两个中心频率分别为f_1和f_2的窄带滤波器，利用它们从代表“1”码和“0”码的发送信号中分离出来，得到两个ASK信号$e_1(t)$和$e_2(t)$，然后分别经过振幅检波器，得到两个解调电压。把这两个电压反极性相加（即相减），就得到FSK信号的解调输出。为了得到更好的波形，最后还可以加一个取样判决恢复电路，图5-10示出了分路滤波器各点的波形。图5-9中的两个检波器一般用包络检波器，这种方法为非相干解调方法。这种非相干解调器正常工作的条件是两路 ASK 信号的频谱不重叠，然而频带利用率不高，但是因为实现比较容易，因而在实际系统中用的不少。

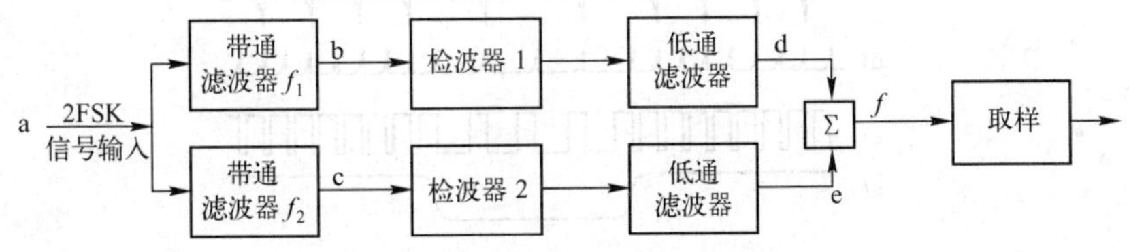

图 5-9　分路滤波解调原理方框图

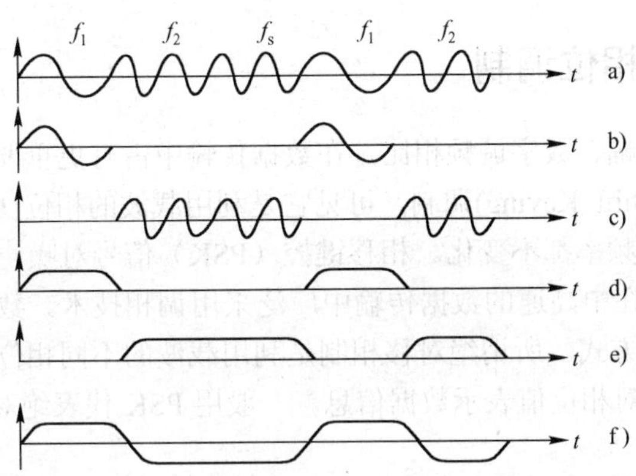

图 5-10　分路滤波解调器各点波形

（2）零交点解调法

零交点解调法的出发点是提取数字 FSK 信号的过零点，然后从这些过零点形成的脉冲序列中提取低频基带分量，这个分量是与发送的数序基带信号相对应的图 5-11 是零交点解调法解调器的框图，图 5-12 是相应各点的波形。

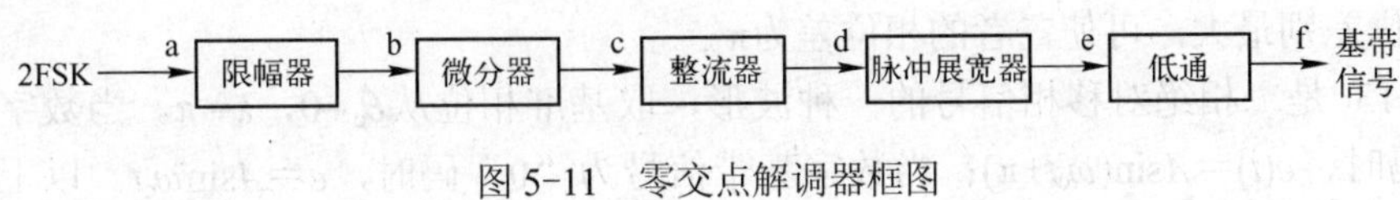

图 5-11　零交点解调器框图

输入的 FSK 信号经限幅变为双极性矩形方波，其波形如图 5-12b 所示。图 5-12b 波形经微分电路变成图 5-12c 波形，再经全波整流变为如图 5-12d 所示的窄脉冲。图 5-12d 中的每一个窄脉冲对应于 2FSK 信号的一个零交点，限幅、微分加上全波整流电路又称为过零检测器。图 5-12d 中的窄脉冲去触发一个脉冲展宽电路，便得到如图 5-12e 所示单极性矩形归零脉冲序列。很显然，如图 5-12e 所示脉冲序列的直流成分与输入的二进制 FSK 信号的零交点密度（或频率）成正比。图 5-12e 波形经过低通滤波器的输出信号反映了输入信号频率的高低，它就是数字基带信号。零交点解调法在数字调频系统中广泛应用，它可以用于解调相位连续和相位离散 FSK 信号，而分路滤波器主要用于解调相位不连续 FSK 信号。

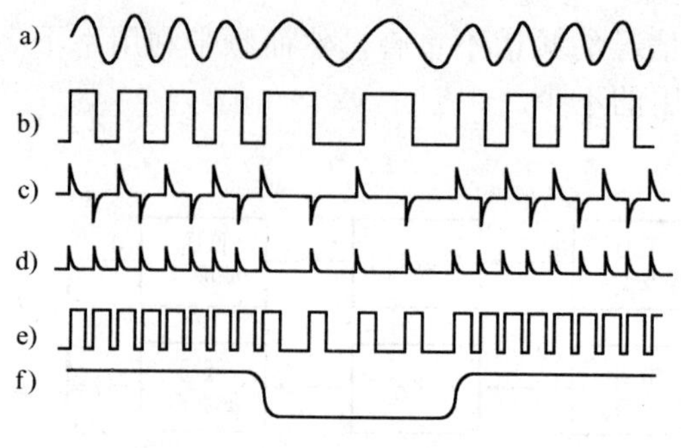

图 5-12　零交点解调各点波形

5.3　二进制数字相位调制

数字调相与数字调幅、数字调频相比，在数据传输中占有更重要的地位。数字调相又称相移键控 PSK(Phase Shift Keying)调制，可见它是利用载波的相位变化来反映数字数据信息的，此时载波的振幅和频率都不变化。相移键控（PSK）信号对噪声的抗扰性比 ASK 信号和 FSK 信号都要好，在中高速的数据传输中广泛采用调相技术。数字调相通常分为绝对移相制和相对移相制两种方式。所谓绝对移相制是利用载波的不同相位表示数据信息，而相对移相制是利用载波的相对相位值表示数据信息。一般用 PSK 代表绝对移相制，DPSK 代表相对移相制。

5.3.1　二相绝对移相调制

1．绝对移相信号(2PSK)

如果给定正弦载波信号为 $A\sin(\omega_c t+\theta_c)$，则绝对移相信号可表示为：

$$e(t)=A\sin[\omega_c t+\theta_c+k_s(t)] \tag{5-23}$$

式中，k 表示调制系数，$s(t)$是数字基带信号。$\theta_c+k_s(t)$直接表示载波的相位值。θ_c 是原载波的相位，称为基准相位。$k_s(t)$是由 $s(t)$控制的，相对θ_c 的已调波相位。为了使表示数字“1”和“0”的相位差别最大，可使二者的相位差为π。

图 5-13 是二相绝对移相信号的一种波形，取基准相位从$\theta_c=0$，$k=\pi$。当数字基带信号为“1”码时，$e(t)=A\sin(\omega_c t+\pi)$；当数字基带信号为“0”码时，$e=A\sin\omega_c t$。以上两种相位取值是对固定的参考相位“0”而言的。可见，这种调制过程就是使每个码元中载波的相位随数字基带信号而变化。二进制 PSK（又可简写为 2PSK）信号这时可写成：

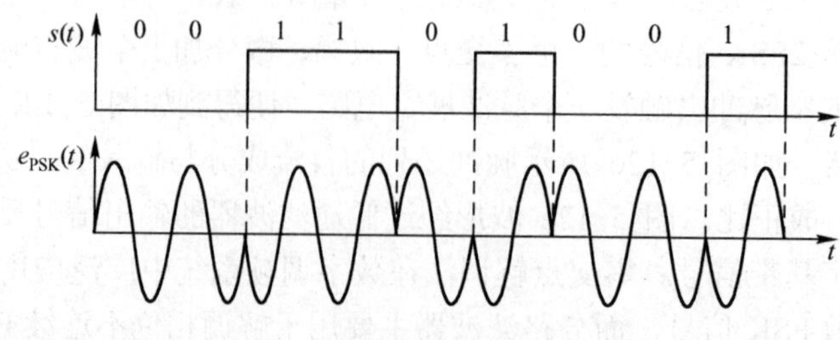

图 5-13　2PSK 信号波形

$$e_{\mathrm{PSK}}=\begin{cases}-A\sin\omega_{\mathrm{c}}t, & 发“1”码\\ A\sin\omega_{\mathrm{c}}t, & 发“0”码\end{cases} \tag{5-24}$$

或直接用下式表示：

$$\begin{aligned}e_{\mathrm{PSK}}(t)&=\left[\sum_{n}a_{\mathrm{n}}g\left(t-nT_{\mathrm{s}}\right)\right]A\sin\omega_{\mathrm{c}}t\\&=m(t).A\sin\omega_{\mathrm{c}}t\end{aligned} \tag{5-25}$$

其中，$g(t)$是幅度为 1、持续时间为 T_{s} 的矩形脉冲，序列 a_{n} 为：

$$a_{\mathrm{n}}=\begin{cases}-1, & 概率为p，代表“1”码\\ 1, & 概率为1-p,代表“0”码\end{cases}$$

即 $m(t)=\sum\limits_{N}a_{\mathrm{n}}g(t-nT_{\mathrm{S}})$ 代表双极性基带信号。由此可见，此时 2PSK 信号相当于双极性基带信号 $m(t)$对载波的振幅调制。2PSK 波形与双边带抑制载波调制的波形类似，因此，2PSK 信号的功率谱密度可表示为：

$$P_{\mathrm{s}}(f)=\frac{1}{2}f_{\mathrm{s}}\left[\left|G\left(f+f_{\mathrm{c}}\right)\right|^{2}+\left|G\left(f-f_{\mathrm{c}}\right)\right|^{2}\right] \tag{5-26}$$

式中，已假设 p=0.5，$G(f)$为 $g(t)$的傅里叶变换。式（5-26）说明 2PSK 信号的带宽与双边带抑制载波的 2ASK 信号完全相同，为基带信号带宽的两倍。

为了便于更好地理解移相调制的概念，可以把每一个码元用对应的载波的一个向量表示，如图 5-14 所示。图中，虚线表示的向量位置称为基准相位。在绝对移相中，它为未调载波的相位。根据 CCITT 建议，将图 5-14a 称为 A 方式，每个码元载波相位相对基准相位可取 0 和π。图 5-14b 称为 B 方式，每个码元载波相位相对基准相位可取±π/2。实际应用中，A 方式用得较多。

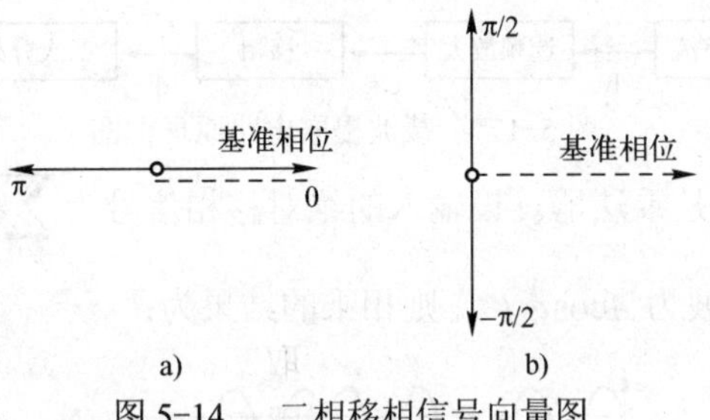

图 5-14　二相移相信号向量图

另外，2PSK 信号也可以用余弦函数表示成如下形式：

$$e_{\mathrm{PSK}}(t)=\left[\sum_{n}a_{\mathrm{n}}g\left(t-nT_{\mathrm{s}}\right)\right]\cos\omega_{\mathrm{c}}t \tag{5-27}$$

2. 绝对移相信号的产生和解调

绝对移相信号产生的方法有调相法和相位选择法两大类。

调相法就是根据绝对移相信号等于双极性基带信号与载波相乘的原理产生 PSK 信号，这可以用平衡调制器来实现，这种方法和产生抑制载波的双边带信号的方法完全相同。

相位选择法如图 5-15 所示。振荡器和倒相器输出 0 和π两种不同相位的载波。输入的数字基带信号为单极性脉冲信号，当它为高电平时，输出相位为零的载波；若它为低电平，则输出为π的载波。

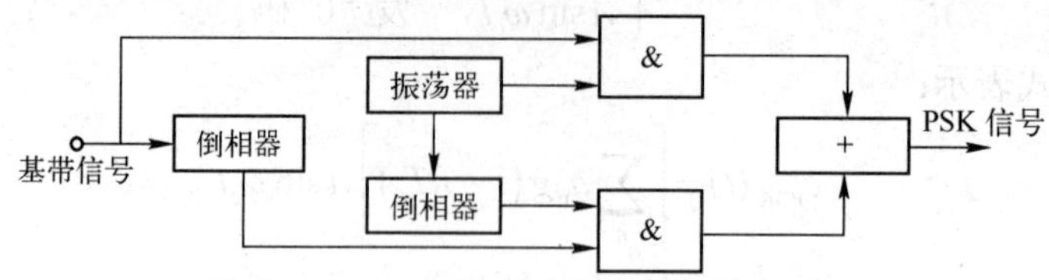

图 5-15　2PSK 信号相位选择法原理框图

由于二相 PSK 信号与抑制载波的双边带信号相同，故其解调方法只能采用相干检测法，其解调组成如图 5-16 所示。这种解调方法在技术实现上最困难的问题是在接收端如何提取相干载波。由于 2PSK 信号中无载频成分，所以无法从接收信号中直接滤出相干载频。通常采用的提取载频的方法是倍频-分频法，其原理见图 5-17。载波提取电路把接收到的 2PSK 信号全波整流，经放大得到频率为 $2f_c$ 的信号，再分频就得到载频 f_c 的载波信号了。图 5-18 是载波提取电路各级波形。选频放大器的输入信号是全波整流后的周期信号，如图 5-18b 所示，用傅里叶级数展开可知它含有 $2f_c$、$4f_c$ 等频率成分。显然只需用选频放大器把 $2f_c$ 滤出即可得到两倍于载频的频率波形，如图 5-18c 所示。这样得到的信号，相位不一定合适，必须加以移相电路使所提取的载波相位和要求的一致，但这时没有附加的其他信息，调整后的 $2f_c$ 载波相位可能是所需要的，也可能相差 π。最后的 $2f_c$ 载波相位可能会倒相，经过两次分频后得到的两种相差 π 相位的载波波形如图 5-18e 和图 5-18f 所示。

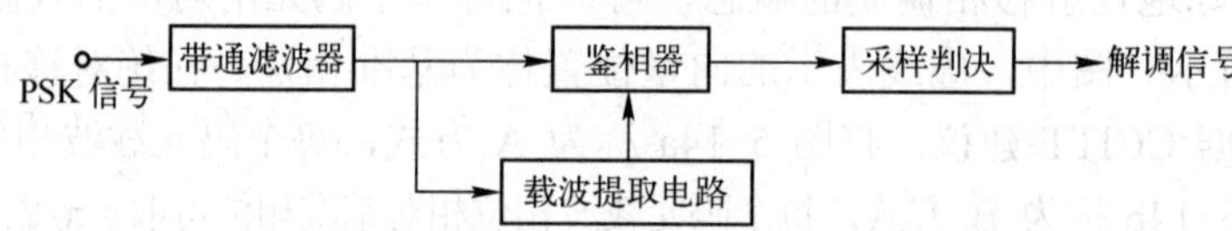

图 5-16　2PSK 信号解调原理方框图

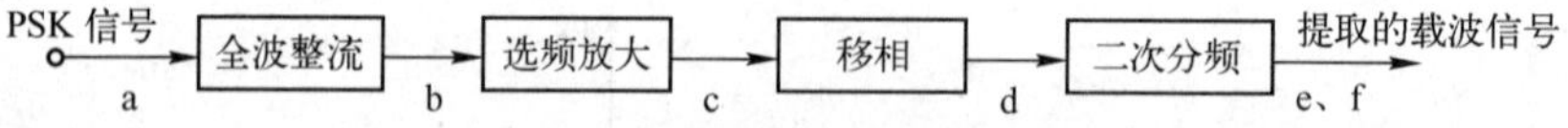

PSK 信号 a → 全波整流 b → 选频放大 c → 移相 d → 二次分频 e、f → 提取的载波信号

图 5-17　载波提取电路原理框图

鉴相器的功能实际上是乘法器。设输入的绝对移相信号为 $\sum_n a_n g_n(t-nT_s)\cos\omega_c t$，其中 a_n 取±1 值。提取的相干载波为 $A\cos\omega_c t$，则相乘的结果为：

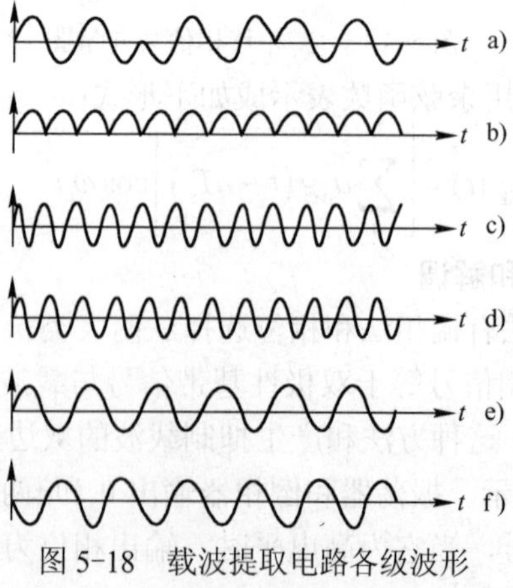

图 5-18　载波提取电路各级波形

$$\sum_n a_n g_n(t-nT_s)\cos\omega_c t\cdot A\cos\omega_c t=\left[\frac{A}{2}+\frac{A}{2}\cos2\omega_c t\right]\sum_n a_n g_n(t-nT_s)$$

把 $2\omega_c$ 高频分量滤波除掉，则剩下基带信号为：

$$\frac{A}{2}\sum_n a_n g_n(t-nT_s)$$

鉴相器原理电路示于图 5-19，它的工作过程可用图 5-20 的波形说明。2PSK 信号调制电路（平衡调制器）与鉴相电路有相似的地方，只是二者的输入、输出信号端不同。在图 5-20 中，对于码元“1”，当提取的载波信号使 C 端为正，D 端为负时，VD_1、VD_3 导通。若载波提取信号源内阻很小，则 EF 的波形大小恰好等于 AB 端电压的一半。当提取的载波信号使 D 点电位高于 C 点，VD_2、VD_4 导通。由于 AB 两端的电压也反相，所以 EF 仍和前半周相同，故码元“1”在 EF 两端产生的是正半周脉冲．而对于码元“0”，由于提取的载波信号与已调信号反相，故得到的全是负半周脉冲。EF 端信号经低通滤波器输出基带信号。

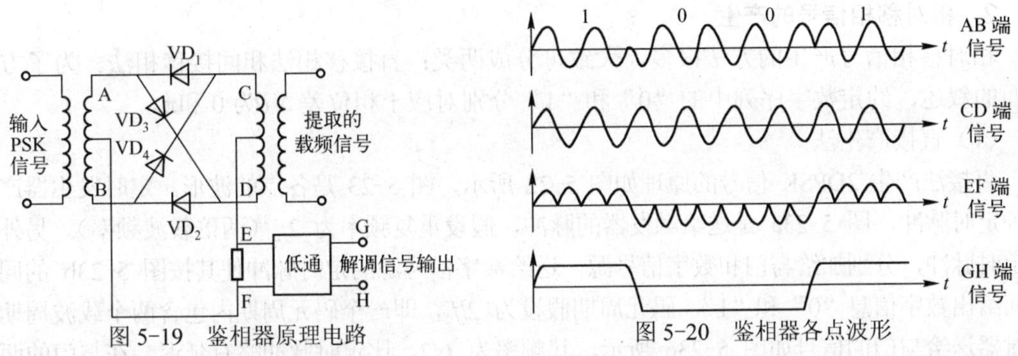

图 5-19　鉴相器原理电路　　　图 5-20　鉴相器各点波形

由于提取的载波信号的相位可能与原载波信号相差π，因此，从上面的分析中可看出来。当用图 5-18 中另一载波去鉴相时，获得的解调信号正好与前面的相反。这种现象通常称为“倒相”。在实际通信中，这种“倒相”现象总是存在的，这就限制了绝对移相调制的应用。下面将介绍相对移相制，它克服了“倒相”的影响，这是目前广泛应用的相位调制。

5.3.2　二相相对移相调制 2DPSK

1. 相对移相信号

所谓相对移相制，就是数字“1”和“0”信号的相位不是以某个固定的相位（载波的相位）作参考，而是以相邻的前一码元的相位为参考的。

设第 i-1 码元的相位为 θ_{i-1}，第 i 码元的相位为 θ_i，则 2DPSK 信号用 $\Delta\theta_i=\theta_i-\theta_{i-1}$ 来表示信息。如可用 $\Delta\theta_i=0$ 表示数字“1”，$\Delta\theta_i=\pi$ 表示数字“1”，或相反。$\Delta\theta_i$ 还可以取 $\pm\pi/2$ 来表示数字信息“1”和“0”。以上两种相位差取值方式实际上对应于 A 和 B 方式，2DPSK 信号的相量图也可以用图 5-14 表示。这时，基准相位为前一码元的载波相位。如果每个码元中包含整数个载波周期，那么，两相邻码元载波的相位差既表示调制引起的相位变化，也是二码元交界点载波相位的瞬时跳变量。2DPSK 中，广泛采用 B 方式，因为在 B 方式中，每个码元载波相位相对于相邻码元的相位可取 $\pm\pi/2$。因而，在相对移相时，相邻码元间必然发生相位变化，如果检测此相位变化，便可知每个码元的起止时刻，所以采用 B 方式的调制实际上携带了码元定时信息。图 5-21 给出了一种形式的 2DPSK 信号波形。

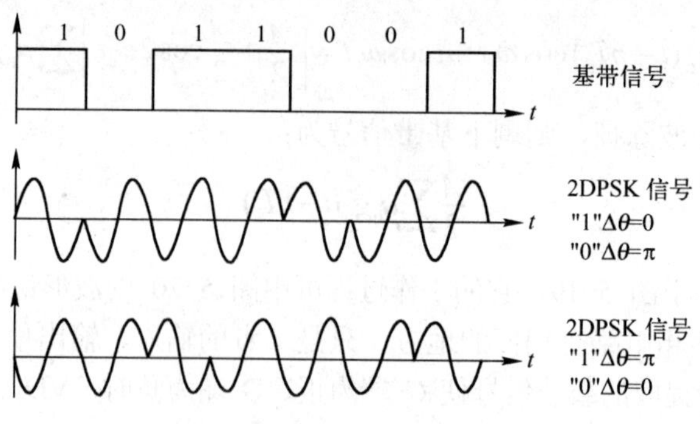

图 5-21　相对移相波形

式（5-25）仍然可以用来表示相对移相信号波形，因为相对移相与绝对移相相比，只是相位变化的参考相位不同。因此，当相对相位变化以等概率的条件出现时，相对移相信号的时域表达式、功率谱密度和绝对移相信号相同。

2．相对移相信号的产生

相对移相信号产生的方法很多，大致可分成两类：直接移相法和间接移相法。为了方便下面的叙述，约定数字序列中的“0”和“1”分别对应于相位差Δθ为 0 和π。

（1）直接产生法

直接法产生 2DPSK 信号的原理如图 5-22 所示，图 5-23 是各点的波形。定时发生器产生各种定时脉冲，图 5-23a 是送给触发器的脉冲，假设重复频率为 $2f_c$（两倍载波频率）。另外两个定时脉冲，分别加给与门和数字信号源，送给数字信号源的定时脉冲使其按图 5-23b 的同步时间给出数字信息“0”和“1”，码元周期假设为 $2/f_c$，即一个码元周期内包含两个载波周期。定时器送给与门的信号如图 5-23c 所示，其频率为 $f_c/2$，比定时脉冲略有延迟。在与门的两个输入同时存在时，即数字信号为“1”时，产生一脉冲输出，其波形如图 5-23d 所示。图 5-23d 和图 5-23a 脉冲同时加给触发器的两个输入端。触发器的工作是每来一个脉冲，其状态就改变一次，因此在图 5-23d 和图 5-23a 脉冲序列作用下产生图 5-23e 的输出波形。

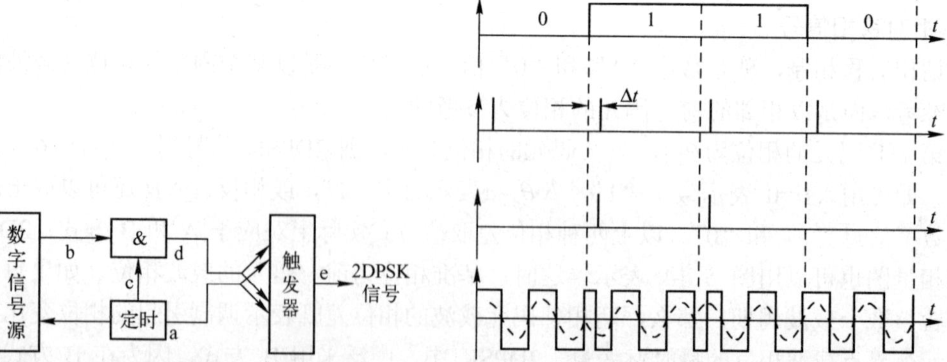

图 5-22　2DPSK 信号直接产生法

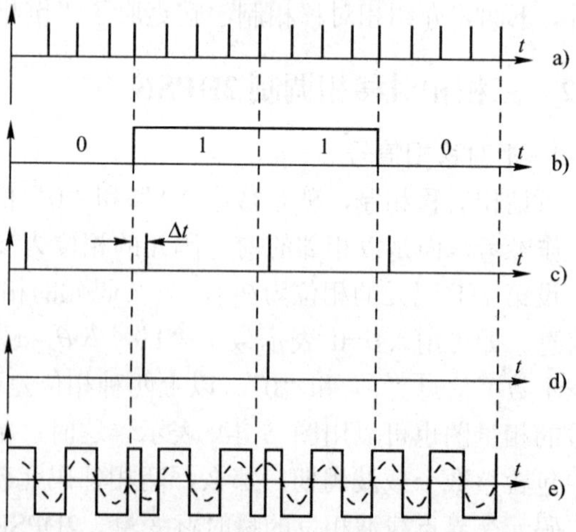

图 5-23　直接产生法各点波形

从最后的波形看，数字为“0”时，触发器输出一种波形；数字为“1”时，输出另一种波形。当加给与门的定时信号如图 5-23c 所示的延迟趋近于零时，数字“1”相应的输出波形总是与它前一相邻码元的波形反相，即相位差为π，而数字“0”相应的波形与前一码元的波形同相。这正是相对移相信号的特征。

（2）间接产生法

间接产生法就是将原始的输入序列先转换成相对码序列。然后用此相对码进行绝对移相调制，便可获得 2DPSK 信号，其原理方框图如图 5-24 所示，图 5-25 是相应的波形图。在图 5-24 中，码元定时信号与数字码元序列一起输入到与门，选通的脉冲去触发计数触发器，触发器在每次脉冲到来时都要变换一次极性，得到图 5-25d 的相对码波形。用此相对码去对环形调制器进行绝对移相，最后得到 2DPSK 信号输出。从图 5-25f 的波形看，表示码元“1”的载波相位与前一码元载波相位差π，而码元“0”的载波相位与前一码元相同。

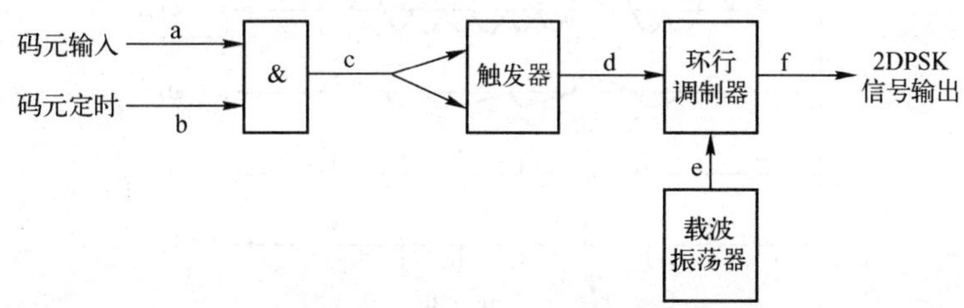

图 5-24　2DPSK 信号间接产生法

3. 相对移相信号的解调

2DPSK 信号的解调方法有相位比较法和极性比较法。

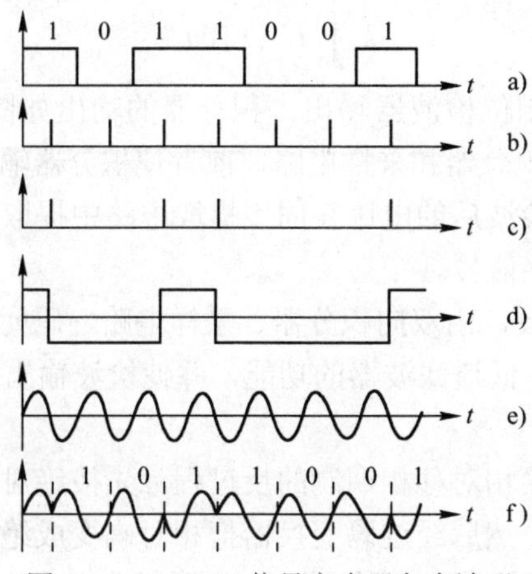

图 5-25　2DPSK 信号产生器各点波形

（1）相位比较法

相位比较法又称差分相干解调法。由于相对移相信号的参考相位是取相邻前一码元的载波相位，故解调时可以直接用相位检波器比较前后码元载波的相位，从中可以直接得到相位差携带的数字数据信息。这种解调方法的组成方框图如图 5-26 所示，相应的波形如图 5-27 所示。

在图 5-26 中，2DPSK 信号分两路，一路直接加给相位检波器（比较器），一路经延迟一码元时间后加给相位检波器。相位检波器实际上也是一个乘法器。在本例输入的 2DPSK 信号的相位差表示“1”和“0”信号码元的约定情况下，即“1”码元的载波相位要与前一码元载波相位相差π，则相位检波器的输出要求为输入信号相乘后极性取反。如果“1”码的载波相位与前一码元的载波相位相差为零度，则相位检波器的输出为输入的乘积。

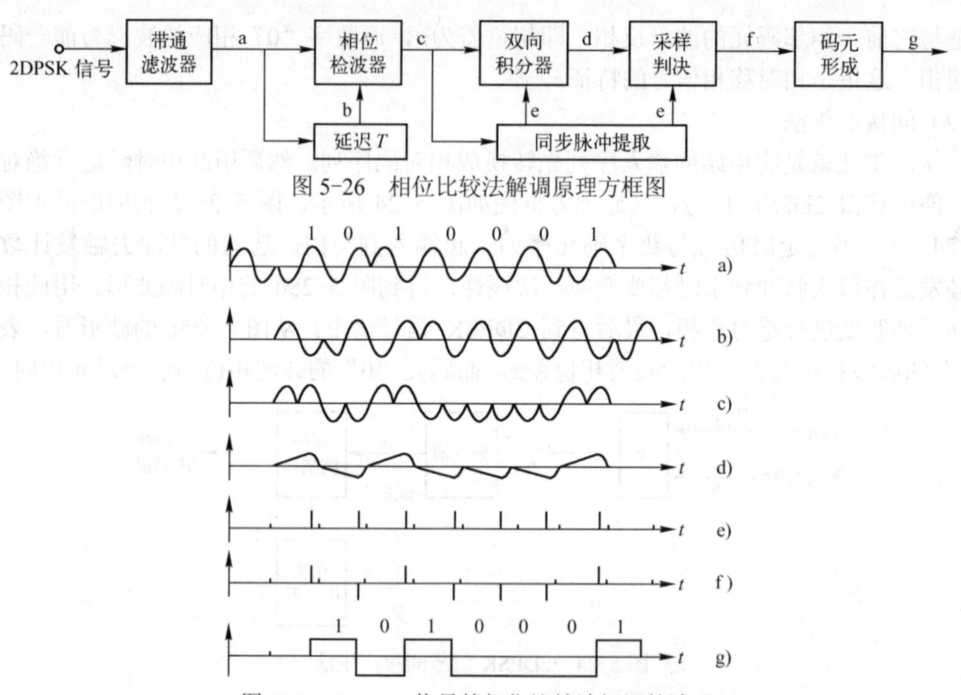

图 5-26　相位比较法解调原理方框图

图 5-27　2DPSK 信号的相位比较法解调的波形

然后，相位检波器的输出信号由积分器和采样组成的电路进行最佳接收。积分器的输出为：

$$k\int_{0}^{t}U(t)\mathrm{d}t$$

其中 k 为常数，$U(t)$为相位检波器输出。积分器的输出如图 5-27d 所示。同步脉冲如图 5-27e 所示，分别控制着积分器和采样电路，前者使积分器输出电压在一个码元结束时强制返回到零。同步脉冲是由检波后的电压在同步提取电路中提取的。由触发器构成的码元形成器最后得到解调的基带数字信号。

与图 5-19、图 5-20 比较，由双向积分器、采样电路、码元形成电路和同步脉冲提取电路组成的接收解调电路替代了低通滤波器的功能，并使检波输出的基带信号更接近于方波。

（2）极性比较法

极性比较法实际上是间接相对移相调制的反过程。先按绝对移相接收，把 2DPSK 信号变成具有相对码的基带信号。然后经过码变换器把相对码变成绝对码。极性比较法用来解调二相 DPSK 信号时，其组成原理框图示如图 5-28 所示，它由绝对移相接收和码元变换两部分组成。绝对移相接收部分见前面的图 5-16 以及相应的文字叙述。低通滤波器被积分器、采样、码元形成和同步脉冲提取电路代替，以获得矩形的基带信号输出。绝对移相解调部分各点的波形如图 5-29 所示。由于从 2DPSK 中提取的载波相位有可能与原载波的相位相差π，因此绝对移相解调后的输出波形有可能是两种倒相的基带信号，如图 5-31a 所示。然而这种“倒相”现象不会影响 2DPSK 信号的正确接收。相对码信号还要经过一个码元变换器，图 5-30 是一种相对码变换到绝对码的变换器原理框图。图 5-31 示出其各点的波形。码元变换器输出信号 y_i 和输入信号 x_i 的逻辑关系为：

$$y_i = x_{i-1} \oplus x_i \qquad \text{（模二相加）}$$

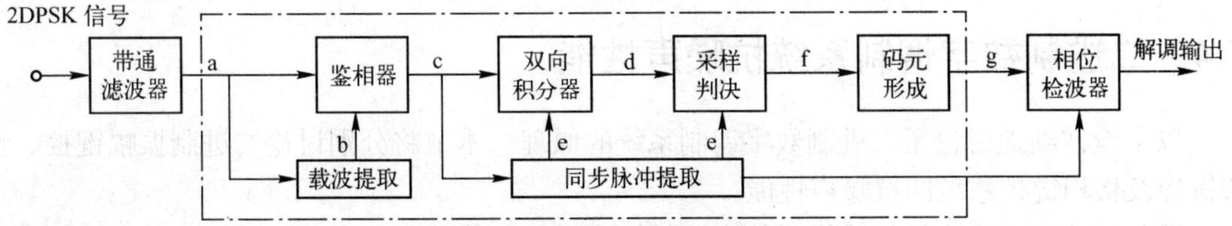

2DPSK 信号 带通滤波器 a 鉴相器 c 双向积分器 d 采样判决 f 码元形成 g 相位检波器 解调输出
b 载波提取 e 同步脉冲提取

图 5-28　极性比较法接收 2DPSK 信号

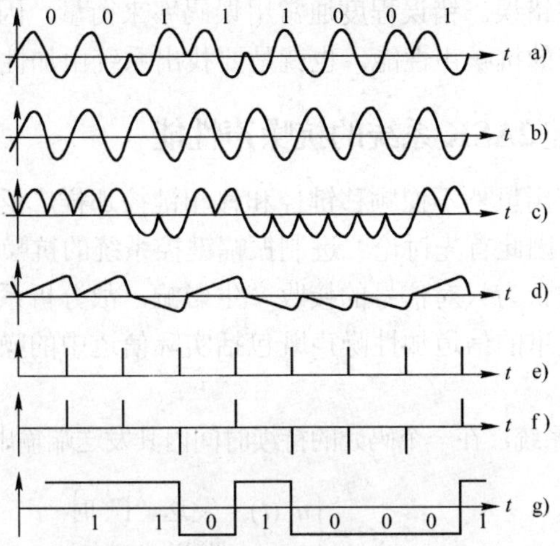

0 0 1 1 1 0 0 1
a) b) c) d) e) f) g)
1 1 0 1 0 0 0 1

图 5-29　极性比较法接收各点波形

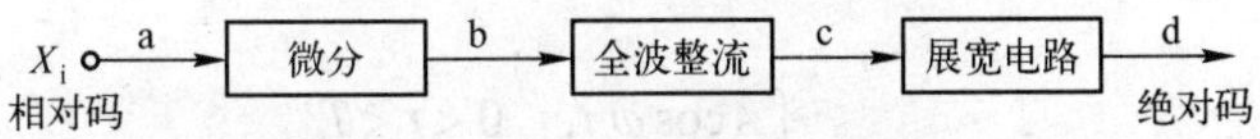

X_i 相对码 a 微分 b 全波整流 c 展宽电路 d 绝对码

图 5-30　码元变换器原理框图

从图 5-31 中看出，虽然接收到的绝对码信号极性有可能相反，但是也能正确恢复原基带数字信号。这正是 DPSK 信号能够克服“倒相”现象的优点所在。这是因为在相对移相时，与某一绝对相位值无关，仅取决于相对相位值，只要前后码元载波相位差不变，解调恢复后的数字信号就不会出现反相。而在绝对移相中，是以某一个固定相位的载波作参考，因而在解调时必须有这样一个固定的参考相位。如果这个参考相位发生“倒相”，则恢复的数字信息也就会发生“0”与“1”反相。

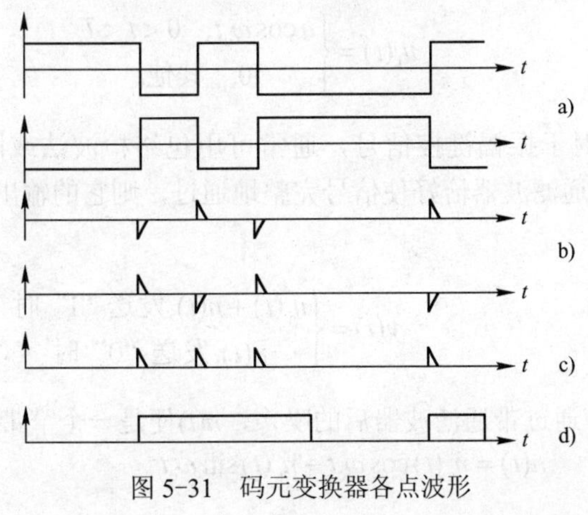

图 5-31　码元变换器各点波形

5.4 二进制数字调制系统抗噪声性能

以上较详细地讨论了二进制数字调制系统的原理。本节将分别讨论二进制振幅键控、频移键控及移相键控系统的抗噪声性能。

通信系统的抗噪声性能是指系统克服加性噪声影响的能力。在数字通信中，信道加性噪声有可能使传输码元产生错误。错误程度通常用误码率来衡量。因此，与数字基带传输系统一样，分析数字调制系统的抗噪声性能，也就是要找出系统由加性噪声产生的总误码率。

5.4.1 二进制振幅键控 2ASK 系统的抗噪声性能

二进制振幅键控的应用虽然不像频移键控和移相键控那样广泛，但由于它的抗噪声性能分析方法具有普遍意义，因此首先讨论二进制振幅键控系统的抗噪声性能。

由于信道加性噪声被认为只对信号的接收产生影响，故分析系统的抗噪声性能也只要考虑接收部分。同时认为这里的信道加性噪声既包括实际信道中的噪声，也包括接收设备噪声折算到信道中的等效噪声。

对于二进制振幅键控系统，在一个码元的持续时间内其发送端输出的波形 $s_{\mathrm{T}}(t)$可以表示为：

$$s_{\mathrm{T}}(t)=\begin{cases}u_{\mathrm{T}}(t), & \text{发送“1”时}\\ 0, & \text{发送“0”时}\end{cases} \tag{5-28}$$

其中：

$$u_{\mathrm{r}}(t)=\begin{cases}A\cos\omega_{\mathrm{c}}t, & 0<t<T_{\mathrm{s}}\\ 0, & \text{其他}t\end{cases} \tag{5-29}$$

式中，T_{s} 为二进制码元的宽度。显然，在每一段时间（0，T_{s}）内观察，接收端的输入波形必可表示成：

$$y_{\mathrm{i}}(t)=\begin{cases}u_{\mathrm{i}}(t)+n_{\mathrm{i}}(t), & \text{发送“1”时}\\ n_{\mathrm{i}}(t), & \text{发送“0”时}\end{cases} \tag{5-30}$$

式中，$u_{\mathrm{i}}(t)$为 $u_{\mathrm{T}}(t)$经传输后的波形。为简明起见，可以认为发送信号经传输后除有固定衰耗外未受到畸变，则式（5-30）中 $u_{\mathrm{i}}(t)$即可写成：

$$u_{\mathrm{i}}(t)=\begin{cases}a\cos\omega_{\mathrm{c}}t, & 0<t<T_{\mathrm{s}}\\ 0, & \text{其他}t\end{cases} \tag{5-31}$$

5.1 节已经指出，对于振幅键控信号，通常可用包络检波法或同步检测法对其进行解调。假设图 5-4 中的带通滤波器恰好使信号完整地通过，则它的输出波形 $y(t)$由式（5-30）改变为：

$$y(t)=\begin{cases}u_{\mathrm{i}}(t)+n(t), & \text{发送“1”时}\\ n(t), & \text{发送“0”时}\end{cases} \tag{5-32}$$

式中，$n(t)$为高斯白噪声通过带通滤波器后的噪声，$n(t)$便是一个窄带高斯过程，且它可表示为：

$$n(t)=n_{\mathrm{c}}(t)\cos\omega_{\mathrm{c}}t-n_{\mathrm{s}}(t)\sin\omega_{\mathrm{c}}t \tag{5-33}$$

于是：

$$y(t)=\begin{cases}a\cos\omega_{c}t+n_{c}(t)\cos\omega_{c}t-n_{s}(t)\sin\omega_{c}t\\ n_{c}(t)\cos\omega_{c}t-n_{s}(t)\sin\omega_{c}t\end{cases}$$

$$=\begin{cases}\left[a+n_{c}(t)\right]\cos\omega_{c}t-n_{s}(t)\sin\omega_{c}t,\text{发送“1”时}\\ n_{c}(t)\cos\omega_{c}t-n_{s}(t)\sin\omega_{c}t,\text{发送“0”时}\end{cases} \tag{5-34}$$

下面将分别讨论包络检波法和同步检测法的性能。

1．包络检波法的系统性能

由式（5-34）可知，若发送“1”码，则在（0，T_{s}）内，带通滤波器输出的包络为：

$$V(t)=\sqrt{\left[a+n_{c}(t)\right]^{2}+n_{s}^{2}(t)} \tag{5-35}$$

若发送“0”码，则带通的输出包络为：

$$V(t)=\sqrt{n_{c}^{2}(t)+n_{s}^{2}(t)} \tag{5-36}$$

由式（5-35）给出的包络函数，其一维概率密度函数服从广义瑞利分布；而由式（5-36）给出的包络函数，其一维概率密度函数服从瑞利分布。因此，它们的概率密度分别可表示为：

$$f_{1}(V)=\frac{V}{\sigma_{n}^{2}}I_{0}\left(\frac{aV}{\sigma_{n}^{2}}\right)e^{-\left(v^{2}+a^{2}\right)/2\sigma_{n}^{2}} \tag{5-37}$$

$$f_{0}(V)=\frac{V}{\sigma_{n}^{2}}e^{-v^{2}/2\sigma_{n}^{2}} \tag{5-38}$$

式中，σ_{n}^{2}为$n(t)$的方差。

显然，波形$y(t)$经包络检波器及低通滤波器后的输出由式（5-35）和式（5-36）决定。因此，再经抽样判决后即可确定接收码元是“1”还是“0”。可以规定，倘若$V(t)$的抽样值$V>b$，则判为“是1码”；若$V\leqslant b$，则判为“是0码”。显然，我们选择什么样的门限电压b与判决的正确程度(或错误程度)有关。选定的b值不同，得到的误码率也不同。这一点可以从下面的分析中清楚地看到。

1）当发送的码元为“1”时，错误接收的概率既是包络值V小于或等于b的概率，即：

$$P_{e_{1}}=P\left(V\leqslant b\right)=\int_{0}^{b}f_{1}\left(V\right)dV=1-\int_{b}^{\infty}f_{1}\left(V\right)dV=1-\int_{b}^{\infty}\frac{V}{\sigma_{n}^{2}}I_{0}\left(\frac{aV}{\sigma_{n}^{2}}\right)e^{-\left(v^{2}+a^{2}\right)/2\sigma_{n}^{2}}dV \tag{5-39}$$

上式中的积分值可以用Q函数（MarcumQ函数）计算，该函数定义为：

$$Q(\alpha,\beta)=\int_{\beta}^{\infty}tI_{0}(\alpha t)e^{-(t^{2}+\alpha^{2})/2}dt$$

令上式中：

$$\alpha=\frac{a}{\sigma_{n}},\beta=\frac{b}{\sigma_{n}},t=\frac{V}{\sigma_{n}}$$

则式（5-39）可以写成：

$$P_{e1} = 1 - Q\left(\frac{a}{\sigma_n}, \frac{b}{\sigma_n}\right) \tag{5-40}$$

因为带通滤波器的输出信噪比为 $a^2/2\sigma_n^2$，而 b/σ_n 可称为归一化门限值（记为 b_0），故式（5-40）又可表示为：

$$P_{e1} = 1 - Q(\sqrt{2r}, b_0) \tag{5-41}$$

式中，$r = a^2/2\sigma_n^2$（信噪比）。

2）同理，当发送“0”时，错误接收概率为噪声电压的包络抽样值超过门限 b 的概率，即：

$$P_{e2} = P(V > b) = \int_b^{\infty} f_0(V)\mathrm{d}V = \int_b^{\infty} \frac{V}{\sigma_n^2}\mathrm{e}^{-v^2/2\sigma^2{}_n}\mathrm{d}V = \mathrm{e}^{-b^2/2\sigma^2{}_n} = \mathrm{e}^{-b_0^2/2} \tag{5-42}$$

假设发送“1”码的概率为 $P(1)$，发送“0”码的概率为 $P(0)$，则系统的总误码率 P_e 为：

$$P_e = P(1)P_{e1} + P(0)P_{e2} = P(1)\left[1 - Q(\sqrt{2r}, b_0)\right] + P(0)\mathrm{e}^{-b_0^2/2} \tag{5-43}$$

假如 $P(1)=P(0)$，则有：

$$P_e = \frac{1}{2}\left[1 - Q(\sqrt{2r}, b_0)\right] + \frac{1}{2}\mathrm{e}^{-b_0^2/2} \tag{5-44}$$

由此可见，包络检波法的系统误码率取决于系统输入信噪比和归一化门限值。下面对式（5-44）中的关系作些必要的讨论。首先，式（5-44）决定的误码率 P_c 即为图 5-32 所示的两块阴影面积之和的一半。设图 5-32 中两条概率密度曲线 $f_1(V)$及 $f_0(V)$相交于 b_0*，并令在该门限值下的 P_{e_1} 记为 $P_{e_1}*$，P_{e2} 记为 $P_{e2}*$那么，若 $b_0<b_0*$，则有 $P_{e_1}* > P_{e_1}$，而 $P_{e2}* < P_{e2}$；若 $b_0> b_0*$，则有 $P_{e_1}* < P_{e_1}$，而 $P_{e2}* > P_{e2}$。这说明当 b_0 大于或小于 b_0*时将会导致 P_{e_1} 或 P_{e2} 的一个增大而另一个减小，这是符合实际的。可以从图 5-32 中发现，总误码率 P_e 是由 P_{e_1} 和 P_{e2} 的相应阴影面积相加而成的；而任何 $b_0 \neq b_0*$时的两个阴影面积总是包含 $b_0=b_0*$时的两个阴影面积，因此，只有当 $b_0=b_0*$时的两个阴影面积的总和才是最小的。这就意味着，当门限值选择等于 b_0*时，系统将有最小的误码率，这个门限就称为最佳门限。最佳门限值 V*可以由下列方程式确定：

$$f_1(V^*) = f_0(V^*) \tag{5-45}$$

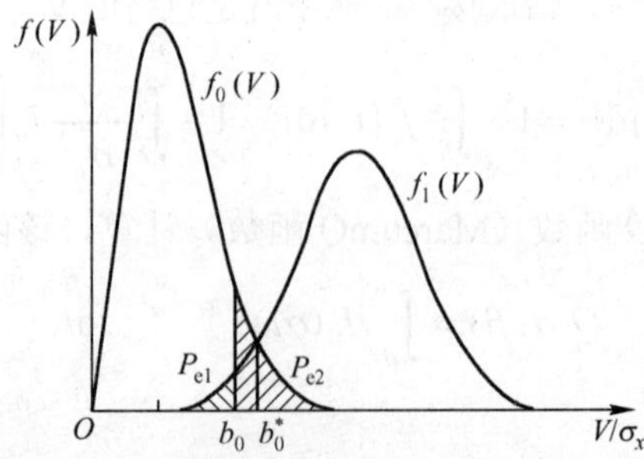

图 5-32　包络检波时误码率的几何表示

这是根据最佳门限值在两曲线的相交处而得到的，其中 V*即为 $b_0* \sigma_n$。由式（5-37）、式（5-38）和式（5-45）可得：

$$r=\frac{a^2}{2\sigma_n^2}=\ln I_0\left(\frac{aV^*}{\sigma_n^2}\right) \tag{5-46}$$

在大信噪比（$r>>1$）条件下，上式变为：

$$\frac{a^2}{2\sigma_n^2}=\frac{aV^*}{\sigma_n^2}$$

由此得到：

$$V^*=a/2$$

或有：

$$b_0^*=V^*/\sigma_n=\sqrt{r/2}$$

在小信噪比（$r<<1$）条件下，式（5-46）变为：

$$\frac{a}{2\sigma_n^2}=\frac{1}{4}\left(\frac{aV^*}{\sigma_n^2}\right)^2 \tag{5-47}$$

由此得到：

$$V^*=\sqrt{2\sigma_n^2}\ \text{或}\ b_0^*=\sqrt{2}$$

显然，对于任意的 r 值，b_0*的取值将介于 $\sqrt{2}$ 和 $\sqrt{r/2}$ 之间。

实际上，采用包络检波法的接收系统通常工作在大信噪比的情况下，因而，最佳门限应取 $\sqrt{r/2}$，即最佳非归一化的门限值 $V^*=a/2$。这就是说，这时门限恰好是接收信号包络值 a 的一半。对于大信噪比和最佳门限，因为 $\alpha>>1$、$\beta>>1$ 时有：

$$Q(\alpha,\beta)\approx 1-\frac{1}{2}\text{erfc}\left[\frac{\alpha-\beta}{\sqrt{2}}\right]=\frac{1}{2}\text{erfc}\left[\frac{\beta-\alpha}{\sqrt{2}}\right]$$

式中：

$$\text{erfc}(x)=1-\text{erf}(x)$$

$$\text{erf}(x)=\frac{2}{\sqrt{\pi}}\int_0^x \text{e}^{-z^2}\text{d}z\ \text{（误差函数）}$$

于是，由式（5-44）可得 2ASK 非相干接收时的误码率为：

$$P_e=\frac{1}{4}\text{erfc}\left(\frac{\sqrt{r}}{2}\right)+\frac{1}{2}\text{e}^{-r/4} \tag{5-48}$$

又因为当 $x\to\infty$ 时，$\text{erfc}(x)\to 0$，故当 $r\to\infty$ 时，上式的下界为：

$$P_e=\frac{1}{2}\text{e}^{-r/4} \tag{5-49}$$

值得提醒的是，以上讨论是在 $P(1)=P(0)$假设条件下得出的。如果 $P(1)\neq P(0)$，则应根据式（5-43）及上面的分析方法去讨论，这里就不赘述了。

2．同步检测法的系统性能

见图 5-4b，这时当式（5-34）波形经过相乘器和低通滤波器之后，在抽样判决器输入端得到的波形 $x(t)$为：

$$x(t)=\begin{cases}a+n_c(t),\text{发送“1”时}\\ n_c(t),\text{发送“0”时}\end{cases} \tag{5-50}$$

式中未计入系数 1/2，这是因为该系数可以由电路中的增益来加以补偿。由于 $n_c(t)$是高斯过程，因此当发送“1”时，过程 $a+n_c(t)$的一维概率密度为：

$$f_1(x)=\frac{1}{\sigma_n\sqrt{2\pi}}\exp\left[-(x-a)^2/2\sigma_n^2\right] \tag{5-51}$$

其曲线如图 5-33a 所示。而当发送“0”时，$n_c(t)$的一维概率密度为

$$f_1(x)=\frac{1}{\sigma_n\sqrt{2\pi}}\exp[-x^2/2\sigma_n^2] \tag{5-52}$$

其曲线如图 5-33b 所示。

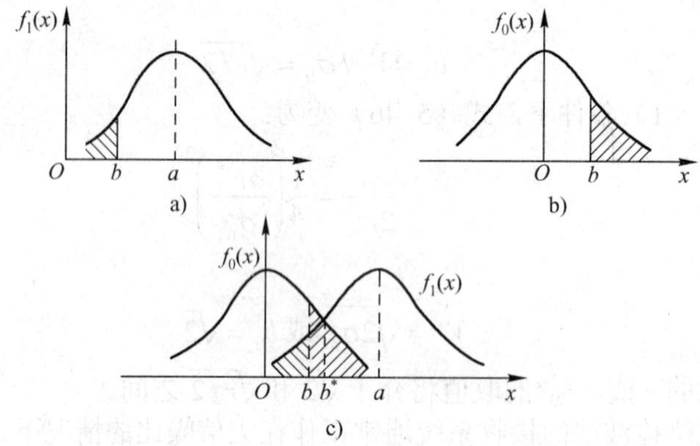

图 5-33 同步检测时误码率的几何表示

a) 发送“1”码时的一维概率密度示意图 b) 发送“0”码时的一维概率密度示意图 c) 系统总误码率示意图

若仍令判决门限为 b，则将“1”错误判决为“0”的概率 P_{e1} 及将“0”错判为“1”的概率 P_{e2}。可以分别求得：

$$P_{e1}=\int_{-\infty}^{b}f_1(x)\mathrm{d}x=1-\frac{1}{2}\left[1-\mathrm{erf}\left(\frac{b-a}{\sqrt{2\sigma_n^2}}\right)\right] \tag{5-53}$$

式中：

$$\mathrm{erf}(x)=\frac{2}{\sqrt{\pi}}\int_0^x \mathrm{e}^{-u2}\mathrm{d}u$$

$$P_{e2}=\int_b^{\infty}f_0\left(x\right)\mathrm{d}x=\frac{1}{2}\left[1-\mathrm{erf}\left(\frac{b}{\sqrt{2\sigma_n^2}}\right)\right] \tag{5-54}$$

因此，假设 $P(1)=P(0)$，则可得系统总误码率 P_e 为：

$$P_e=\frac{1}{2}P_{e1}+\frac{1}{2}P_{e2}=\frac{1}{4}\left[1+\mathrm{erf}\left(\frac{b-a}{\sqrt{2}\sigma_n}\right)\right]+\frac{1}{4}\left[1-\mathrm{erf}\left(\frac{b}{\sqrt{2}\sigma_n}\right)\right] \tag{5-55}$$

如果我们将 $f_1(x)$与 $f_0(x)$的曲线合画在同一个图中，如图 5-33c 所示，则上式表明，系统总误码率等于图 5-33c 中画有斜线区域总面积的一半。显然，误码率 P_e 与判决门限 b 有关。

这时的最佳门限，同样可以仿照前面的方法来确定，此时有：

$$f_1(x^*)=f_0(x^*)$$

将式（5-51）及式（5-52）代入上述方程，即得：

$$x^*=\frac{a}{2}$$

而归一化门限值 $b_o^*=x^*/\sigma_n=\sqrt{r/2}$ 。将这个结果代入式（5-55），则最后得到：

$$P_e=\frac{1}{2}\text{erfc}(\sqrt{r}/2) \tag{5-56}$$

当 $r>>1$ 时，上式变成：

$$P_e=\frac{1}{\sqrt{\pi r}}e^{-r/4} \tag{5-57}$$

比较式（5-57）和式（5-49）可以看出，在相同的大信噪比 r 下，2ASK 信号同步检测时的误码率总是低于包络检波时的误码率，但两者的误码性能相差并不大。然而，前者不需要稳定的本地相干载波信号，故在电路上要比后者简单得多。

【例 5-1】 设某 2ASK 信号的码元速率 R_B= 4.8×10^6 波特，采用包络检波法或同步检测法解调。已知接收端输入信号的幅度 a=lmV，信道中加性高斯白噪声的单边功率谱密度 $n_0=2\times10^{-15}$W / Hz。试求：

1）包络检波法解调时系统的误码率；

2）同步检测法解调时系统的误码率。

解：1）因为 2ASK 信号的码元速率比 $R_B=4.8\times10^6$ 波特，所以，接收端带通滤波器的带宽近似为：

$$B\approx 2R_B=9.6\times10^6\,\text{Hz}$$

带通滤波器输出噪声的平均功率为：

$$\sigma_n^2=n_0B=1.92\times10^{-8}\,\text{W}$$

解调器输入信噪比为：

$$r=\frac{a^2}{2\sigma_n^2}=\frac{10^{-6}}{2\times1.92\times10^{-8}}\approx 26>>1$$

于是，根据式（5-49）可得包络检波法解调时系统的误码率为：

$$P_e=\frac{1}{2}e^{-\frac{r}{4}}=\frac{1}{2}e^{-6.5}=7.5\times10^{-4}$$

2）同理，根据式（5-57）可得同步检测法解调时系统的误码率为：

$$P_e=\frac{1}{\sqrt{\pi r}}e^{-\frac{r}{4}}=\frac{1}{\sqrt{3.1416\times26}}e^{-6.5}=1.67\times10^{-4}$$

5.4.2 二进制频移键控 2FSK 系统的抗噪声性能

在二进制频移键控系统中，如果数字信息的 1 和 0 分别用两个不同频率的码元波形来表示，则发送码元信号可表示为：

$$S_r(t)=\begin{cases}u_{1T}(t),\text{发送“1”时}\\ u_{0T}(t),\text{发送“0”时}\end{cases} \tag{5-58}$$

其中：

$$u_{1T}(t)=\begin{cases}A\cos\omega_1(t),0<t<T_s\\ 0,\text{其他}t\end{cases} \tag{5-59}$$

$$u_{0\mathrm{T}}(t)=\begin{cases}A\cos\omega_2(t),0<t<T_s\\ 0,\text{其他}t\end{cases} \tag{5-60}$$

对频移键控信号的解调，同样可采用上一节所述的包络检波法和同步检波法。简化的接收系统如图 5-9 所示。在图 5-9 中，系统用两个带通滤波器来区分中心角频率为ω_1和ω_2的信号码元。现在假设带通滤波器恰好使相应的信号无失真通过，则其输出端的波形 $y(t)$可表示成：

$$y(t)=\begin{cases}u_{1\mathrm{R}}(t)+n(t),\text{发送“1”时}\\ u_{0\mathrm{R}}(t)+n(t),\text{发送“0”时}\end{cases} \tag{5-61}$$

其中：

$$u_{1\mathrm{R}}(t)=\begin{cases}a\cos\omega_1(t),0<t<T_s\\ 0,\text{其他}t\end{cases} \tag{5-62}$$

$$u_{0\mathrm{R}}(t)=\begin{cases}a\cos\omega_2(t),0<t<T_s\\ 0,\text{其他}t\end{cases} \tag{5-63}$$

式中 $n(t)$——窄带高斯过程。

与上一节一样，先来讨论包络检波法接收频移信号时的性能，然后再讨论同步检测法时的系统性能。

现在假设在（0，T_s）时间内所发送的码元为“1”(对应ω_1)，则这时送入抽样判决器进行比较的两路输入包络分别为：

$$V_1(t)=\sqrt{\left[a+n_\mathrm{c}(t)\right]^2+n_\mathrm{s}^2(t)} \tag{5-64}$$

$$V_2(t)=\sqrt{n_\mathrm{c}^2(t)+n_\mathrm{s}^2(t)} \tag{5-65}$$

式中 $V_1(t)$——相应于ω_1通道的包络函数；

$V_2(t)$——相应于ω_2通道的包络函数。

由前面讨论可知，$V_1(t)$的一维概率分布为广义瑞利分布，而 $V_2(t)$的一维概率分布为瑞利分布。显然，当$V_1(t)$的取样值V_1小于$V_2(t)$的取样值V_2时，则发生判决错误，其错误概率为：

$$\begin{aligned}P_{\mathrm{e}1}=P(V_1<V_2)&=\int_0^\infty f_1(V_1)\left[\int_{V_1=V_2}^\infty f_2(V_2)\mathrm{d}V_2\right]\mathrm{d}V_1\\&=\int_0^\infty\frac{V_1}{\sigma_\mathrm{n}^2}I_0\left(\frac{aV_1}{\sigma_n^2}\right)\exp\left[(-2V^2-a^2/2\sigma_\mathrm{n}^2)\right]\mathrm{d}V_1\end{aligned}$$

令：

$$t=\frac{\sqrt{2}V_1}{\sigma_\mathrm{n}},\ z=\frac{a}{\sqrt{2}\sigma_\mathrm{n}}$$

则上式可以改写成：

$$\begin{aligned}P_{\mathrm{e}1}&=\int_0^\infty\frac{1}{\sqrt{2}\sigma_\mathrm{n}}\left(\frac{\sqrt{2}V_1}{\sigma_\mathrm{n}}\right)I_0\left(\frac{a}{\sqrt{2}\sigma_\mathrm{n}}\cdot\frac{\sqrt{2}V_1}{\sigma_\mathrm{n}}\right)\mathrm{e}^{-\frac{V_1^2}{\sigma_\mathrm{n}^2}}\mathrm{e}^{-\frac{a^2}{2\sigma_\mathrm{n}^2}}\cdot\left(\frac{\sigma_\mathrm{n}}{\sqrt{2}}\right)\mathrm{d}\left(\frac{\sqrt{2}V_1}{\sigma_\mathrm{n}}\right)\\&=\frac{1}{2}\int_0^\infty tI_0(zt)\mathrm{e}^{-t^2/2}\mathrm{e}^{-z^2}\mathrm{d}t=\frac{1}{2}\mathrm{e}^{-z^2/2}\int_0^\infty tI_0(zt)\mathrm{e}^{-(t^2+z^2)/2}\mathrm{d}t\end{aligned}$$

根据 Q 函数的性质，有：

$$Q(z,0)=\int_0^{\infty} tI_0(zt)\mathrm{e}^{-(t^2+z^2)/2}\mathrm{d}t=1$$

所以，上述的 P_{e1} 即为：

$$P_{\mathrm{e1}}=\frac{1}{2}\mathrm{e}^{-z^2/2}=\frac{1}{2}\mathrm{e}^{-r/2} \tag{5-66}$$

式中，$r=z^2=a^2/2\sigma_{\mathrm{n}}^2$

同理可求得当发“0”码时的错误概率 P_{e2}，其结果与式（5-66）完全一样，即有：

$$P_{\mathrm{e2}}=\frac{1}{2}\mathrm{e}^{-r/2} \tag{5-67}$$

于是，可得 2FSK 非相干接收系统的总误码率 P_{e}

$$P_{\mathrm{e}}=\frac{1}{2}\mathrm{e}^{-r/2} \tag{5-68}$$

在前面讨论的基础上，采用同步检测法接收频移信号的系统性能，就十分容易求得。

仍假定在$(0，T_{\mathrm{s}})$时间内所发送的码元为“1”，则这时送入抽样判决器进行比较的两路输入波形分别为：

$$\left.\begin{aligned} x_1(t)&=a+n_{1\mathrm{c}}(t)\\ x_2(t)&=n_{2\mathrm{c}}(t)\end{aligned}\right\} \tag{5-69}$$

式中 $x_1(t)$——相应于ω_1 通道的输入；

$x_2(t)$——相应于ω_2 通道的输入。

因为 $n_{1\mathrm{c}}(t)$及 $n_{2\mathrm{c}}(t)$都是高斯随机过程，故抽样值 $x_1=a+n_{1\mathrm{c}}$ 是均值为 a、方差为σ_{n}^2 的正态随机变量；而抽样值 $x_2=n_{2\mathrm{c}}$ 也是均值为 0、方差为σ_{n}^2 的正态随机变量。由于此时 $x_1<x_2$ 将造成将“1”码错误判决为“0”码，故这时错误概率 P_{e1} 为：

$$P_{\mathrm{e1}}=P(x_1<x_2)=P\left[(a+n_{1\mathrm{c}})<n_{2\mathrm{c}}\right]=P(a+n_{1\mathrm{c}}-n_{2\mathrm{c}}<0)$$

令 $z=a+n_{1\mathrm{c}}-n_{2\mathrm{c}}$，则 z 也是正态随机变量，且均值为 a，方差为 σ_{z}^2。该σ_{z}^2 为：

$$\sigma_{\mathrm{n}}^2=\overline{(z-\overline{z})^2}=2\sigma_{\mathrm{n}}^2 \tag{5-70}$$

因此，令 z 的概率密度为 $f(z)$时，有：

$$P_{\mathrm{e1}}=\int_{-\infty}^{0} f(z)\mathrm{d}z=\frac{1}{\sqrt{2\pi}\sigma_z}\int_{-\infty}^{0}\mathrm{e}^{-(z-a)^2/2\sigma_{\mathrm{n}}^2}\mathrm{d}z=\frac{1}{2}\operatorname{erfc}\left(\sqrt{\frac{r}{2}}\right) \tag{5-71}$$

同理可求得发送“0”错判为“1”的概率 P_{e2}。显然，在上述条件下，P_{e1} 与 P_{e2} 相等。因此，2FSK 接收系统总误码率 P_{e}：

$$P_{\mathrm{e}}=\frac{1}{2}\operatorname{erfc}\left(\sqrt{\frac{r}{2}}\right) \tag{5-72}$$

此外，在大信噪比条件下，式（5-72）成为：

$$P_{\mathrm{e}}=\frac{1}{\sqrt{2\pi r}}\mathrm{e}^{-r/2} \tag{5-73}$$

比较式（5-73）和式（5-68）同样可以看出，在大信噪比下，频移键控的包络检波系统和同步检测系统相比，在性能上相差是很小的，但采用同步检测时设备却要复杂得多。因此，在能够满足输入信噪比要求的场合，包络检波法比同步检测法更为常用。

应该指出，对频移键控信号的解调，除上述两种方式外，在实际中还可采用鉴频法。由于此时数学分析较为复杂，限于篇幅，就不再讨论它的性能。

【例 5-2】 采用二进制频移键控方式在有效带宽为 2400Hz 的信道上传送二进制数字信息。已知 2FSK 信号的两个频率：f_1=2025Hz，f_2= 2225Hz，码元速率 R_B= 300 波特，信道输出端的信噪比为 6dB。试求：

1）2FSK 信号的带宽。

2）采用包络检波法解调时系统的误码率。

3）采用同步检测法解调时系统的误码率。

解：1）根据式（5-20），该 2FSK 信号的带宽为：

$$f \approx |f_2 - f_1| + 2f_s = |f_2 - f_1| + 2R_B = 800\text{Hz}$$

2）由于码元速率为 300 波特，放图 5-9 接收系统上、下支路带通滤波器ω_1和ω_2的带宽近似为：

$$B \approx \frac{2}{T_s} = 2R_B = 600\text{Hz}$$

又因为已知信道的有效带宽为 2400Hz，它是上、下支路带通滤波器带宽的 4 倍，所以带通滤波器输出信噪比 r 比输入信噪比提高了 4 倍。又由于输入信噪比为 6dB（即 4 倍），故带通滤波器输出信噪比应为：

$$r = 4 \times 4 = 16$$

根据式（5-68），可得包络检波法解调系统的误码率为：

$$P_e = \frac{1}{2}e^{-\frac{r}{2}} = \frac{1}{2}e^{-8} = 1.68 \times 10^{-4}$$

3）同理，根据式（5-72），可得同步检测法解调时系统的误码率为：

$$P_e = \frac{1}{2}\text{erfc}\left(\sqrt{\frac{r}{2}}\right) = \frac{1}{2}\text{erfc}(\sqrt{8}) = 3.17 \times 10^{-5}$$

5.4.3 二进制绝对移相键控 2PSK 及相对移相键控 2DPSK 系统的抗噪声性能

二进制移相键控方式可分绝对移相制和相对移相制两种，为了克服“反相”问题，实际传输大都采用相对移相制。可是，无论是绝对移相信号还是相对移相信号，单从信号波形上看，无非是一对倒相信号的序列。因此，在研究移相键控系统的性能时，仍可把发送端发出的信号假设为：

$$s_T(t) = \begin{cases} u_{1T}(t), \text{发送“1”时} \\ u_{0T}(t) = -u_{1T}(t), \text{发送“0”时} \end{cases} \tag{5-74}$$

其中：

$$u_{1T}(t) = \begin{cases} A\cos\omega_c t, 0 < t < T_s \\ 0, \text{其他} t \end{cases}$$

注意，当 S_T（t）代表绝对移相信号时，上式“1”及“0”便是原始数字信息（绝对码）；当 S_T（t）代表相对移相信号时，则上式的“1”及“0”并非是原始数字信息，而是绝对码变换成相对码后的“1”及“0”。

对式（5-74）给出的移相信号，通常可采用差分相干检测法（即相位比较法）和同步检测法（即极性比较法）进行解调，其简化的接收系统已示于图 5-26 及图 5-28，并假设判决门限值为“0”电平。

从图 5-16 所示的同步检测系统可以看出，在一个信号码元的持续时间内，低通滤波器的输出波形可表示为：

$$x(t)=\begin{cases} a+n_c(t),\text{发送“1”时} \\ -a+n_c(t),\text{发送“0”时} \end{cases} \tag{5-75}$$

式（5-75）直接来自式（5-50），因为它们的检测系统是完全相同的。但应注意，当发送“1”时，只有由于噪声 $n_c(t)$叠加结果使 $x(t)$在抽样判决时刻变为小于 0 值时，才发生将“1”判为“0”的错误，于是将“1”判为“0”的错误概率 P_{e1} 为：

$$P_{e1}=P(x<0\text{，发送“1”时})$$

同理，将“0”判为“1”的错误概率 P_{e2} 为：

$$P_{e2}=P(x>0\text{，发送“0”时})$$

因为此时 $P_{e1}=P_{e2}$，故只需求得其中之一。由于这时的 x 是均值为 a、方差为σ_n^2的正态随机变量，因此：

$$P_{e1}=\int_{-\infty}^{0}\frac{1}{\sqrt{2\pi}\sigma_n}e^{-(x-a)^2/2\sigma_n^2}dx=\frac{1}{2}\text{erfc}(\sqrt{r}) \tag{5-76}$$

式中：　　$r=a^2/2\sigma_n^2$

因为 $P_{e2}=P_{e1}$，故 2PSK 信号采用极性比较法时的系统误码率为：

$$P_e=\frac{1}{2}\text{erfc}(\sqrt{r}) \tag{5-77}$$

在大信噪比下，上式成为：

$$P_e\approx\frac{1}{2\sqrt{\pi r}}e^{-r} \tag{5-78}$$

现在再来分析如图 5-26 所示的差分检测系统的误码率。差分检测与同步检测的主要区别在于前者的参考信号不再像后者那样具有固定的载频和相位，此时它是受到加性噪声干扰的。因此，假定在一个码元时间内发送的是“1”，且令前一个码元也为“1”（也可以令其为“0”），则在差分检测系统里加到理想鉴相器的两路波形可分别表示为：

$$\begin{aligned} y_1(t)&=[a+n_{1c}(t)]\cos\omega_c t-n_{1s}(t)\sin\omega_c t \\ y_2(t)&=[a+n_{2c}(t)]\cos\omega_c t-n_{2s}(t)\sin\omega_c t \end{aligned} \tag{5-79}$$

式中：　y_1（t）——无迟延支路的输入波形；

y_2（t）——有迟延支路的输入波形，也就是前一码元经迟延后的波形；

$[n_{1c}(t)\cos\omega_c t-n_{1s}(t)\sin\omega_c t]$ —— 无迟延支路的窄带高斯过程；

$[n_{2c}(t)\cos\omega_c t-n_{2s}(t)\sin\omega_c t]$ —— 有迟延后的窄带高斯过程。

因为理想鉴相器的作用可以等效为相乘一低通滤波，故其输出为：

$$x(t)=\frac{1}{2}\{[a+n_{1c}(t)][a+n_{2c}(t)]+n_{1s}(t)n_{2s}(t)\}$$

这个波形经取样后即按下述规则进行判决：

若 $x>0$，则判为“1”——正确判决。

若 $x<0$，则判为“0”——错误判决。

利用恒等式：

$$x_1x_2+y_1y_2=\frac{1}{4}\left\{\left[\left(x_1+x_2\right)^2+\left(y_1+y_2\right)^2\right]-\left[\left(x_1-x_2\right)^2+\left(y_1-y_2\right)^2\right]\right\}$$

则这时将“1”码错判为“0”码的概率 P_{e1} 为：

$$\begin{aligned}P_{e1}&=P\left\{\left[\left(a_1+n_{1c}\right)\left(a+n_{2c}\right)+n_{1s}n_{2s}\right]<0\right\}\\&=P\left\{\left[\left(2a+n_{1c}+n_{2c}\right)^2+\left(n_{1s}+n_{2s}\right)^2-\left(n_{1c}-n_{2c}\right)^2-\left(n_{1s}-n_{2s}\right)^2\right]<0\right\}\end{aligned} \tag{5-80}$$

设：

$$R_1=\sqrt{\left(2a+n_{1c}+n_{2c}\right)^2+\left(n_{1s}+n_{2s}\right)^2}$$

$$R_2=\sqrt{\left(n_{1c}-n_{2c}\right)^2+\left(n_{1s}-n_{2s}\right)^2}$$

则式（5-80）变为：

$$P_{e1}=P\left(R_1<R_2\right) \tag{5-81}$$

因为 n_{1c}、n_{2c}、n_{1s}、n_{2s} 是相互独立的正态随机变量，故参见式（5-64）及式（5-65）可知，这里的 R_1 为服从广义瑞利分布的随机变量，而 R_2 为服从瑞利分布的随机变量，它们的概率密度分别为：

$$\left.\begin{aligned}f(R_1)&=\frac{R_1}{2\sigma_n^2}I_0\left(\frac{aR_1}{\sigma_n^2}\right)\mathrm{e}^{-\left(R_1^2+4a^2\right)/4\sigma_n^2}\\f(R_2)&=\frac{R_2}{2\sigma_n^2}e^{-R_2^2/4\sigma_n^2}\end{aligned}\right\} \tag{5-82}$$

将上式应用于式（5-81），则可得：

$$\begin{aligned}P_{e1}&=\int_0^\infty f(R_1)\left[\int_{R_2=R_1}^\infty f\left(R_2\right)\mathrm{d}R_2\right]\mathrm{d}R_1\\&=\int_0^\infty\frac{R_1}{2\sigma_n^2}I_0\left(\frac{aR_1}{\sigma_n^2}\right)\mathrm{e}^{-(2R_1^2+4a^2)/4\sigma_n^2}\mathrm{d}R_1\end{aligned}$$

仿照求解式（5-66）的方法，不难看出上式的结果为：

$$P_{e1}=\frac{1}{2}\mathrm{e}^{-r} \tag{5-83}$$

式中：$r=a^2/2\sigma_n^2$

同理可求得将“0”错判为“1”的错误概率 P_{e2} 与式（5-83）完全一样。因此，2DPSK 差分相干检测系统的总误码率 P_e 为：

$$P_e=\frac{1}{2}\mathrm{e}^{-r} \tag{5-84}$$

前面已指出，对于差分移相信号的解调方式还可采用如图 5-28 及图 5-30 所示的极性比较—码变换的方法，即对差分移相信号先用极性比较法解调，然后将所得的相对码转换成所需的绝对码。现在来分析这种接收系统的误码率。

显然，由于极性比较法就是同步检测法，因此，码变换器输入端的误码率即可用式（5-77）或式（5-78）所示的结果表示。于是，采用极性比较—码变换法的系统误码率，只需在式（5-77）的基础上再考虑码变换器所造成的误码率即可。

为说明码变换器输出的误码情形，可以将差分移相键控系统的有关端点上的信号关系列于表 5-1 中。由此表看出，码变换器输出的每一个码元是由输入的两个相邻码元决定的。

表 5-1　各点的信号关系

发送数字信息	0 0 1 0 1 1 0 1 1 1
发送信号相位	0 0 π π 0 π π 0 π 0
同步检测输出	0 0 1 1 0 1 1 0 1 0
码变换输出	0 1 0 1 1 0 1 1 1

这里规定，若两相邻码元相同时，则输出为“0”；若两个相邻码元不同时，则输出为“1”(即输出数字为相邻输入数字的模 2 相加)。从表 5-1 中所示关系可以发现，若同步检测输出中有一个码元错误，则在码变换器输出中将引起两个相邻码元错误，如图 5-34a 所示(图 5-34 中，带“×”的码元表示错码)；若同步检测输出中有两个相继的错码。则在码变换器输出中也引起两个码元错误，如图 5-34b 所示；若输出中出现一长串连续错码，则在码变换器输出中仍引起两个码元错误，如图 5-34c 所示。按此规律，若令 P_n 表示一串 n 个码元连续错误这一事件出现的概率，n=1、2、3、…，则码变换器输出的误码率为：

$$P'_e = 2P_1 + 2P_2 + \cdots + 2P_n + \cdots \tag{5-85}$$

显然，只要找到 P_n 与同步检测输出误码率 P_e 之间的关系，则 P_e' 与 P_e 之间的关系也就可通过式（5-85）求得。在一个很长的序列中，出现一串 n 个码元连续错误这一事件，必然是“n 个码元同时出错与在该一串错码两端都有一码元不错”同时发生的事件。因此：

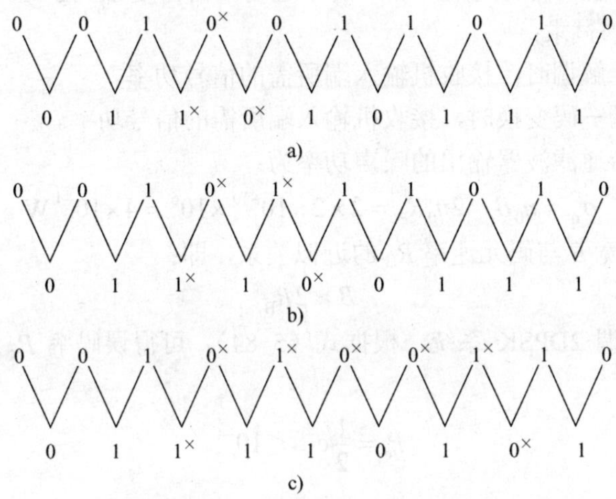

图 5-34　码变换发生错码的情形

$$P_n = (1-P_n)^2 P_e^n, n = 1,2,\cdots \tag{5-86}$$

于是，将式（5-86）代入式（5-85）后可得：

$$\begin{aligned} P'_e &= 2(1-P_e)^2 [P_e^1 + P_e^2 + P_e^3 + \cdots + P_e^n + \cdots] \\ &= 2(1-P_e)^2 P_e (1 + P_e + P_e^2 + \cdots) \end{aligned} \tag{5-87}$$

因为 P_e 总是小于 1，故下式必成立：

$$1+P_e+P_e^2+\cdots=\frac{1}{1-P_e}$$

将上式代入式（5-87），可得：

$$P'_e=2(1-P_e)P_e \tag{5-88}$$

或有：

$$\frac{P'_e}{P_e}=2(1-P_e) \tag{5-89}$$

由此可见，若 P_e 很小，则有：

$$\frac{P'_e}{P_e}\approx 2 \tag{5-90}$$

若 P_e 很大，以至使 $P_e\approx\frac{1}{2}$ 则有：

$$\frac{P'_e}{P_e}\approx 1 \tag{5-91}$$

从而看到，实际中码变换器总是使误码率增加，增加的系数（P_e' / P_e）在 1～2 之间变化。将式（5-77）的结果代入式（5-88），则得到采用极性比较—码变换法检测二进制相对移相信号时的系统误码率为：

$$P'_e=\frac{1}{2}\left[1-\left(\operatorname{erf}\sqrt{r}\right)^2\right] \tag{5-92}$$

【例 5-3】 假设采用 2DPSK 信号在微波线路上传送二进制数字信息。已知码元速率 $R_B=10^6$ 波特，接收机输入端的高斯白噪声的单边功率谱密度 $n_0=2\times10^{-10}\,\text{W}/\text{H}_\text{Z}$。要求系统的误码率不大于 10^{-4}。试求：

1）采用差分相干解调时，接收机输入端所需的信号功率。

2）采用相干解调—码变换时，接收机输入端所需的信号功率。

解：1）接收端带通滤波器输出的噪声功率为：

$$\sigma_n^2=n_0B=2n_0R_B=2\times2\times10^{-10}\times10^6=4\times10^{-4}\,\text{W}$$

这里，利用了带宽 B 与码元速率 R_B 的近似关系，即：

$$B\approx 2R_B$$

对于差分相干解调 2DPSK 系统，根据式（5-84），可得误码率 P_e 与信噪比 r 的关系，即：

$$P_e=\frac{1}{2}e^{-r}\leqslant 10^{-4}$$

解出 r，可得：

$$r=\frac{a^2}{2\sigma_n^2}\geqslant 8.25$$

故接收机输入端所需的信号功率为：

$$P_e=\frac{a^2}{2}\geqslant 8.25\times\sigma_n^2=8.25\times4\times10^{-4}=3.3\times10^{-3}\,\text{W}=5.32\text{dBm}$$

2）对于相干解调—码变换的 2DPSK 系统，根据式（5-90）可得：

$$P'_e\approx 2P_e=1-\operatorname{erf}\sqrt{r}$$

根据题意有：

$$P_e' \leqslant 10^{-4}$$

因而有：

$$1-\operatorname{erf}\sqrt{r} \leqslant 10^{-4}$$

查误差函数表，可得：

$$\sqrt{r} \geqslant 2.76$$
$$r \geqslant 7.62$$

故接收机输入端所需的信号功率为：

$$P_s = \frac{a^2}{2} = 7.62 \times \sigma_n^2 = 7.62 \times 4 \times 10^{-4} = 3.05 \times 10^{-3}\,\text{W} = 4.82\text{dBm}$$

例 5-3 表明，当要求系统的误码率不大于 10^{-4} 时，采用差分相干解调接收机输入端所需的信号功率仅比采用相干解调—码变换时多 0.5dB 左右，但前者的解调电路却比后者要简单得多。因此，2DPSK 系统中大都采用差分相干解调。

5.5 多进制数字调制

二进制载波数字调制，其基带数字信号只有两种可能的状态 1、0 或+1、-1。随着数字通信的发展，对频带利用率的要求不断提高，多进制数字调制系统获得了越来越广泛的应用。

在多进制系统中，一位多进制码元将代表若干位二进制码元，在相同的码元速率条件下，多进制数字系统的信息速率高于二进制系统。在二进制系统中，随着码元速率的提高，所需信道带宽增加。采用多进制可降低码元速率、减小信道带宽。同时，加大码元宽度，可增加码元能量，有利于提高通信系统的可靠性。

用 M 进制数字基带信号调制载波的幅度、频率和相位，可分别产生出 MASK、MFSK 和 MPSK 三种多进制载波数字调制信号。

5.5.1 MASK 系统

多进制数字振幅调制又称为多电平调幅。它用具有多个电平的随机基带脉冲序列对载波进行振幅调制。已调波一般可表示为：

$$e_{\text{MASK}}(t) = \left[\sum_{n=-\infty}^{\infty} a_n g(t-nT_s)\right]\cos\omega_0 t \tag{5-93}$$

式中：

$$a_n = \begin{cases} 0 & ,\text{概率为}P_0 \\ 1 & ,\text{概率为}P_1 \\ 2 & ,\text{概率为}P_2 \\ \vdots & \quad\vdots \\ M-1 & ,\text{概率为}P_{\text{M-1}} \end{cases}$$

$g(t)$ 是高度为 1，宽度为 T_s 的短形脉冲，且有 $\sum_{i=0}^{\infty} P_i = 1$。为了易于理解，把其波形如

图 5-35 所示。显然图 5-35c 中诸波形的叠加便构成了图 5-35b 的波形。

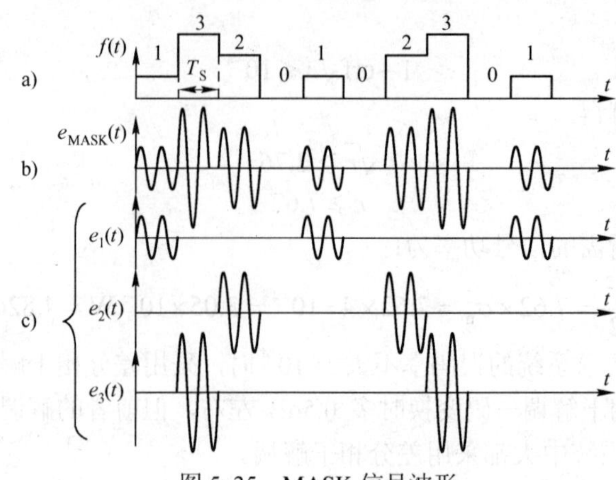

图 5-35 MASK 信号波形

a）多电平随机基带脉冲序列 b）ASK 已调信号 c）各电平对应的 ASK 已调信号

由图 5-35 可见，M 进制 ASK 信号是 M 个二进制 ASK 信号的叠加。那么，MASK 信号的功率谱便是 M 个二进制 ASK 信号功率谱之和。因此，叠加后的 MASK 信号的功率谱将与每一个二进制 ASK 信号的功率谱具有相同的带宽。所以其带宽为：

$$B_{\rm M} = 2f_{\rm s} = \frac{2}{T_{\rm s}} \tag{5-94}$$

MASK 信号与二进制 ASK 信号产生的方法相同，可利用乘法器来实现。解调也与二进制 ASK 信号相同，可采用相干解调和非相干解调两种方式。

5.5.2 MFSK 系统

多进制频移键控简称多频制，是用多个频率不同的正弦波分别代表不同的数字信号，在某一码元时间内只发送其中一个频率。

一般的 MFSK 系统，可由图 5-36 所示框图表示。串/ 并变换电路将输入的二进制码每 k 位分为一组，然后由逻辑电路转换成具有多种状态的多进制码元。当某组二进制码元来到时，逻辑电路的输出一方面打开相应的门电路，使该门电路对应的载波发送出去，同时关闭其他门电路，不让其他载波发送出去。因此，当一组二进制码输入时，加法器的输出便是一个 MFSK 波形。

接收部分由多个中心频率为 f_1、f_2 ……，$f_{\rm M}$ 的带通滤波器、包络检波器及一个抽样判决器、逻辑电路、并 / 串变换电路组成。当某一载频来到时，只有一个带通滤波器有信号和噪声通过，其他的带通滤波器只有噪声通过。抽样判决器的任务就是在某一时刻比较所有包络检波器的输出电压，判断哪一路的输出最大，以达到判决频率的目的。将最大者输出，就得到一个多进制码元，经逻辑电路转换成 k 位二进制并行码，再经并 / 串变换电路转换成串行二进制码元，从而完成解调任务。

MFSK 信号除了上述解调方法之外，还可采用分路滤波相干解调方式。此时，只须将图 5-36 中的包络检波器用乘法器和低通滤波器代替即可。但各路乘法器需分别送入不同频率的相干本地载波。

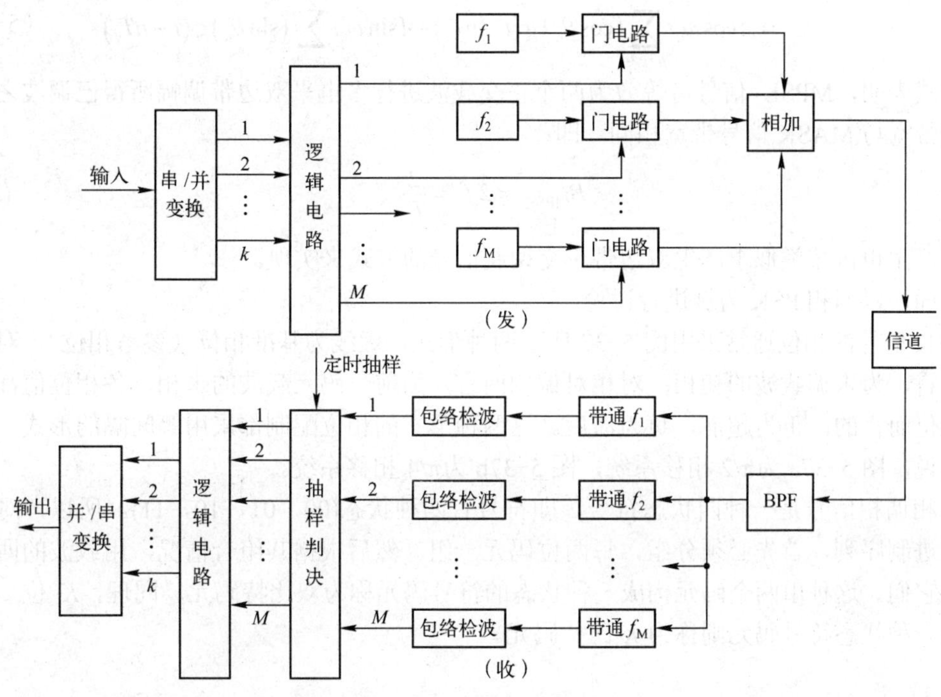

图 5-36　MFSK 系统方框图

MFSK 系统占据较宽的频带，因而频带利用率低，多用于调制速率不高的传输系统中，以便频带不至于过宽。

这种方式产生的 MFSK 信号，其相位是不连续的，可看作是 M 个振幅相同、载波不同时间上互不相容的二进制 ASK 信号的叠加。因此其带宽为：

$$B_{MFSK} = f_H - f_L + 2f_s \tag{5-95}$$

式中，f_H 为最高载频，f_L 为最低载频，f_s 为码元速率。

5.5.3 MPSK 系统

MPSK 系统利用具有多个相位状态的正弦波来代表多组二进制信息码元。即用载波的一个相位对应于一组二进制信息码元。如果载波有 2^k 个相位，它可代表 K 位二进制码元的不同组合的码组。多进制相移键控也分为多进制绝对相移键控和多进制相对相移键控。

MPSK 信号，载波相位可取 M 个可能值，$\theta_n = \frac{n2\pi}{M}$ ，n=0，1，2，…，$M-1$。因此 MPSK 信号可表示为：

$$e_{MPSK}(t) = A\cos(\omega_0 t + \theta_n) = A\cos(\omega_0 t + \frac{n2\pi}{M}) \tag{5-96}$$

假定载波频率 ω_0 是基带数字信号速率 $f_s=\frac{1}{T_s}$ 的整数倍，则式（5-96）可改写为：

$$
\begin{aligned}
e_{\mathrm{MPSK}}(t) &= A\sum_{n=-\infty}^{\infty} g\left(t-nT_{\mathrm{s}}\right)\cos\left(\omega_0 t+\theta_{\mathrm{n}}\right) \\
&= A\cos\omega_0 t\sum_{n=-\infty}^{\infty}\left(\cos\theta_{\mathrm{n}}\right)g\left(t-nT_{\mathrm{s}}\right) - A\sin\omega_0 t\sum_{n=-\infty}^{\infty}\left(\sin\theta_n\right)g\left(t-nT_s\right)
\end{aligned} \tag{5-97}
$$

上式表明，MPSK 信号可等效为两个正交载波进行多电平双边带调幅所得已调波之和。因此其带宽与 MASK 信号带宽相同，即：

$$
B_{\mathrm{MPSK}} = 2f_{\mathrm{s}} = \frac{2}{T_{\mathrm{s}}} \tag{5-98}
$$

其产生也可按类似于产生双边带正交调制信号的方式来实现。

下面，以四相 PSK 为例进行讨论。

PSK 信号的相位通常采用图 5-37 所示两种形式，虚线为基准相位（参考相位），对绝对调相而言，为未调载波的初相；对相对调相而言，为前一码元载波的末相，各相位值都是对参考相位而言的，正为超前，负为滞后。这两种形式的相位配制都采用等间隔的形式，对四相制来说，图 5-37a 为π/2 相移系统，图 5-37b 为π/4 相移系统。

四相调相信号是一种四状态符号，即符号有四种状态(00，01，10，11)。所以，对于输入的二进制序列，首先必须分组，每两位码元一组。然后根据其组合情况，用载波的四种相位表征它们。这种由两个码元构成一种状态的符号码元称为双比特码元。同理，*K* 位二进制码构成一种状态符号码元则称为 *K* 比特码元。

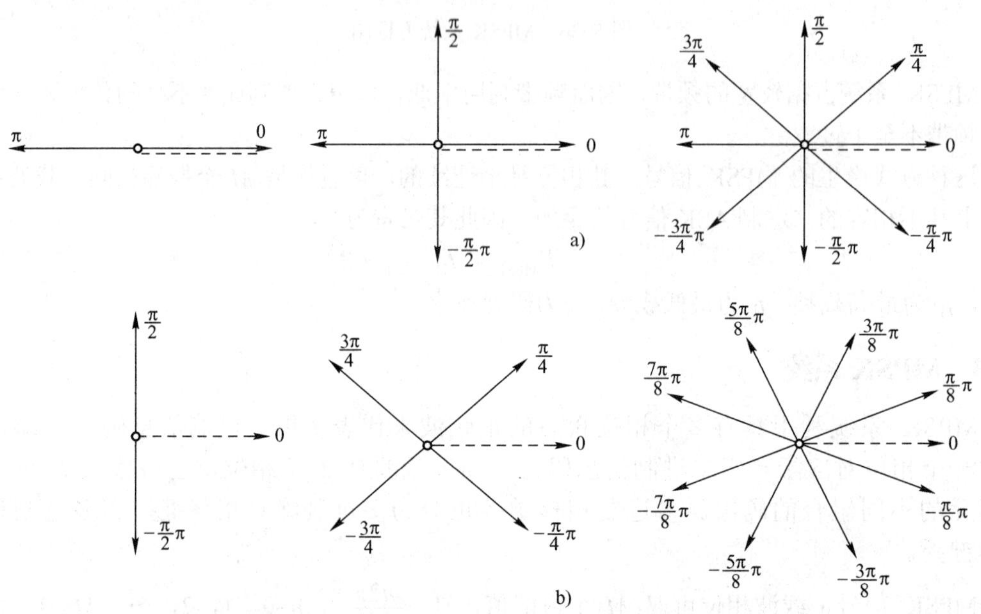

图 5-37　4PSK 信号的矢量图

a）为π/2 相移系统　b）为π/ 4 相移系统

1．4PSK 信号

四相 PSK 信号实际是两路正交双边带信号。因此，可由图 5-38 所示方法产生。

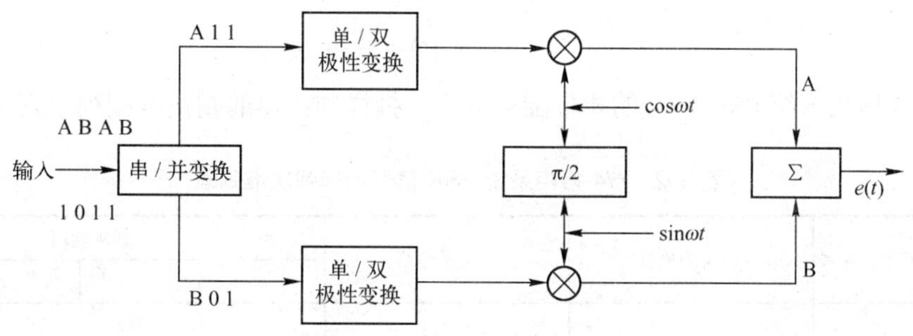

图 5-38　4PSK 信号产生方框图

串行输入的二进制码，两位分成一组，若前一位用 A 表示，后一位用 B 表示，。经串/变换后变成宽度加倍的并行码（A、B 码元在时间上是对齐的）。再分别进行极性变换，把单极性码变成双极性码，然后与载波相乘，形成正交的双边带信号，加法器输出形成 4PSK 信号。显然，此系统产生的是π/4 系统 PSK 信号。如果产生π/2 系统的 PSK 信号，只需把载波移相π/4 后再加到乘法器上即可。

因为 4PSK 信号是两个正交的 2PSK 信号的合成。所以，可仿照 2PSK 信号的相干解调方法，用两个正交的相干载波分别检测 A 和 B 两个分量，然后还原成串行二进制数字信号，即可完成 4PSK 信号的解调。此法是一种正交相干解调法，又称极性比较法，其原理如图 5-39 所示。

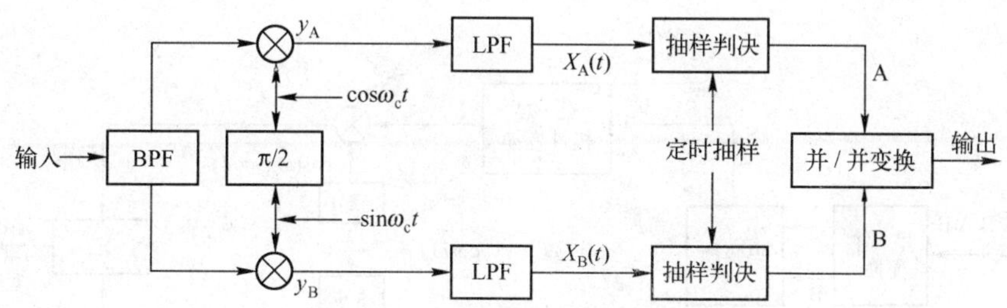

图 5-39　4PSK 信号相干接收方框图

为了分析方便，可不考虑噪声的影响，这样，加到接收机上的信号在一符号持续时间内可表示为：

$$e(t) = A\cos(\omega_0 t + \theta_n) \tag{5-99}$$

假定讨论的是π / 4 移相系统，那么：

$$\theta_n = \pi/4, 3\pi/4, 5\pi/4, 7\pi/4$$

两路乘法器的输出分别为：

$$y_A(t) = \frac{A}{2}\cos\theta_n + \frac{A}{2}\cos(2\omega_0 + \theta_n) \tag{5-100}$$

$$y_B(t) = \frac{A}{2}\sin\theta_n - \frac{A}{2}\sin(2\omega_0 + \theta_n) \tag{5-101}$$

LPF 输出分别是：

$$x_A(t) = \frac{A}{2}\cos\theta_n \tag{5-102}$$

$$x_B(t) = \frac{A}{2}\sin\theta_n \quad (5\text{-}103)$$

根据π/4 移相系统 PSK 信号的相位配置规定，抽样判决器的判决准则列于表 5-2 中。

表 5-2　π/4 移相系统 PSK 信号抽样判决准则表

符号相位θ_n	$\cos\theta_n$的极性	$\sin\theta_n$的极性	判决输出	
			A	B
π/4	+	+	1	1
3π/4	−	+	0	1
5π /4	−	−	0	0
7π /4	+	−	1	0

当判决器按极性判决时，正抽样值判为 1，负抽样值判为 0，则可将调相信号解调为相应的数字信号。解调出的 A 和 B，再经并 / 串变换，就可还原出原调制信号。

若要解调π / 2 移相系统的 PSK 信号，除改变移相网络和判决准则外，其他与π / 4 移相系统相同。

2．4DPSK 信号

为了产生 4DPSK 信号，可在产生 4PSK 信号的基础上加一码变换器来实现。码变换器的作用是将绝对码变为相对（差分）码。π/2 移相系统的 DPSK 信号产生原理如图 5-40 所示。

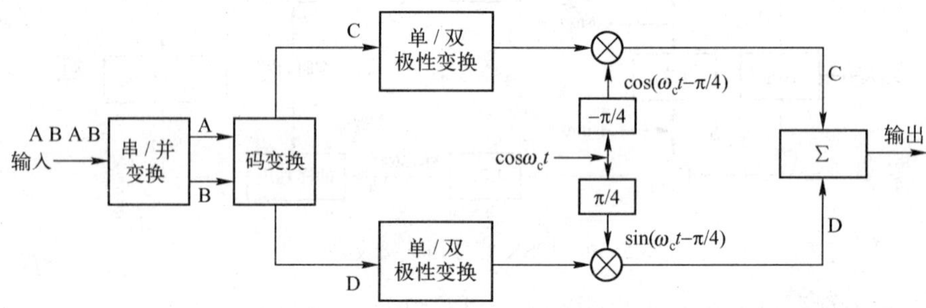

图 5-40　4DPSK 信号产生原理框图(π/2 移相系统)

4DPSK 信号的解调，可仿照 2DPSK 信号差分相干解调法，通过比较前后码元载波相位，分别检测出 A 和 B 两个分量。然后还原成串行二进制数字调制信号，其原理如图 5-41 所示。这里给出的是π/4 移相系统。设某一码元及前一码元载波分别为：

$$e_i(t) = A\cos(\omega_0 t + \theta_n) \quad (5\text{-}104)$$

$$e_i(t - T_s') = A\cos\left(\omega_0 t + \theta_{n-1}\right) \quad (5\text{-}105)$$

式中θ_n为本码元载波初相角；θ_{n-1}为前一码元载波初相角。两路乘法器的输出分别为：

$$y_A(t) = \frac{A^2}{2}\cos(\theta_n - \theta_{n-1}) + \frac{A^2}{2}\cos(2\omega_0 t + \theta_n + \theta_{n-1}) \quad (5\text{-}106)$$

$$y_B(t) = \frac{A^2}{2}\sin(\theta_n - \theta_{n-1}) - \frac{A^2}{2}\sin(2\omega_0 t + \theta_n + \theta_{n-1}) \quad (5\text{-}107)$$

两路 LPF 的输出分别是：

$$x_{\mathrm{A}}(t)=\frac{A^2}{2}\cos(\theta_{\mathrm{n}}-\theta_{\mathrm{n-1}}) \tag{5-108}$$

$$x_{\mathrm{B}}(t)=\frac{A^2}{2}\sin(\theta_{\mathrm{n}}-\theta_{\mathrm{n-1}}) \tag{5-109}$$

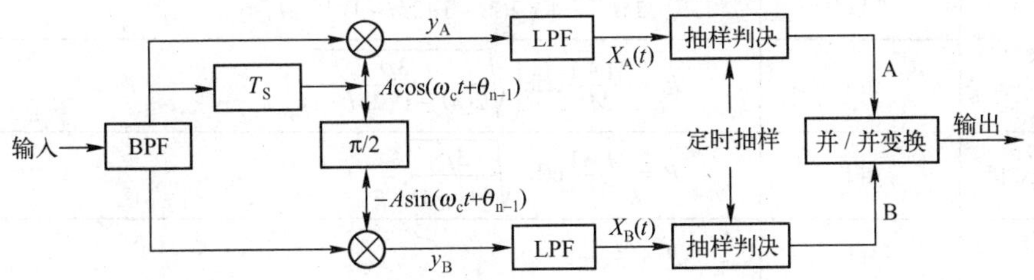

图 5-41　4DPSK 信号的相干解调原理框图

根据π/4 移相系统 DPSK 信号的相位配置规定，抽样判决器的判决准则于表 5-3 中列出。判决器按极性判决，正抽样值判为 1，负抽样值判为 0。

表 5-3　4DPSK 信号抽样判决准则表

符号相位 θ_{n}	$\cos(\theta_{\mathrm{n}}-\theta_{\mathrm{n-1}})$的极性	$\sin(\theta_{\mathrm{n}}-\theta_{\mathrm{n-1}})$的极性	判决输出	
			A	B
π/4	+	+	1	1
3 π/4	−	+	0	1
5 π/4	−	−	0	0
7 π/4	+	−	1	0

两路判决器的输出 A 和 B，再经并/串变换就可恢复原来的串行数字信号。若解调π/2 移相系统的 DPSK 信号，需适当改变移相网络及判决准则。除上述方法之外，DPSK 信号还有其他解调方法，不再介绍。

5.5.4　多进制数字调制系统的性能

多进制系统的性能推导较繁琐，仅以 MPSK 为例加以讨论。有兴趣的读者可参考有关文献。最后，将各种多进制系统的误码率公式列于表 5-4 中以供读者参考。

在 MPSK 系统中可认为 M 个信号把相位平面分成 M 等分，每一等分的相位间隔代表一个信号。由于信道噪声的影响，会使合成波形相位随机变化。若发送信号的基准相位为 0，则合成波形的相位θ在$-\pi/M$～π/M 范围内变化，不会发生错误判决。

在大信噪比（$r_{\mathrm{M}}\gg1$）的情况下，θ 的概率密度函数 P（θ）可由下式来表示：

$$p(\theta)=\sqrt{\frac{rM}{\pi}}\cos\theta\mathrm{e}^{-r}M^{\sin^2\theta} \tag{5-110}$$

$$P_{\mathrm{CM}}=\int_{-\pi/M}^{\pi/M}p(\theta)\mathrm{d}\theta=\int_{-\pi/M}^{\pi/M}\sqrt{\frac{rM}{\pi}}\cos\theta\mathrm{e}^{-r}M^{\sin^2\theta} \tag{5-111}$$

当θ 从$-\pi/M$～π/M 与π/M～$-\pi/M$ 的概率是重复的。因此，系统的误码率正确判决的概率为：

表 5-4 多进制系统的误码率

调制方式	解调方式	误码率 P_e
单极性 MASK	非相干	$P_e \approx (1-\frac{3}{2M})\text{erfc}\left(\sqrt{\frac{3\rho}{2(M-1)(2M-1)}}\right)+\frac{1}{M}e^{-\frac{3\rho}{2(M-1)(2M-1)}}$
	相干	$P_e = \frac{M-1}{M}\text{erfc}\left(\sqrt{\frac{3\rho}{2(M-1)(2M-1)}}\right)$
双极性 MASK	相干	$P_e = \frac{M-1}{M}\text{erfc}(\sqrt{\frac{3\rho}{M^2-1}})$
MFSK	非相干	$P_e \approx \frac{M-1}{2}e^{-\frac{r_M}{2}}$
	相干	$P_e \approx \frac{M-1}{2}\text{erfc}(\sqrt{\frac{r_M}{2}})$
MPSK	相干	$P_e = \frac{1}{2}\text{erfc}(\sqrt{r_M}\sin\frac{\pi}{M})$

注：式中ρ为平均信噪功率比，对振幅键控即是各电平等概时的信号平均功率与噪声平均功率之比。

$$P_{eM} = \frac{1}{2}\left(1-P_{cM}\right) \tag{5-112}$$

将式（5-111）代入式（5-112）并计算得：

$$P_{eM} = \frac{1}{2}\left[1-\text{erf}\left(\sqrt{r_M}\sin\frac{\pi}{M}\right)\right] = \frac{1}{2}\text{erfc}\left(\sqrt{r_M}\sin\frac{\pi}{M}\right) \tag{5-113}$$

当 M 很大时，$\sin\frac{\pi}{M}\approx\frac{\pi}{M}$ ，于是式（5-113）可变为：

$$P_{eM} = \frac{1}{2}\text{erfc}\left(\sqrt{r_M}\sin\frac{\pi}{M}\right) \tag{5-114}$$

若将 M=2 代入式（5-113）有：

$$P_{e2} = \frac{1}{2}\text{erfc}\left(\sqrt{r}\right) \tag{5-115}$$

其中 r 为二进制时的信噪比。

比较式（5-113）和（5-115）看出，当 M 增加时，P_{eM} 增大，$P_{eM} > P_{e2}$，这表明多进制系统的性能低于二进制系统。

5.6 现代数字调制技术

现代通信中，随着大容量和远距离数据通信技术的发展，出现了一些新问题，主要是信道的带限和非线性对传输信号的影响。在这种情况下，传统的数字调制方式受到了威胁，需要采用新的数字调制方式以减小信道对传输信号的影响，进一步减小信道带宽、减小带外辐射、提高功率利用率。下面就部分新的数字调制技术进行简单介绍。

5.6.1 正交振幅调制 QAM

2ASK 信号的带宽是基带信号带宽的两倍，在传输速率不变的情况下，数据传输的频带利用率将降低 50%，即传输的有效性降低，这显然是不好的。因此可以考虑采用一种更好的传输方式，既能满足调制又能使得有效性较高，所以提出了正交振幅调制(QAM，Quadrature

Amplitude Modulation)，又称正交双边带调制。

正交振幅调制的基本思想是将两路独立的基带波形分别对两个相互正交的同频载波进行抑制载波的双边带调制，所得到的两路已调信号叠加起来的过程，称为正交振幅调制。在 QAM 系统中，由于两路已调信号在相同的带宽内频谱正交，可以在同一频带内并行传输两路数据信息，因此，其频带利用率和单边带系统相同，QAM 方式一般用于高速数据传输系统中。在 QAM 方式中，基带信号可以是二电平的，又可以为多电平的，若为多电平时，就构成多进制正交振幅调制。正交振幅调制信号产生和解调原理图如图 5-42 所示。输入数据序列经串 / 并变换得 A，B 两路信号，如图中所示，A，B 两路信号通过低通的基带形成，则形成 $S_1(t)$和 $S_2(t)$两路独立的基带波形，它们都是无直流分量的双极性基带脉冲序列。

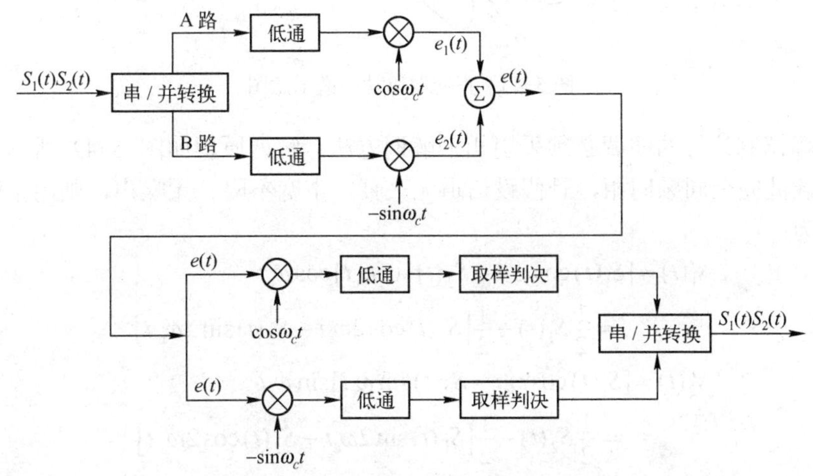

图 5-42　正交振幅调制信号的产生和解调

输入信号 $s_1(t)s_2(t)$ 经串/并转换过后分为 A 路 $s_1(t)$ 和 B 路 $s_2(t)$，各自经过低通后，A 路的基带信号 $s_1(t)$ 与载波 $\cos\omega_c t$ 相乘，形成抑制载波的双边带调幅信号：

$$e_1(t)=S_1(t)\cos\omega_c t \tag{5-116}$$

B 路基带信号 $s_2(t)$ 与载波 $\cos(\omega_c t+\frac{\pi}{2})$（等于$-\sin\omega_c t$）相乘，形成另一路抑制载波的双边带调幅信号：

$$e_2(t)=-S_2(t)\sin\omega_c t \tag{5-117}$$

于是两路合成的输出信号为：

$$\begin{aligned}e(t)=&\ e_1(t)+e_2(t)\\ &=S_1(t)\cos\omega_c-S_2(t)\sin\omega_c t\end{aligned} \tag{5-118}$$

由于 A 路的调制载波与 B 路的调制载波相位相差 90°，所以形成两路正交的频谱，故称为正交调幅。正交调幅系统的功率谱如图 5-43 所示。

由图 5-43 可以看出，这种调制方法的 A、B 两路都是双边带调制，但两路信号同处于一个频段之中，所以可同时传输两路信号。

下面看看正交振幅调制的频带利用率有何变化，根据公式 $\eta=\frac{f_b}{B}$bit/(s·Hz) 可知，采用正交振幅调制以后。带宽 B 没有改变，对于每一路信号的传输速率 f_b 也没有发生改变，但是由于在统一时间传输的路数变成了两路，总的 f_b 变成了原来的两倍。故频带利用率是双边带调制的两倍，即与单边带方式或基带传输方式的频带利用率相同。

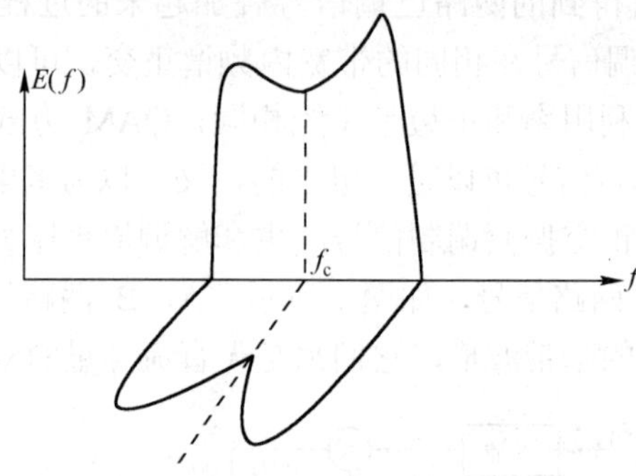

图 5-43 正交调幅功率谱示意图

正交振幅调制信号的解调必须采用相干解调方法，解调原理如图 5-42 所示。假定相干载波与信号载波完全同频同相，且假设信道无失真、带宽不限、无噪声，则两个解调乘法器的输出分别为：

$$
\begin{aligned}
s_1'(t) &= [S_1(t)\cos\omega_c t - S_2(t)\sin\omega_c t]\cos\omega_c t \\
&= \frac{1}{2}S_1(t) + \frac{1}{2}\left[S_1(t)\cos 2\omega_c t - S_2(t)\sin 2\omega_c t\right]
\end{aligned} \tag{5-119}
$$

$$
\begin{aligned}
s_2'(t) &= [S_1(t)\cos\omega_c t - S_2(t)\sin\omega_c t]\sin\omega_c t \\
&= \frac{1}{2}S_2(t) - \frac{1}{2}\left[S_1(t)\sin 2\omega_c t + S_2(t)\cos 2\omega_c t\right]
\end{aligned} \tag{5-120}
$$

经低通滤波器滤除高次谐波分量，上、下两个支路的输出信号分别为：

$$s_1'\ (\mathrm{t}) = \frac{1}{2}S_1(t) \tag{5-121}$$

$$s_2'\ (\mathrm{t}) = \frac{1}{2}S_2(t) \tag{5-122}$$

经判决合成后即为原数据序列。这样，就可以实现无失真的波形传输。

通过正交振幅信号的调制和解调我们看到了其自身的优越性，它可以成功的在传输信号频带不增加的情况下，通过两路信号的正交来提高传输信号的有效性。而且正交振幅调制信号的产生和解调都相当简单，易于实现。因此，为了更好的理解正交振幅调制的特点，从两个方面加以阐述：

第一方面：正交振幅调制的矢量关系。

由正交振幅调制图可知，我们把正交的两路信号的相位分别看成水平和垂直。则有：

为了讨论方便我们将正交调幅信号产生电路方框图重画于图 5-44。如图 5-44 所示，对正交幅度的 A 路的“1”对应于0°相位，A 路的“0”则对应于 180° 相位，而 B 路的载波与 A 路相差 90° ，则 B 路的“1”对应于 90° 相位，B 路的“0”对应于 270° 相位。A，B 两路调制输出经合成电路合成，则输出信号可有四种不同相位，各代表一组 AB 的组合，即 AB 二元码组。AB 二元码共有四种组合，即 00，01，11，10。这四种组合所对应的相位矢量关系如图 5-45 所示。图 5-45 所示的对应关系是按格雷码规则变换的，这种变换的优点是相邻判决相位的码组只有一个比特的差别，相位判决错误时只造成一个比特的误码，所以这种变换有利降低传输误码率。

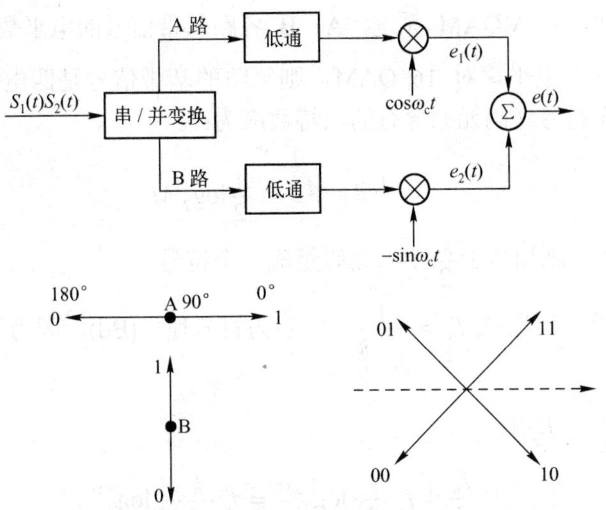

图 5-44　正交振幅调制信号产生的矢量表示图

第二方面：星座图表示法。

上面我们是用矢量表示 QAM 信号。如果只画出矢量端点，则如图 5-45 所示，称为 QAM 的星座表示。如星座图上有 4 个星点，则称为 4 QAM。

从星座图上很容易看出：A 路的“1”码位于星座图的右侧，“0”码在左侧；而 B 路的“1”码则在上侧，而“0”码在下侧。星座图上各信号点之间的距离越大，抗误码能力越强。对前述讨论的 4 QAM 方式是 A、B 各路传送的是二电平码的情况。如果采用二路四电平码送到 A、B 的调制器，就能更进一步提高频谱利用率。由于采用四电平基带信号，所以，每路在星座上有 4 个点，于是 4×4=16，组成 16 个点的星座图，如图 5-46 所示。这种正交调幅称为 16QAM。同理，将二路八电平码送到 A、B 调制器，可得 64 点星座图，称为 64QAM，更进一步还有 256QAM 等。

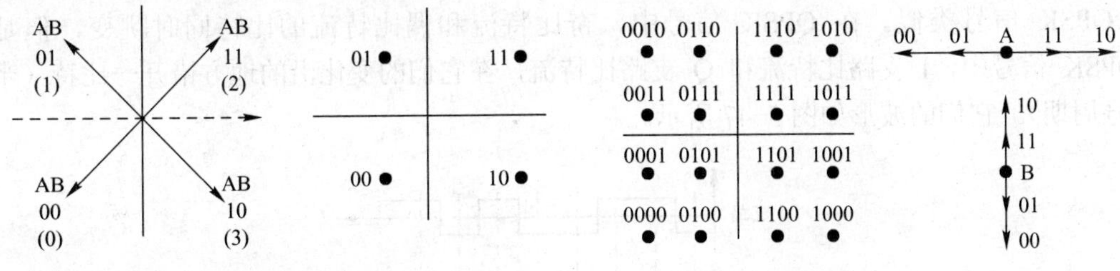

图 5-45　正交振幅调制信号的矢量图　　　　图 5-46　16QAM 星座图

QAM 方式的主要特点是有较高的频谱利用率。现在来分析如何考虑 MQAM 的频谱利用率，这里的 M 为星点数。设输入数据序列的比特率，即 A 和 B 两路的总比特率为 f_b，信道带宽为 B，则频谱利用率为：

$$\eta = \frac{f_b}{B} \quad \text{bit/(s} \cdot \text{H}_Z) \tag{5-123}$$

由前述讨论可知，对 MQAM 系统，A，B 各路基带信号的电平数应是 $M^{\frac{1}{2}}$，如 4QAM 时每路的基带信号是二电平，对 16 QAM，则每路的基带信号是四电平。按多电平传输分析，A 路和 B 路每个符号（码元）含有的比特数应为：

$$\log_2 M^{\frac{1}{2}} = \frac{1}{2}\log_2 M$$

如令 $\kappa = \log_2 M$，则相当于 $\frac{\kappa}{2}$ 个二元码组成一个符号。

设符号间隔(即符号周期)为 $T_{\frac{k}{2}} = \frac{1}{f_s \cdot \frac{k}{2}} \cdot f_s \cdot \frac{k}{2}$ 为符号速率(Bd)。因为总速率为 f_b，则 A，B 各路的比特率为 $\frac{f_b}{2}$。并有：

$$\frac{f_b}{2} = f_s \cdot \frac{k}{2} \cdot \log_2{}^{M^{\frac{1}{2}}} = f_s \cdot \frac{k}{2} \cdot \frac{1}{2}\log_2{}^{M} \tag{5-124}$$

5.6.2 交错四相相移键控 OQPSK

多进制数字调制与二进制相比，其频谱利用率更高，其中 4PSK（即 QPSK）是 MPSK 系统中应用较广泛的一种调制方式。交错四相相移键控（OQPSK）是继QPSK之后发展起来的一种恒包络数字调制技术，是QPSK的一种改进形式，也称为偏移四相相移键控(offset-QPSK)技术，有时又称为参差四相相移键控（SQPSK）或者双二相相移键控（Double-QPSK）等。

OQPSK和QPSK有着同样的相位关系，也是把输入码流分成两路，然后进行正交调制，其最大相位跳变值是+ π /2。在四相移位键控（QPSK）中，共有四个相位状态。一个状态可以转换为其他三个状态中的任意一个，由于 1 项比特流与 Q 项比特流在时间上是对齐的，因此存在着 180° 的相位跳变的几率。在交错四相移相键控（OQPSK）中，1 项与 Q 项只有一项在变化，即最大π/2 的变化。

在 OQPSK 中，其 I 支路比特流和 Q 支路比特流在数据沿上差半个符号周期，其他特性和 QPSK 信号类似。在 QPSK 信号中，奇比特流和偶比特流的比特同时跳变，但是在 OQPSK 信号中，I 支路比特流和 Q 支路比特流，在它们的变化沿的地方错开一比特（半个符号周期）。它们的波形如图 5-47 所示。

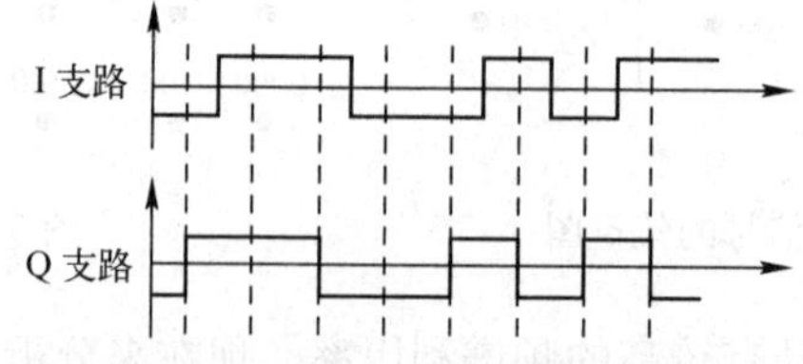

图 5-47 OQPSK 中 I 支路和 Q 支路波形图

在标准 QPSK 中，相位跳变仅在每个 T_s=2TB 秒时发生，并且存在 180° 的最大相移。在 OQPSK 信号中，比特跳变（从而相位跳变）每 T_b 秒发生一次。因为 I 支路和 Q 支路的跳变瞬时被错开了，所以在任意给定时刻只有两个比特流中的一个改变它的值。这意味着，在任意时刻发送信号的最大相移都限制在±90°，如图 5-50 所示。因此 OQPSK 信号消除了 180° 相位跳变，改善了其包括特性。180° 相位跳变消除了，所以 OQPSK 信号的带限不会导致信号包络经过零点。OQPSK 包络的变化小多了，因此对 OQPSK 的硬限幅或非线性放大不会再生出严重的频带扩展，OQPSK 即使在非线性放大后仍能保持其带限的性质，这就非常适合移动通信系统，因为在低功率应用情况下，带宽效率和高效非线性放大器是起决定性作用的。还有，当在接收机端由于参考信号的噪声造成相位抖动时，OQPSK 信号表现的性能比 QPSK 要好。

OQPSK信号的数学公式可以表示为：

$$Z_{\mathrm{OQPSK}}(t)\begin{cases} u_{2k}\cos w_c t + u_{2k-1}\sin w_c t, 2kT_b \leqslant t \leqslant (2k+1)T_b \\ u_{2k}\cos w_c t + u_{2k+1}\sin w_c t, (2k-1)T_b \leqslant t \leqslant 2kT_b \end{cases} \tag{5-125}$$

OQPSK信号的产生原理可用图 5-48 来说明。在图 5-48 中，$T_b/2$ 的延迟电路用于保证 I、Q 两路码元能偏移半个码元周期。BPF 的作用则是形成QPSK信号的频谱形状，并保持包络恒定。

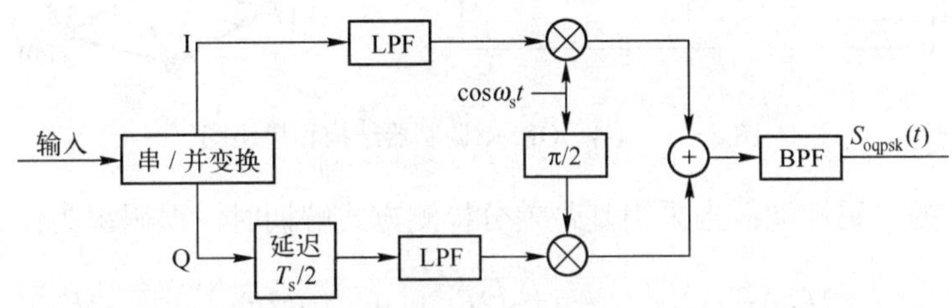

图 5-48　OQPSK信号的产生框图

OQPSK信号可采用正交相干解调方式解调，其解调原理如图 5-49 所示。由图 5-49 可以看出，OQPSK与QPSK信号的解调原理基本相同，其差别仅在于对 Q 支路信号抽样判决时间比 I 支路延迟了 $T_b/2$，这是因为在调制时，Q 支路信号在时间上偏移了 $T_b/2$，所以抽样判决时刻也相应偏移了 $T_b/2$，以保证对两支路的交错抽样。图 5-50 是 OQPSK的 OQPSK的相位转移图。

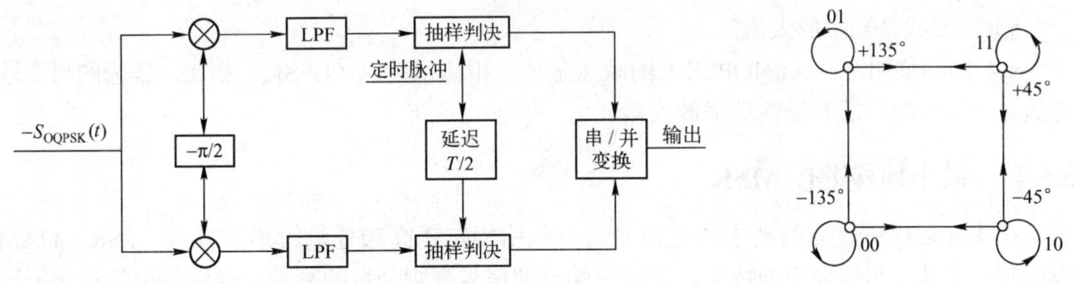

图 5-49　OQPSK信号的解调原理框图

图 5-50　OQPSK的相位转移图

OQPSK克服了QPSK的 180°相位跳变问题，且信号通过 BPF 后，包络起伏较小，性能得到了改善，因而受到了广泛重视。但是，当码元转换时，OQPSK的相位变化不连续，存在 90°的相位跳变，因此，该技术的高频滚降慢，频带较宽。

5.6.3 π/4-QPSK

π/4 四相移相键控（π/4QPSK）是在四相移位键控（QPSK）和交错四相移相键控（OQPSK）的基础上演变而来，其相位跳变值是 $n\pi/4$（n=+1，+3）。在π/4 四相移相键控（π/4QPSK）中，共有 8 个相位状态。全部状态转移在两组 QPSK 信号相位状态之间完成。这两组 QPSK 信号分别以白点和黑点表示，相隔π/4。π/4 四相移相键控（π/4QPSK）的相位转移只能对应着状态矢量由白点转移到黑点组，或者是黑点组转移到白点组。也就是说，如果现在的码元周期中的相位状态是白点组中的一个，下一个码元周期中的相位状态必然是黑点组中的某一个。π/4 四相移键控（π/4QPSK）可以出现的最大相位跳变为+ π/4 和+3 π/4，即最大相位跳变小于 1800。π/4－QPSK 调制器结构和星座图如图 5-51 所示。

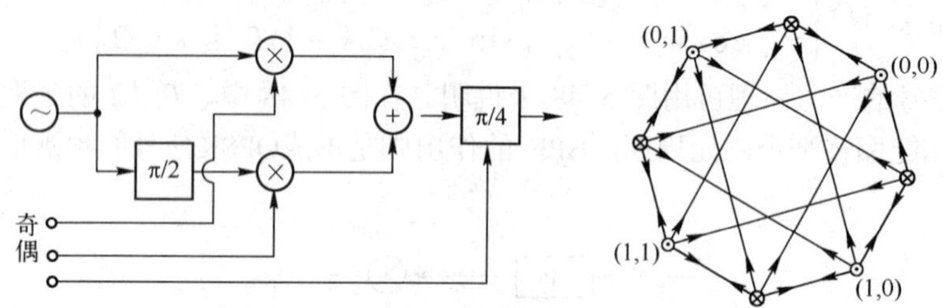

图 5-51　π/4－QPSK 调制器结构和星座图

π/4－QPSK 的误码性能：当采用基带差分检测方式解调时，误码率为：

$$P_{\rm e}=\exp\left(-\frac{2E_{\rm b}}{N_{\rm o}}\right)\sum_{k=0}^{\infty}\left(\sqrt{2}-1\right)^{k}I_{\rm k}\left(\frac{\sqrt{2}E_{\rm b}}{N_{\rm o}}\right)-\frac{1}{2}I_{0}\left(\frac{\sqrt{2}E_{\rm b}}{N_{\rm o}}\right)\exp\left(-\frac{2E_{\rm b}}{N_{\rm o}}\right) \tag{5-126}$$

π/4 四相移相键控（π/4QPSK）特点：

1）π/4QPSK 没有相位跳变（1800 相位改变，也称过零点）。

2）π/4QPSK 限带滤波后有较小的包络起伏。

3）π/4QPSK 具有较高的频谱效率和功率利用性能。

4）传输的可靠性将随之降低。

5）需要线性功率放大器。

π/4 四相移相键控（π/4QPSK）的缺点是与二相移相键控（BPSK）相比，传输的可靠性将随之降低，而且需要线性功率放大器。

5.6.4　最小频移键控 MSK

在实际运用中，有时要求发送信号具有包络恒定、高频分量较小的特点。PSK、QAM 等调制方式具有相位突变的特点，因而影响已调信号高频分量的衰减。连续相位的移频键控是在传统的频率调制技术基础上发展起来的一种调制方式。在连续相位的移频键控的基础上发展了最小移频键控的调制方式，即 MSK 方式。MSK 方式在功率利用率和频带利用率上均优于 2PSK，MSK 调制方式在移动通信等领域得到了很广泛的应用。

最小移频键控 MSK 是相位连续的 2FSK 的一个特例。MSK 又称快速移频键控 FFSK。它的特点是以最小的调制指数，即 h=0.5，获得正交信号。按照调频指数的定义，应有

$h=\dfrac{|f_{c1}-f_{c2}|}{f_b}=0.5$，即 $f_{c1}-f_{c2}=0.5f_b$。这时，两个频率差是最小的，且保持两个频率正交。

MSK 选择两个传信频率，使这两个频率的信号在一个码元期间的相位积累严格相差180°。

$$f_2-f_1=\frac{n}{2T_s}$$

$$\Delta f=f_2-f_1=\frac{1}{2T_s}=\frac{1}{2T_b}$$

MSK 信号的解调采用相干解调和非相干解调均可。非相干解调效果差；相干解调中产生的本地载波必须在频率和相位上严格与载波同步。

高斯最小移频键控（GMSK）是基带信号先经过高斯滤波器滤波，使基带信号形成高斯脉冲，之后进行 MSK 调制，即在 MSK 调制器之前加入一个高斯低通滤波器。由于滤波形成的高斯脉冲包络无陡峭的边沿、亦无拐点，所以经调制后的已调波相位路径在最小移频键控（MSK）的基础上进一步得到平滑。GMSK 解调方式可以采用与 MSK 相同的相干解调，也可以采用非相干解调。

高斯最小移频键控（GMSK）的关键是设计好高斯低通滤波器，以达到改善 MSK 信号频谱的目的：

1）具有良好的窄带和尖锐截止特性，以滤除基带信号中的高频成分。

2）脉冲响应过冲量应尽可能小，防止已调波瞬时频偏过大。

3）输出脉冲响应曲线的面积对应的相位为 π/2，调制系数为 0.5。

高斯滤波器用于限制邻道干扰。这种技术提供了相当好的频谱效率、固定的信号幅度，是一种具有很好的载干比（*C/I*）的优秀调制方式。它还具有功耗小、重量轻、收发信机成本低等优点。高斯最小移频键控（GMSK）调制的优点能够满足数字移动通信中进行高速率数据传输时，邻道带外辐射功率低于-80～-60dB 的指标。

5.6.5 离散多音频调制 DMT

数字用户线（Digital Subscriber Line, DSL），是对在本地电话网线上所提供的数字数据传输的一整套技术的总称。根据数字用户线的具体实施技术和服务水平的不同，其下载速率可从 128kbit/秒～24000 kbit/秒不等。上传速率低于下载速率者称为非对称数字用户线（Asymmetric Digital Subscriber Line, ADSL），上传速率等于下载速率者称作同步数字用户线（Symmetric Digital Subscriber Line, SDSL）。

调制是改变信号的周期性波形以利用该信号携带信息的过程，ANSI（American National Standards Institute，美国国家标准协会）制定的 DSL 标准规定了以下两种调制类型：CAP（Carrierless Amplitude Phase，无载波幅相调制）、DMT（Discrete Multi-Tone，离散多音频调制）。在 DMT 出现并得到标准化之前，CAP 是应用最广的一种调制方式，但由于 DMT 具有很好的灵活性以及广为接受的工业标准，使得 DMT 在当前市场中已远远超过 CAP。这里主要介绍 DMT 调制技术。

DMT 是基于 ADSL 的一种通信方式，它由 256 个子信道组成，其中分工明确，6～38 信道为双工信道模式，及可以同时进行下行速率和上行速率的传输，39～256 用于下行速率的传输。

通过 DMT 技术，可以把一条电话线路划分成 256 个子离散语音信道，每个信道带宽为 4.3kHz。然而 ADSL 最终并不是直接使用这 256 个子语音信道，而是进行了重新划分，把 0～4kHz 频带留作传统的语音电话使用，其他频带用作下行数据传送通道。并对上、下行数据传送通道以每信道为 4kHz 的宽度划分为 25 个上行子信道和 249 个下行子信道，所以 ADSL 的理论上行速度为 25×15×4kHz=1.5Mbit/s，而理论下行速度为 249×15×4kHz=14.9 Mbit/s（以上两公式中的 15 为每信道采样值位数）。目前国内基本上采用 DMT 调制技术。

以上仅是理论状态，实际上的 ADSL，目前在采用 DMT 调制技术时，不是把数据通道划分成了 25 个上行子信道和 249 个下行子信道，而是仍保持电话线路上那 256 个离散语音信道，其中 25 个子信道仍为上行通道（理论最高速率仍为 1.5 Mbit/s），另外 230 个为下行数据传输通道（理论最高速率仍有 13.8 Mbit/s）。之所以要如此划分，是为了避免相互子信道之间的干扰，给每个子信道之间留有一定的分隔频带，这个隔离频就为 0.3125kHz。

因为总共划分了 256 个子信道（总带宽为 1.104 Mbit/s），所以 DMT 采用了 256-QAM 调制技术，这也是目前 ADSL 技术中应用最广的一种调制技术。在这分割的 256 个子信道中，除了用于普通话音传输的 0～4kHz 频带外，其他的频带被分成 255 个子载波，子载波之间的频率间隔为 4.3125kHz（1104/4.3125 正好等于 256）。而实际上利用的是每个子载波的 4kHz 频带，所以每两个子信道之间就有 0.3125kHz 的频隔离区。

每个子频带在发送端用 single-carrier（单载波）调制技术调制，在接收端则接收各子频带，并将其 256 路载波整合解调制。对 256 个载波进行 QAM 调制需作傅里叶变换。假设实际使用了 N 个子信道，每个子信道上传 b_i（i=1, 2…N）比特，则映射的 DMT 复数子符号为 x_j（j=1, 2, 3…N）。再利用 2N 点 IFFT（快速傅里叶逆变换）将频域中 N 个复数子符号变化为 2N 个实数样值 x_j（j=1,2,3…2N），经数模变换和低通滤波后在线路上输出。最后接收端再进行相反的变换，对抽样后的 2N 个时域样值做 FFT 变换（傅里叶变换），得到频域内的 N 个复数子符号 Y_j（j=1, 2, 3…N），译码后恢复成原始输入比特流。

256 个载波上的输入信号经过比特分配和缓存，将输入信号划分为比特块；经 TCM 编码后再进行 512 点离散傅里叶反变换（IDFT）将信号变换到时域，这时比特块将转换成 256 个 QAM 子字符。随后对每个比特块加上循环前缀（用于消除码间干扰），经数据模变换（DA）和发送信号分离器将信号送上信道。在接收端则按相反的次序进行接收解码。

DMT 调制系统根据情况使用这 255 个子信道，可以根据各子信道的瞬时衰减特性、群时延特性和噪声特性决定子信道的传输速率。DMT 调制能力的范围是 0～15bit/s/Hz。在性能优良的中间频率子信道一般调制能力均大于 10bit/s/Hz，而在低频率或高频率的子信道，DMT 技术可根据信道性能自适应地将调制能力降为 4bit/s /Hz。不能传输数据的信道将被关闭。DMT 对各 4kHz 带宽分配调制的数据量，因能减少分配到有噪频带内的数据量，所以 DMT 方式具有很强的抗噪声性能。

5.6.6 扩展频谱通信

1．扩展频谱通信的原理

（1）定义

扩展频谱通信（Spread Spectrum Communication ）是一种把信息的频谱展宽之后再

进行传输的技术，是利用扩频码发生器产生扩频序列去调制数字信号以展宽信号的频谱的技术。频谱的展宽是通过将待传送的信息数据被数据传输速率高许多倍的高速伪随机码序列（也称扩频序列）调制来实现的，与所传信息数据无关。在接收端则采用相同的扩频码进行相关同步接收、解扩，将宽带信号恢复成原来的窄带信号，从而获得原有数据信息。扩频通信与 CDMA 的关系是：CDMA 只能由扩频技术来实现，而扩频通信技术并不意味着 CDMA。

这一定义包含了以下三方面的含义：

1）信号的频谱被展宽了。如我们所知，传输任何信息都需要有一定的带宽，而为了适应无线信道的特性，还必须对原始信息进行调制。但一般来讲，所有的调制信号都比原始信号的带宽要大，因而，为节约有限的频谱资源，在保证信号有效、可靠传输的前提条件下，要选择适当的调制方式，尽量减小带宽的占用。这是人们在 FDMA 系统应用中一直以来的思想。

而扩频通信却使单一信号所占频谱大大增加，这是因为 CDMA 系统是依据码序列来区分用户的，而不是依据频段，不同的用户可以共用同一频段，因而，没有必要再限制传输信号所占的带宽。扩频调制信号的带宽相当于原始信号带宽的几百倍甚至几千倍。

2）采用扩频序列调制的方式来展宽信号频谱。如我们所知，在时间上有限的信号，其频谱是无限的。扩频码序列中的每位编码只需很短的持续时间，因而扩频码可以有很宽的频谱。如果用扩频码脉冲序列去调制待传信号，就可以产生频带很宽的信号了。

3）在接收端用相关解调来解扩。与一般的窄带通信系统相似，扩频调制信号在接收端也要进行解调，以恢复原始信息。在扩频通信中，接收端采用与发送端相同的扩频码序列同收到的扩频调制信号进行相关解调，恢复所传的信息。换句话说，这种相关解调起到了解扩的作用，即把扩展后的宽带信号又恢复成原来所传的窄带信息。

（2）实现条件

由上述定义可知，扩频技术必须满足两个基本要求：

1）所传信号的带宽必须远大于原有信息的最小带宽。

2）所产生的射频信号的带宽与原有信息无关。

（3）工作原理

扩频通信原理如图 5-52 所示，在发送端输入的信息先经过信息调制形成数字信号，然后由扩频码发生器产生的扩频码序列去调制数字信号以展宽信号的频谱。展宽后的信号再进行射频调制，调制到较高频率上再发送。在接收端收到的宽带射频信号经过射频调制，恢复到中频，然后由本地产生的与发送端相同的扩频码序列去相关解扩。再经信息解调，即恢复出原始信息。

由此可见，一般的扩频通信系统都要进行三次调制和相应的解调。一次调制为信息调制，二次调制为扩频调制，三次调制为射频调制，以及相应的信息解调、解扩和射频解调。与一般通信系统相比较，扩频通信多了扩频调制和解扩两部分。

（4）特点

由于扩频通信扩展了信号的频谱，因此它具有一系列不同于窄带通信的性能。

1）隐蔽性好，对各种窄带通信系统的干扰很小。由于扩频信号在相对较窄的频带上被扩展了，单位频带内的功率很小，信号被淹没噪声里，一般不容易被发现，而想进一步检测信号的参数就更加困难，因此隐蔽性好。再者，由于扩频信号具有很低的功率谱密度，它对目前使用的各种窄带通信系统的干扰很小。

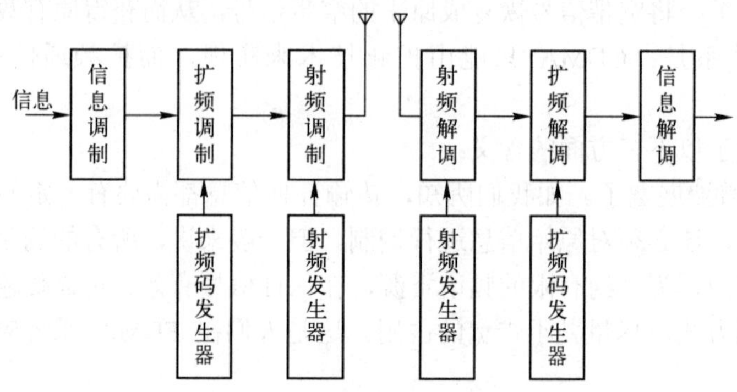

图 5-52　扩频通信工作原理

2）频谱利用率高，易于重复使用频率。由于窄带通信主要靠划分频道来防止信道间的干扰，而无线频谱十分有限，因此，虽然从长波到微波都得到了开发利用，但仍然满足不了社会的需求。

扩频通信发送功率极低，又采用了相关接收技术，而且可以工作在信道噪声和热噪声背景中，因此，易于在同一地区重复使用同一频率，也可以与现今各种窄带通信共享同一频率资源。所以，扩频通信是解决目前无线频谱资源有限问题的一把金钥匙。

3）抗干扰性强，误码率低。扩频技术最初的应用是在军队的通信系统中。在接收端又采用相关检测的办法来解扩，使有用宽带信号恢复成窄带信号。由于各种干扰信号与扩频码的非相关性，使得解扩后窄带信号中的干扰信号只有很微弱的成分，在通过窄带滤波器把不需要的宽带信号滤除掉。这样，最终获得信号的信噪比很高，因此抗干扰性强，图 5-53 为信号在接收端解扩前后信噪比情况示意图，水平方向表示带宽，垂直方向表示功率。

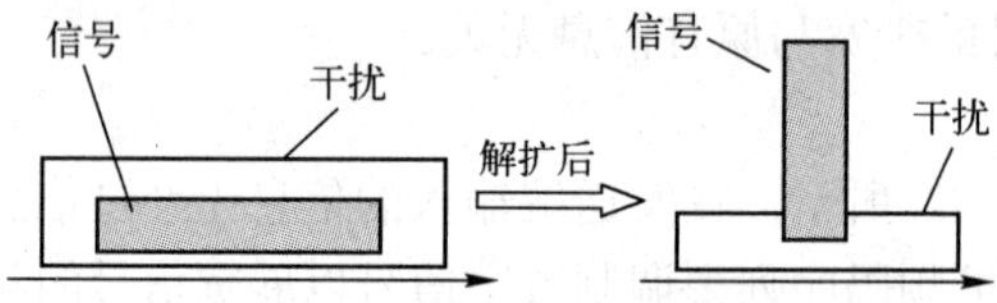

图 5-53　信号在接收端解扩前后信噪比情况

在目前商用的通信系统中，扩频通信是唯一能够工作在负信噪比条件下的通信方式。由于扩频系统具有这一优良性能，它的误码率很低，正常条件下可以低到 10^{-10}，最差条件下也能到达 10^{-6}，完全能满足相关系统信道传输质量的要求。

另外，在无线通信系统中，多径干扰是一个很难解决的问题。扩频通信系统依靠所采用的扩频码的相关性，具有很强的抗多径干扰能力，甚至可利用多径能量来提高系统的性能。

4）可以实现码分多址。扩频通信用多个伪随机序列分别作为不同用户的地址码，可以共用一个频段来实现码分多址通信。可以说，扩频通信本身就是一种多址通信方式，成为扩频多址（SSMA），实际上是码分多址的一种。扩频通信实现的码分多址能够获得比其他多址方式更高的通信容量。

5）易于数字化，能够开展多种通信业务。扩频通信适用于计算机网络，适合于各种数据和图像的传输，因而能够开展丰富多彩的通信业务。另外，扩频通信系统能精确地定时和测距。

2．扩频通信的理论基础

众所周知，任何信息的有效传输都需要一定的频率宽度，而频谱资源是有限的，因此，长期以来，人们一直希望使信号所占频谱尽量的窄，即采用所谓“窄带通信”，以充分利用十分宝贵的频谱资源。

扩频通信属于“宽带通信”，基本特点是：传输信号所占用的频带宽度远大于原始信息本身实际所需的最小（有效）带宽。那么。为什么还要采用这种通信方式？简单的说，是为了提高移动通信系统的安全性和可靠性。其理论基础有两个：

信息论中关于信息容量的香农公式为：

$$C=W\log_2\left(1+\frac{S}{N}\right)$$

其中，C 为信道容量（bit/s），W 为信道带宽（Hz），S 为信号平均功率，N 为噪声功率（W）。

这个公式说明，在给定的信道容量 C 不变的情况下，频带宽度 W 和信噪比 S/N 是可以互换的。也就是说可以通过增加频带宽度的方法，在较低的信噪比（S/N）情况下以相同的信息速率来可靠的传输信息，甚至是在信号被噪声淹没的情况下，只要相应地增加信号带宽，仍然能够保证可靠的通信。

扩展频谱以换取对信噪比要求的降低，正是扩频通信的主要特点，并由此为扩频通信的应用奠定理论基础。

关于信息传输差错概率的柯捷尔尼可夫公式为：

$$P_{\text{owj}} \approx f\left(\frac{E}{N_0}\right)$$

其中，P_{owj} 为差错概率，E 为信号能量，N_0 为噪声功率谱密度。

又因为信号功率：

$$P = E/T \quad (T\text{ 为信息持续时间})$$

噪声功率：

$$N = WN_0 \quad (W\text{ 为信道带宽})$$

信息带宽：

$$\Delta F = \frac{1}{T}$$

则上式可转化为：

$$P_{\text{owj}} \approx f\left(TP\frac{W}{N}\right) = f\left(\frac{P}{N}\frac{W}{\Delta F}\right)$$

由于该式是一个关于变量的递减函数，因此这个公式说明：信噪比（P/N）一定的情况下，信息的传输带宽比实际信息带宽越宽，信息传输差错概率就越低。所以，可以通过对信息传输带宽的扩展来提高通信的抗干扰能力，保证强干扰条件下通信的安全可靠。

总之，用信息带宽的 100 倍，甚至 1000 倍以上的带宽来传输信息，可以提高通信的抗干扰能力，即在强干扰条件下保证可靠安全的通信。这就是扩频通信的基本思想和理论依据。

5.7 本章小结

数字信号的频带传输是建立在基带传输的基础上主要是为了实现当通过带通型信道传输数字信号时，如通过电话网信道传输数据信号时，必须采用调制解调方式。调制解调的任务就是进行频谱搬移，即将数字信号的基带搬移到与信道相适应的带通频道当中去。

用以调制的基带信号是数字信号，所以又称为数字调制，有振幅键控（ASK）、移频键控（FSK）、移相键控（PSK）。在数字相位调制中，不仅可以采用二相调制，还可以采用多相调制，即用多种相位或相位差来表示数字数据信息。本章还介绍了一些其他类型的调制方式：正交振幅调制、OQPSK、高斯最小移频键控（GMSK）、DMT 技术、扩展频谱通信。

5.8 习题

1. 什么是振幅键控？ 2ASK 波形有什么特点？2ASK 信号的产生及解调方法如何？

2. 什么是移频键控？ 2FSK 波形有什么特点？2FSK 信号的产生及解调方法如何？

3. 什么是绝对移相？什么是相对移相？它们有何区别？2PSK 信号和 2DPSK 信号可以用哪些方法产生和解调？它们是否可以采用包络检波法解调？

4. 设发送数字信息为 01111000100111011，试分别画出 2ASK，2FSK，2PSK，2DPSK 波形示意图（设初始相位为 0）。

5. 比较 2ASK 系统、2FSK 系统、2PSK 系统以及 2DPSK 系统的抗噪声性能。

6. 已知某 2ASK 系统的码元传输速率为 10^3 波特，所用的载波信号为 $A\cos(4\pi\times10^6 t)$。

1）设所传送的数字信息为 0110 01，试画出相应的 2ASK 信号波形示意图。

2）求 2ASK 信号的带宽。

7. 设某 2FSK 系统的码元传输速率为 1000 波特，已调信号的载频为 1000Hz 或 2000Hz。

1）若发送数字信息为 011010，试画出相应的 2FSK 信号波形。

2）试讨论这时的 2FSK 信号应选择怎样的解调器解调？

8. 设在某 2DPSK 系统中，载波频率为 2400Hz，码元速率为 1200 波特，已知相对码序列 1100 010111，试画出 2DPSK 信号波形。（注：相位偏移 φ 可自行假设）

9. 设载频为 1800Hz，码元速率为 1200 波特，发送数字信息为 011010。

1）若相位偏移 $\Delta\varphi$=0 代表“0”，$\Delta\varphi$=180 代表“1”，试画出这时的 2DPSK 信号波形。

2）又若 $\Delta\varphi$=270 代表“0”，$\Delta\varphi$=90 代表“1”，画出 2DPSK 信号的波形。

（注：在画以上波形时，幅度可自行假设）

10. 设发送数字信息序列为 01011000110100，试按表 5-4 的要求，分别画出相应的4PSK 及 4DPSK 信号的所有可能波形。

11. 设发送数字信息序列为+1-1+1-1-1-1+1，试画出 MSK 信号的相位变化图形。若码元速率为 1000 波特，载频为 3000Hz，试画出 MSK 信号的波形。

12. 简述正交振幅调制的基本思想。

13. 什么是 GMSK 调制？它与 MSK 调制有何不同？

14. 什么是扩频通信？它的基本思想是什么？

第6章　信道复用和多址方式

随着通信技术的飞速发展，人们对通信的需求越来越大，而信道资源却始终是有限的，这就使多路复用成为现代通信的必要手段。

所谓复用，就是指利用一条信道同时传送多路信号的一种技术。复用技术就是专门用来解决在同一信道中传送互不干扰的多路信号这一问题的。主要的复用方式有频分复用（FDM）、时分复用（TDM）、码分复用（CDM）和波分复用（WDM）等。码分复用是利用调制编码的不同来区分各路信号，从而实现多路信号复用一条物理信道的信号传输方式，是一种以扩频通信为基础的通信方式。主要特点是多路信号不论在时域上，还是在频域上是混叠在一起的，但在码型上是分开的。波分复用是指在一根光纤上使用不同的波长同时传送多路光波信号的一种技术，WDM 和 FDM 基本上都基于相同原理。限于篇幅，这里主要介绍频分复用和时分复用。

复用与多址是两个完全不同的概念，但它们也有相似之处，因为两者都是研究和解决信道共享问题。复用是将单一媒介划分成很多子信道，这些子信道之间相互独立，互不干扰。从媒介的整体容量上看，每个子信道只占用该媒介容量的一部分。多址处理的是动态分配信道给用户。这在用户仅仅暂时性地占用信道的应用中是必须的，而所有的移动通信系统基本上都属于这种情况。同时，在信道永久性地分配给用户的应用中，多址是不需要的。复用是对资源来说的，复用是把资源分割供用户使用的方式；多址的对象是用户，是区分用户和用户的方式，每个用户使用不同的“址”来区分。

多址方式是利用信号特征上的差异（工作频率、出现时间、特定波形等）来区分这些信号的，它要求各信号的特征彼此独立或正交。依据信号在频域、时域波形以及空域的特征，多址方式基本可分为频分多址（FDMA）、时分多址（TDMA）、码分多址（CDMA）和空分多址（SDMA）。实际中也常用到其他一些多址方式，包括这 4 种基本方式的混合多址方式，例如时分多址/频分多址（TDMA/FDMA）、码分多址/频分多址（CDMA/FDMA）等。

6.1　频分复用

若干路信息在同一信道中传送称为多路复用，有两种基本的多路复用方式：频分复用和时分复用。按频率分割信号的方法叫频分复用；而按时间分割信号的方法叫时分复用。在频分复用中，信道的可用频带被分成若干互不交叠的频段，每路信号占据其中一个频段，以实现多路相处的 FDM 信号在同一信道中传输。在接收端通过带通滤波器和解调器来恢复各路基带信号。

由于信息往往不是严格的限带信号，因而要发送的各路信息首先经过低通滤波，然后进行线性调制。各路已调信号相加送入信道之前，为了避免它们的频谱互相交叠，还要经过带通滤波器。接收端首先用带通滤波器将各种信号分别提取，然后解调、低通滤波后输出。

频分多路复用的原理方框图如图 6-1 所示。

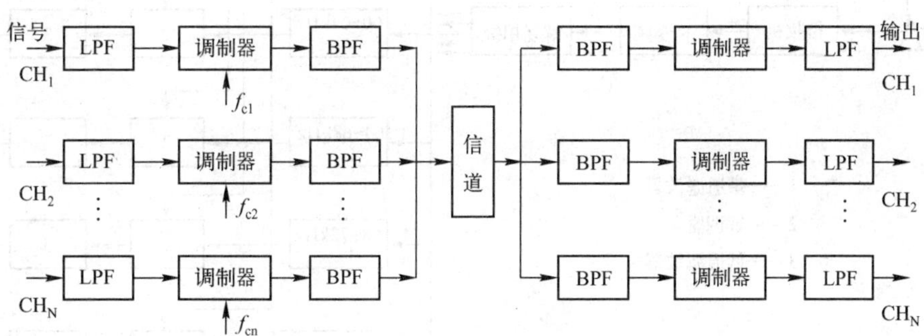

图 6-1　频分多路复用原理方框图

频分多路复用中的主要问题是，各路信号之间的相互干扰，这一干扰称为串扰。引起串扰的主要原因是系统非线性所造成的已调信号频谱的展宽，调制非线性所造成的串扰可以部分地由发送带通滤波器清除，但信道传输中非线性所造成的串扰则无法消除。因而在频分多路复用中对系统线性的要求很高。合理选择载波频率 f_{c1}、f_{c2}、…、f_{cn}，并在各路已调信号频谱之间留有一定的保护间隔，也是减小串扰的有效措施。

图 6-2a 是频分多路复用原理图，图中共有 12 路话音信号，每一路话音信号的频率范围是 300～3100Hz。各路信号首先通过低通滤波器滤除高于 3100Hz 的分量，然后分别调制到各自的副载波上。副载波之间的频率间隔为 4kHz，即各路信号的信道带宽为 4kHz，如图 6-2c 所示。在调制过程中，必然会产生一些新的频率分量，其中某些分量将扩展到本路信号带宽之外，落入邻近信道带宽范围内。因此在合路之前，每一个调制器输出端上接有一个通带为 4kHz 的带通滤波器，滤除信道通带以外的分量，防止各路信号的相互串扰。图 6-2b 是接收端解复用的原理图。图中利用 12 个带通滤波器分离频分多路复用信号。每个带通滤波器只让对应信通的信号通过，解调后就得到原来的各路话音信号。

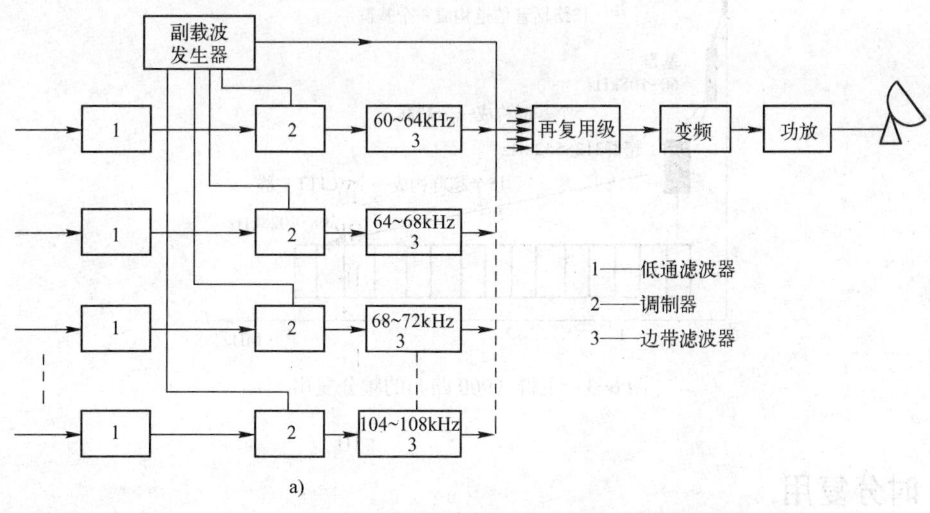

图 6-2　卫星通信频分复用原理图

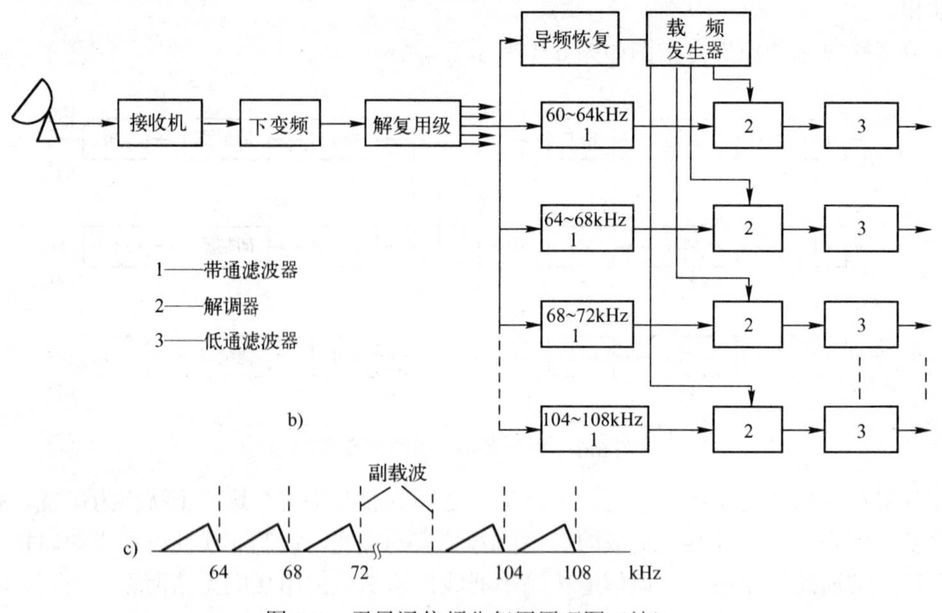

图 6-2　卫星通信频分复用原理图（续）

a) 发射系统　b) 接收系统　c) 复用信号频谱

12 路话音信道合在一起称为基群。在进行卫星通信时，由于基群的带宽仍小于卫星转发器的带宽，因此还可以再次复用。按照与基群相同的复用方法，五个基群合成一个超群。再由 5 个或 15 个超群构成一个主群（CCITT 标准）。图 6-3 所示表示 900 路的主群各级频分复用情况。CCITT900 路的主群频率范围从 308～4028kHz，带宽约 4MHz。主群形成以后，再对 70MHz 中频调频。调频后的信号频率范围从 52～88MHz，即信号带宽从 4MHz 扩展到 36MHz。现有的卫星转发器带宽大多数是 36MHz，正好容纳一个 900 路的主群或一路彩色电视信号。

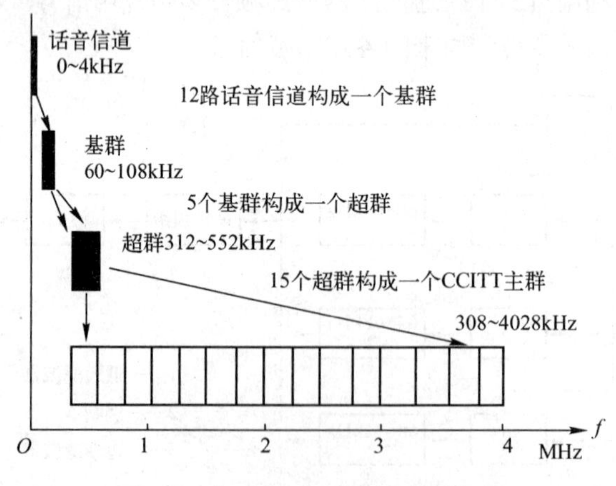

图 6-3　主群（900 路）的频分复用

6.2　时分复用

时分复用（Time Division Multiplexing，TDM）是指一种通过不同信道或时隙中的交叉位脉冲，同时在同一个通信媒体上传输多个数字化数据、语音和视频信号等的技术。其中，可以确定每个信道何时使用线路的时分复用方式称之为“同步时分多路通信”（STDM）；反之则称为“异步时分多路通信”（ATDM）。时分多路复用常用于基带网络中。

6.2.1 时分多路复用的基本概念

时分多路复用建立在抽样定理基础上。因为抽样定理使连续的基带信号变成在时间上离散的抽样脉冲，这样，当抽样脉冲占据较短时间时，在抽样脉冲之间就留出了时间空隙。利用这种空隙便可以传输其他信号的抽样值，从而有可能在一条信道同时传送若干个基带信号。与频分复用类似，各路时分复用信号间也要有一定的保护时隙。时分复用在 PAM 和 PCM 的条件下都可以实现，下面以 PAM 为例介绍 TDM 的原理。

图 6-4 给出了对两个 PAM 信号进行时分复用的原理图。对 $m_1(t)$和 $m_2(t)$按相同的时间周期进行采样，只要采样脉冲宽度足够窄，在两个采样值之间就会留有一定的时间空隙。如果另外一路信号的采样时刻在时间空隙，则两路信号的采样值在时间上将不发生重叠，从而实现时分复用。

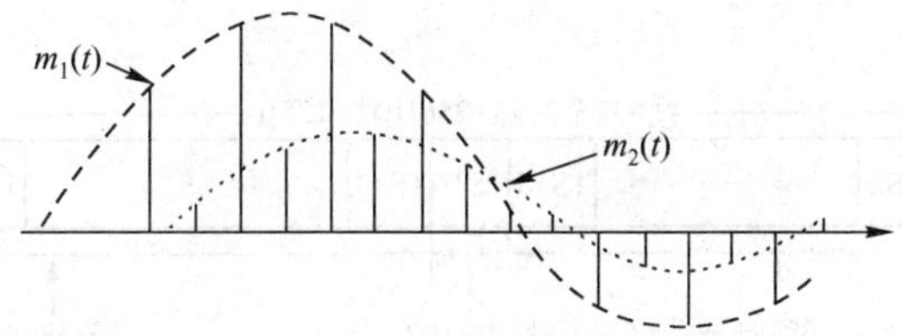

图 6-4　两基带信号时分复用原理

图 6-5 给出了三路 PAM 信号 $x_1(t)$、$x_2(t)$和 $x_3(t)$进行时分复用的波形图。

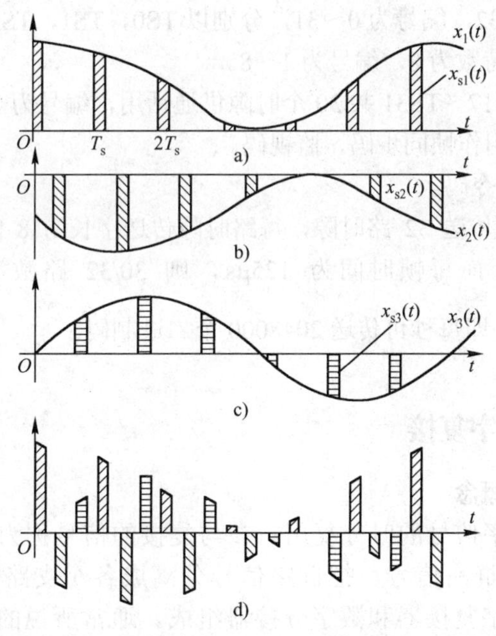

图 6-5　三路时分复用波形

a) 第一路 $x_1(t)$　b) 第二路 $x_2(t)$　c) 第三路 $x_3(t)$　d) 三路时分复用成波形

6.2.2 PCM30/32 系统

在数字通信中，常将多路信源信码组合成不同数码率的群路信号，以适应各种传输条件和不同介质的传输。国际电报电话咨询委员会（CCITT）为了便于各国通信业务的发展，推荐了两类群路数码率系列和数字复接等级，并建议以 24 路或 30/32 路为基础群。我国采用与欧洲各国相一致的组群制式，即以 30/32 路为基础群，简称基群或一次群。基群可独立使用，也可组成更多路数的高次群以与市话电缆、数字微波、光缆等传输信道连接。

为了传输频带为 300～3400Hz 的话音信号，取样频率为 8kHz，取样周期 T_s=125μs，即帧长为 125μs。在 30/32 路 PCM 系统中要依次传送 32 路消息的码组，故将每帧划分为 32 个时隙（用 T_S 表示），每个时隙的宽度为 3.9μs，如图 6-6 所示。每一路的码组（代表一个样值脉冲）都只在一帧中占用一个时隙。如果每一路话都采用字长为 8 的码组，则每位码元的宽度不得大于 0.49μs。

30/32 路 PCM 基群的帧结构示意图如图 6-6 所示。根据 CCITT 的建议，这个帧结构的构成包括如下内容：

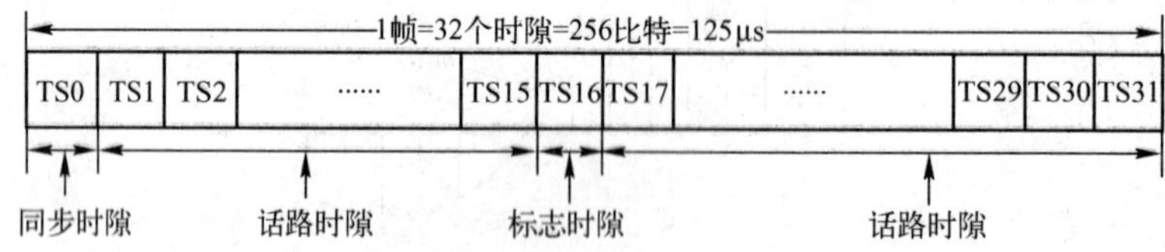

图 6-6　30/32 路 PCM 通信系统的帧结构

1）每帧路时隙数为 32，编号为 0～31，分别以 TS0，TS1，TS2……TS31 表示。

2）每个路时隙的比特数为 8，编号为 1～8。

3）TS1～TS15 和 TS17～TS31 共 30 个时隙供通话用，编号为 1～30。

4）TS0 的 8 个比特用作帧同步码、监视码。

5）TS16 用于传输信令码。

总结以上可知：每帧传送 32 路时隙，每路时隙传送字长为 8 的一组码组，因此，每帧传送 32×8=256 比特，而每帧时间为 125μs，则 30/32 路数字通信系统的总码率为 $\frac{256}{125\times10^{-6}}=2048\text{kbit/s}$，即每秒可传送 2048000 个二进制码。

6.2.3 PCM 复用与数字复接

1. 数字复接的基本概念

数字复接也就是数字信号的时分复用，参与复接的信号称为支路信号，而复接以后的信号称为合路信号或群路信号。把群路信号分离成各个支路信号的过程称为数字分接。数字复接系统由数字复接器和数字分接器组成。通常所说的数字复接系统如图 6-7 所示。

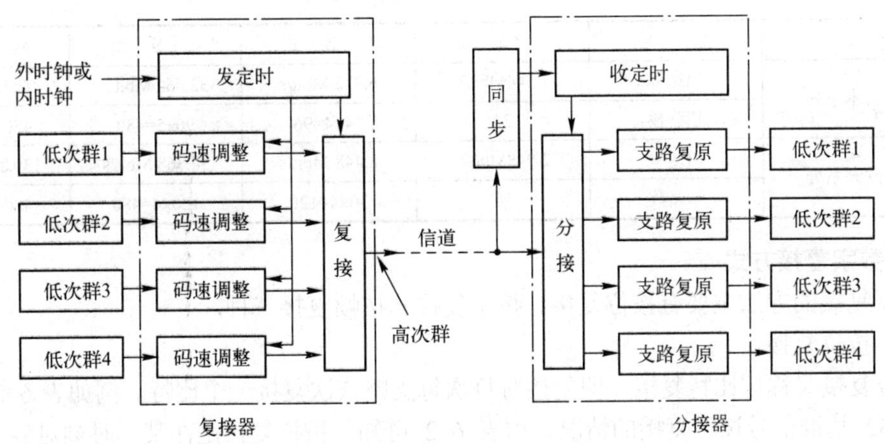

图 6-7　数字复接系统方框图

数字复接器是把两个或两个以上的低次群按时分复用方式合并成一个单一的高次群数字信号的设备，它由定时、码速调整和复接单元组成。定时单元提供的时间信号是整个设备唯一的基准时间信号。复接器的时钟信号可以内部产生，也可由外部提供。

数字分接器的功能是把已合成的高次群数字信号分解成原来的低次群数字信号，它由同步、定时和码速恢复等单元组成。而分接器则只能从接收信号中提取时钟，这样才能使分接器和复接器保持时钟同步。调整单元即码速调整单元，其作用是把频率不同的各支路信号调整成为和定时信号同步的数字信号以便复接。而分接单元和恢复单元的工作过程则分别是复接单元和调整单元的逆过程。

其中，定时单元给设备提供一个统一的基准时钟，码速调整单元是把速率不同的各支路信息调整成与复接设备定时信号完全同步的数字信号，以便由复接单元把各支路信号复接成一个数字流，另外在复接时还需插入帧同步信号，以便接收端正确接收各支路信号，分接设备的定时单元是在接收信号中提取时钟，并分送给各个支路进行分接用。

2．PCM 复用与数字复接

为了扩大数字通信系统的容量，一种方法是采用基群编码方法，例如传送 60 路电话，可将 60 路话音信号分别用 8kHz 抽样频率进行抽样，然后对每个样值用 8bit 编码，其数码率为 8000×8×60=3840kbit/s，由于每个样值的编码时间很短，其编码速度非常高。显然，编码速度高，这对电路及元器件精度要求很高，不易实现。这种对各路话音信号直接编码的方法，称 PCM 复用（或称基群编码复用）。另一种方法是将几个（例如 4 个）经 PCM 复用后的信号（例如 PCM30/32 系统）再进行时分复用，形成更多路的数字通信，经复用后的数码率提高了，但对每一路话音的抽样值编码速度并没有提高，实现更容易，目前广泛采用这一方法来提高通信容量。数字复用是采用数字复接的方法来实现的。

CCITT 推荐的数码率序列如表 6-1 所示。复接后的高次群数码率并不等于对应低次群数码率的整数倍，这是考虑在复接的过程中还需要加入帧同步码、对端告警码等。

表 6-1　CCITT 推荐的数码率序列

地　　区	群　　号	一　次　群	二　次　群	三　次　群	四　次　群
北美、日本系列	码速率	1.544Mbit/s	6.312 Mbit/s	32.064 Mbit/s	97.728 Mbit/s
	话路数	24	24×4=96	96×5=480	480×3=1440
中国、欧洲系列	码速率	2.048Mbit/s	8.448 Mbit/s	34.368 Mbit/s	139.264 Mbit/s
	话路数	30	30×4=120	120×4=480	480×4=1920

3．数字复接方式

数字复接的方法主要有按位复接、按字复接和按帧复接三种。

（1）按位复接

按位复接又称按比特复接，即复接时每次每支路依次复接一个比特。例如表 6-2 是 4 个 PCM30/32 基群信号按位复接的情况。由表 6-2 可知，按位复接是在某一时刻对各个支路的信码按位进行复接。按位复接方法简单易行，设备也简单，缺点是对信号交换不利。

表 6-2　按位和按字复接

支路 1 入	…	1	0	1	0	0	1	0	0	…
支路 2 入	…	0	1	1	1	0	0	1	1	…
支路 3 入	…	1	1	0	1	0	1	1	0	…
支路 4 入	…	1	0	1	1	1	0	1	1	…
按位复接出	…	1011	0110	1101	0111	0001	1010	0111	0101	…
按字复接出	…	10100100		01110011		11010110		10111011		…

（2）按字复接

按字复接指复接时每次每支路依次复接一个字。对基群而言一个码字有 8 位码，它是先将 8 位码存储起来，在规定时间一次复接，四个支路轮流复接，如表 6-2 所示。这种方法有利于数字交换，但要求存储器容量较大。

（3）按帧复接

按帧复接指复接时每次每支路依次复接一个帧。这种方法的优点是复接时不破坏原有的帧结构，有利于交换，但要求更大的存储容量，目前很少采用。

6.2.4　数字复接的码速变换

几个低次群数字信号复接成一个高次群数字信号，如果各个低次群的时钟是各自产生的，即使它们的标称数码率都相同，但它们的瞬时数码率也会不同。因为各个支路的晶体振荡器的振荡频率不可能完全相同（CCITT 规定 PCM30/32 系统的数码率允许有±100bit/s 的偏差），这样几个低次群复接后数码就会产生重叠和错位，如图 6-8 所示。这样复接合成后的数字信号流在接收端是无法分接恢复成原来的低次群信号的，因此，数码率不同的低次群信号是不能直接复接的，在复接前要使各低次群的数码率做到同步（即进行码速调整），使复接后的数码率符合高次群帧结构的要求。这种同步指系统与系统间的同步，称为系统同步。

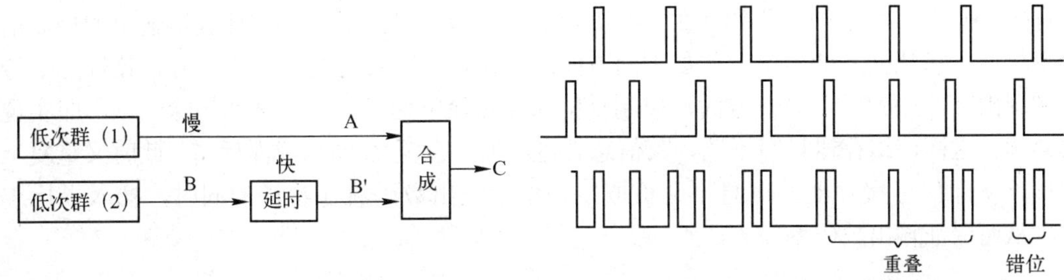

图 6-8 码速变换示意图

系统同步的方法有两种，即同步复接和异步复接。不论同步复接还是异步复接，都需进行码速调整。虽然同步复接时各低次群的数码率完全一致，但复接后的码序列中还要加入帧同步码、告警码等码元，这样数码率就会增加，所以也要进行码速变换。码速调整分为正码速调整、负码速调整和正零负码速调整三种，应用最多的是正码速调整，下面仅讨论正码速调整。

讨论正码速调整之前，先看一个其他方面的例子。如图 6-9 是水库充水、放水的过程示意图，假设水库中的水起始时处于半满状态，设单位时间流入水库的水流量为 f_i，单位时间流出水库的水流量 f_o。当 $f_o>f_i$ 时，执行的是慢入快出方式，水库的水位将不断下降，一定时间后，水库中的水将被取空；当 $f_o< f_i$ 时，执行的是慢出快入方式，水库的水位将不断上升，一定时间后，水库中的水将会溢出；当 $f_o=f_i$ 时，水库中的水位将保持平衡。如果 $f_o>f_i$ 时采取如图 6-9 所示的控制方法，当水位下降至警戒水位时，就发出一控制信号，将控制门关闭一个 Δt 时间，即此时水库的水只进不出，水库中的水位将上升，经 Δt 时间后，控制门自动打开，又重复上述过程。如此，能保证在 $f_o>f_i$ 的情况下水库中的水永不干枯。

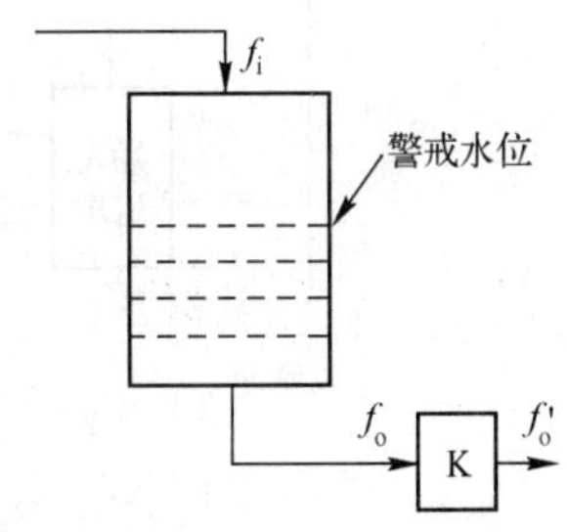

图 6-9 水库充水、放水过程示意

正码速调节的原理类似，如图 6-10 是正码速调节方框图，在复接时，输入的各支路数码率为 f_i，写入脉冲的频率也为 f_i，读出脉冲的频率为 f_o，$f_o>f_i$，正码速调整的目的就是把速率较低的输入数码流调整为较高数码率输出，正码速调整因此而得名。假设缓存器中起始时处于半满状态，由于 $f_o>f_i$，即执行的是慢入快出的方式，一定时间后，缓存器中的信息将会被取空，如果在设计电路时也增加一个控制门，当缓存器中的信息将要取空而又未取空时，让它禁读一次，此时缓存器只写不读，缓存器中的信息必将增加，禁读的同时，在输出的数码流中插入一非信息码（标志信号），这样，缓存器中的信息不会有取空的危险，同时保证输入数码率为 f_i，而输出数码率为 f_o。

由图 6-10 可知，各支路进入缓存器的速率为 f_i，读出速率为 f_o，设缓存器的信息处于半满状态，由于 $f_o>f_i$，执行慢写快读的方式，随着时间的推移，读、写的时间差（相位差）将越来越小，至某一时刻，f_o 与 f_i 几乎同时出现，甚至超前出现，这将出现没有写入却要求读出的情况，从而造成取空，为防止取空，电路设计上加入了复位脉冲扣除、插入请求、标志信号、相位比较等控制电路。控制电路的核心是相位比较器，当 f_o 的相位滞后 f_i 时，相位比较器输出的控制信号让插入请求作如下两方面的工作，一方面，插入请求去控制标志信号，切断标志信号的输出，另一方面，去控制复接脉冲扣除单元，让复位脉冲扣除单元输出

f_o的读出脉冲。当f_o的相位和f_i的相位几乎相同，甚至超前时，相位比较器输出的控制信号改变极性，它让插入请求单元作如下两方面的工作，一方面，控制标志信号，让标志信号插入到读出脉冲序列中，另一方面，控制复位脉冲扣除单元，让读出脉冲扣除一位，即实现一次禁读。这样，缓存器只写不读，其信息必将增加，直至f_o的相位滞后f_i。此时又重复上述过程，从而保证缓存器的信息不会被取空。由于输出数码流在禁读的同时，插入了标志信号，从而保证输出数码率为f_o。

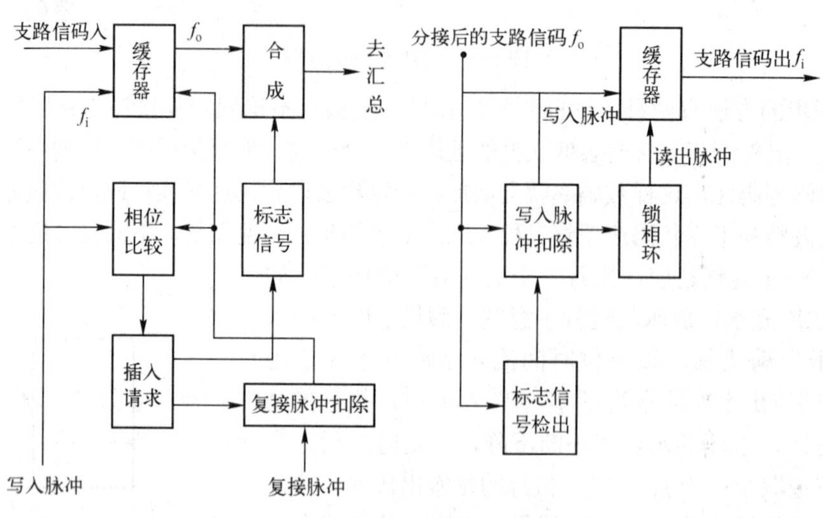

图 6-10　正码速调整示意图

在接收端，分接器先将高次群信码进行分接，分接后的各支路信号各自写入缓存器，为了恢复码速f_i，需去掉插入的标志信号，这主要是经过标志信号检出电路实现的，当检出是标志信号时，写入脉冲扣除单元切断写入脉冲，即可把发送端为提高码速而插入的标志信号去除。而写入脉冲扣除单元所输出的写入脉冲在时间上是不均匀的，从长时间看，其平均时间间隔即平均码速等于原支路的信码速率f_i，所以，读出脉冲可从写入脉冲所输出的脉冲序列中提取。脉冲间隔均匀化的任务由锁相环完成，由于锁相环的低通特性，它所提取的读出时钟必然包含微量的低频抖动，所以，采用脉冲插入方式的码速调整，会产生一定相位抖动。

6.2.5　同步复接与异步复接

1. 同步复接

将几个支路的低次群信码合成一个高次群信码的过程称复接，而将一个高次群信码分解成几个低次群信码的过程称分接。如果被复接的各支路都是一个总时钟提供，这种复接方式称同步复接。

在同步复接过程中，各支路信码来自不同的地方，它们的传输距离也不相同。到达复接设备时，虽然其频率相同，但相位会存在差异，相位差的调整是通过缓存器来实现的。另外，接收端为了能正常接收各支路信码，以及分接时的需要，各支路在复接时还要插入一定数量的帧同步码、对端告警码和业务码。这样复接后的数码率显然提高了，所以缓存器的另一功能是进行正码速调整。PCM 二次群同步复接的方框图如图 6-11 所示。

图 6-12 是收端分接示意图，分接过程中，首先由再生器消除噪声。之后，由定时时钟

产生收、发端所需要的时钟及其他各种定时脉冲，使各设备按一定的时序工作。帧同步保证收、发端的帧与帧的同步，使分接器正常分接。业务码检出单元用于业务联络和检测，保证接收端正常进行，而缓存器进行负码速调整，把较高速率的信码调整为基群数码率。

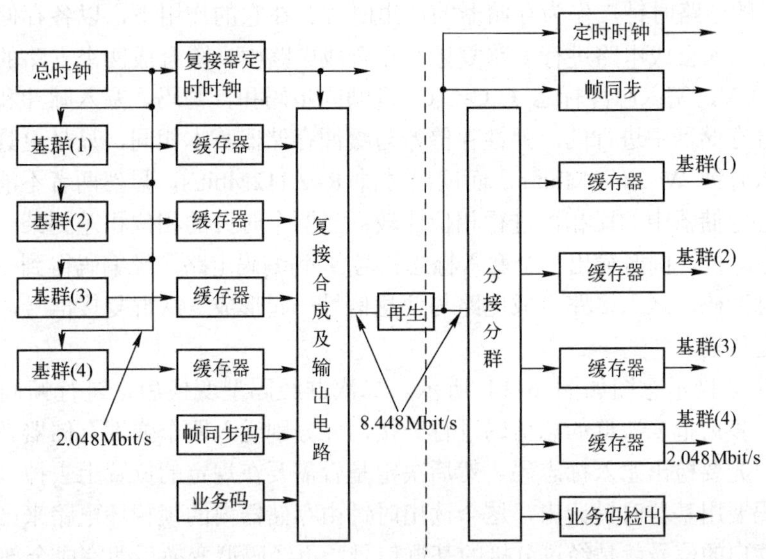

图 6-11　PCM 二次群同步复接方框图　　　图 6-12　PCM 二次群同步分接方框图

2. 异步复接

异步时钟复接和准同步时钟复接，其参与复接的各支路信号时钟与复接器的时钟由不同时钟源提供，并要求各支路数码率标称值相等，即允许时钟频率在规定的容许范围内任意变动，对此，要严格实现各异步支路时钟的同步，还需要进行码速调整。从这一角度考虑，异步复接（或准同步复接）可看作是码速调整和同步复接功能的综合。

二次群异步复接的示意图如图 6-13 所示。这种复接器的合成输出数码率也是8.448Mbit/s，也需要设置帧同步码（CCITT 规定其码型为 1111010000）、告警、监测和业务码等。当然这些都是固定的插入码，其插入位置和码型都不改变。

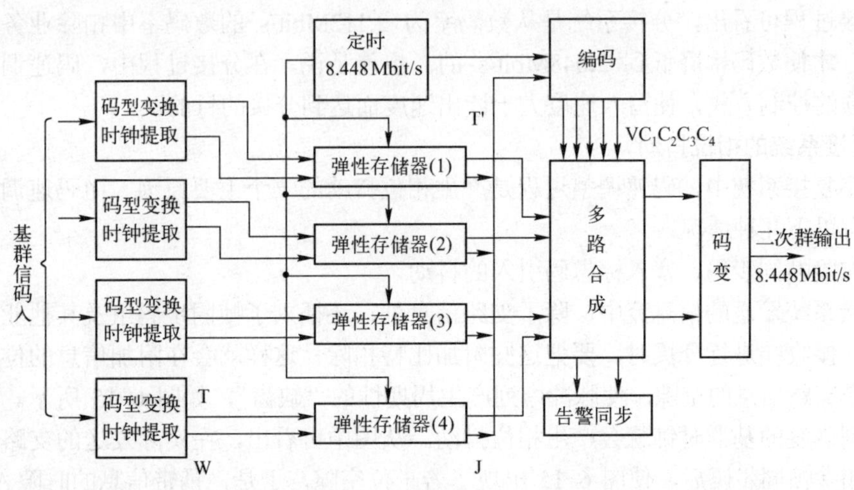

图 6-13　二次群异步复接示意图

复接器的工作过程是：待复接的各支路基群信号经码型变换，变为不归零二进制码（NRZ 码），并提取出 2.048Mbit/s 的基群时钟 W_1～W_4，送入弹性存储器作为写入时钟，以控制把 NRZ 码写入存储器，进行码速调整。由复接器主时钟 8.448Mbit/s 经定时电路分为四个 2.112Mbit/s 的分路时钟，作为存储器的读出时钟。在它的作用下，以各存储器的读出存储信号 T_1'～T_4'送入合成电路进行多路复接。在合成电路中，除合成四个支路的信码外，还要插入塞入脉冲 V，塞入脉冲标志 $C_1C_2C_3C_4$ 及帧同步码和告警码。塞入脉冲和塞入标志码的产生是在弹性存储器中进行的。弹性存储器与缓冲存储器基本相同，只是更具有码速调整功能。由于写入时钟 W=2.048Mbit/s，而读出时钟 R=2.112Mbit/s，显然两者不能同步，这样就需要利用弹性存储器中的比相器进行相位比较：当两个时钟的相位相差到某一数值时，就将读出时钟扣除一位，同时输出一个塞入标志信号 J 到编码电路，经编码得到三位塞入标志码和一位塞入脉冲码，送入多路合成电路与信息信号一起形成二次群复接信号，再经码型变换就可送入信道传输。

二次群异步分接示意图如图 6-14 所示。二次群经码型变换后，进行帧同步检出和控制，在实现帧同步后把二次群的总信码进行分接，并分别送入四个弹性存储器。这时，为了消除塞入脉冲，先要检出塞入标志码，然后决定是否需要在规定的位置上去掉一位码。弹性存储器中的信码要用基群时钟读出，这个读出时钟由存储器内的锁相环电路来产生，这样，从弹性存储器读出的信号就是经过分接的基群信号，再经码型变换后即完成全部分接功能。

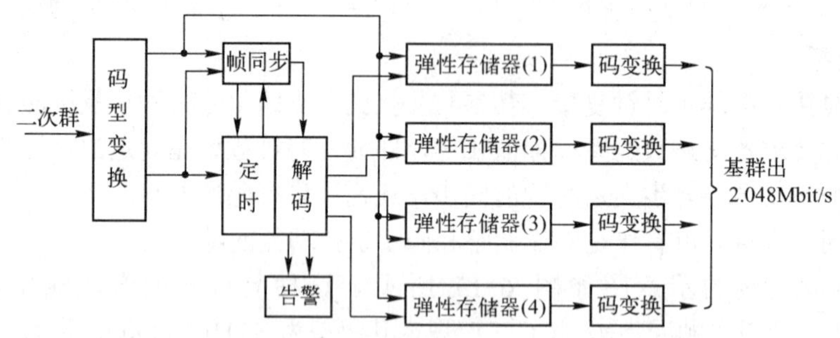

图 6-14　二次群异步分接示意图

由分接过程可看出，分接系统是从数码率为 2.112Mbit/s 的数码率中扣除业务脉冲等固定插入码，才使数码率降低到 2.048Mbit/s 的。也就是说，在分接过程中，码速调整采用的是快写慢读的控制方式，使写入速度大于读出速度而达到分接的目的。

3．复接系统的相位抖动

在数字复接系统中，码速调整过程是产生相位抖动的一个主要原因。由码速调整引入的相位抖动有以下几种情况：

（1）扣除帧同步码、塞入标志码引入的抖动

在复接系统发送的信息流中，除了支路信息外，还插入了帧同步码组及其他业务码和备用时隙。在接收端进行分接时，要把这些附加比特扣除，这样就会在附加信息的位置上留下一些不携带支路信息的空隙，使脉冲序列产生周期性的“缺齿”，如图 6-15 所示。由这种缺齿脉冲序列恢复的基群时钟就会产生相位抖动。从图中可看出，在实际发送的支路信号中，到接收端扣除帧同步码后，使图 6-15 出现了若干位空隙，于是，携带信息的时隙 A′、B′、C′、D′……相对其理想位置 A、B、C、D……产生了若干码位的偏离，即有若干比特的抖

动，至于去除其他附加信息，也有类似结果。

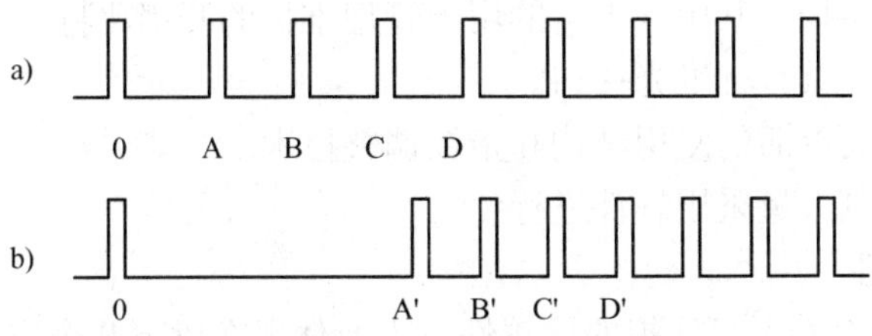

图 6-15　复接时的相位抖动

（2）扣除塞入脉冲引起的相位抖动

在码速调整的过程中，每塞入一个脉冲，相位就超前或滞后一个码位，因而也就产生一个比特的相位的抖动。只要有脉冲塞入，就有相位抖动，这种抖动称为基本抖动。

（3）脉冲塞入等候时间引入的抖动

在正码速调整过程中，当支路信号的相位滞后于复接时隙一个比特时，插入控制电路就将发出插入指令，并在固定位置上插入一个比特。由于在一个复接帧内，通常仅设置一个插入码位置，并且位置固定（即只能在这个位置上插入，其他位置不能插入），这样，在两个允许插入的位置之间，有一定的时间间隔，而插入请求可能随时发生。因此，当插入指令发出后，插入脉冲的动作通常不能立即进行，而要等到下一个插入码位时方能进行。所以在插入请求和插入动作之间通常有一段等候时间。由于存在这段等候时间，就会在脉冲插入基本抖动上又附加一个新的抖动成分，称为等候抖动。

在接收端，通常用锁相环来去除抖动。由于锁相环具有对相位噪声的低通特性，经过锁相环后的剩余抖动仅为低频抖动成分。对于以上讨论的三种抖动成分，其中，扣除帧同步码引入的相位抖动，其抖动频率较高，锁相环可将其彻底去除。而由于扣除塞入脉冲引入的相位抖动，其抖动频率与脉冲塞入速度有关，当脉冲塞入速度较高时，抖动频率也较高，锁相环可将其消减，而当脉冲塞入速度较低时，抖动频率也较低，锁相环不能将其消减。对于由脉冲塞入等候时间而引入的抖动，由于等候具有随机特性，其频谱范围从高频到极低频，锁相环对其低频分量不能消除，这样，它就成为复接设备输出抖动的主要成分。

4．光纤通信同步数字系列简介

光纤通信自 20 世纪 80 年代以来已经得到大规模的应用。而随着电信技术的不断发展和用户要求的逐渐提高，传统的准同步数字系列（PDH）暴露出越来越多的缺陷，已经很难满足现代数字通信的需要了。

同步数字系列（即 SDH）正是在这样的背景下被提出的。它的前身是同步光纤网（SONET），其技术标准最早由美国提出，后来经过不断的修改、演变和发展形成了全世界统一的同步数字系列等级的通用标准。

（1）SDH 的基本概念

所谓 SDH 网，就是指由各种网络单元（如数字交叉连接设备、复接器、分接器等）组成的以光纤为传输介质的进行信息同步传输、复用和交叉连接的网络。它有如下特征：

1）具有全世界统一的网络节点接口。

2）具有一套标准化的信息结构等级，称为同步传递模块，有 STM-1、STM-4 和 STM-16

三种级别。

3）具有页面式帧结构，其中含丰富的用于管理维护的开销比特。

4）每一网络单元都具有标准光接口。

5）具有一套特殊而灵活的复用结构和指针调整技术。

6）网络配置和控制大量采用软件进行。

（2）SDH 的优越性

SDH 与 PDH 相比有着无可比拟的优越性，主要体现在以下几个方面：

1）数字体系兼容性。传统的 PDH 网络有两大数字体系（1.5Mbit/s 和 2Mbit/s）和三个地区性标准（北美、日本和欧洲），它们互不兼容，国际间信息互通非常困难。而 SDH 网可使这两大体系和三大标准在基本传输模块 STM-1 上获得统一。

2）接口规范。PDH 传输系统不存在世界统一的光接口规范，而是由各通信制造商自行设置光接口，这些各不相同的光接口无法在光路上互通，而只能通过光/电转换后通过电接口来互通，从而增加了设备复杂性和制造成本。而 SDH 网内有统一的光接口，并且在帧结构内安排扰码，这样就形成了世界统一格式的 NRZ 加扰码在光纤内传输。由于一个光接口可以代替大量的电接口，这样就省去了大量的光/电、电/光转换电路，提高了网络的可靠性并节约了成本。

3）上下行业务能力。PDH 的复用形式为逐级复用，除最低速率级别的信号为同步复用外，其他级间均为异步复用，即在被复用信号之外加入一些额外比特来使各支路信号与复用后的信号保持同步。这样一来，要从高速信号中提取出低速信号就非常困难。

而在 SDH 网中的复分接结构如图 6-16 所示，它采用同步复用和指针映射结构，各等级的信号码流在其帧结构的净负荷内排列是有规律的，且与网络同步。故而只须用软件来控制指针，便可从高速信号中一次提取出所需的低速信号，上下行业务非常方便。

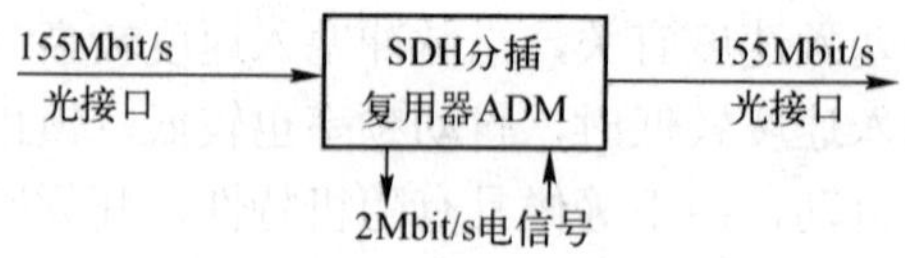

图 6-16 SDH 复分接过程

4）网络的运行、维护和管理（OAM）。PDH 网络在其复用帧结构内没有足够的比特用于网络的运行、维护和管理。这种先天不足使得 PDH 网无法适应现代网络业务对网络监控和维护日益增加的需求。而在 SDH 帧结构中安排了极为丰富的开销比特，使网络的 OAM 能力大大加强，并可通过软件实现高可靠性的自愈环网结构。

5）新业务兼容性。PDH 网是基于点对点传输方式建立起来的其数字信道利用率比较低，有的业务需要多次转接，无法提供最佳传输路由，也难以适应不断涌现的各种新业务。SDH 网既可兼容现有 PDH 网中所有等级的信号，也利于 ATM 信元的传输，具有支持宽带综合业务数字网（BISDN）的能力，且具有较好的横向和纵向优越性。

SDH 的主要不足之处在于：频带利用率不如 PDH 系统，一个 140Mbit/s 的 PDH 系统可容纳 64 个 2Mbit/s 系统，而一个 155Mbit/s 的 SDH 系统只能容纳 63 个 2Mbit/s 系统，其频带利用率分别为 94%和 83%；其次，SDH 由于采用指针调整，增加了抖动和漂移的可能性，对设备提出了更高要求。

SDH 的具体帧结构、复用原理、同步方式以及网管功能等叙述起来比较复杂，有兴趣的读者可以自行参阅相关资料，在此仅作上述简介，不再赘述。

6.3 多址方式

多址方式是指把处于不同地点的多个用户接入一个公共传输媒质实现各用户之间通信的技术。多址方式和信道复用方式有着共同的数学基础，即信号正交分割原理，也就是信道分割理论。多址方式的原理是：使各个信号具有不同的特征，相当于赋予各信号不同的地址。然后根据各个信号之间特征的差异即不同的地址来区分不同的信号，实现互不干扰的通信。多址技术广泛应用于无线通信系统中。

多址方式主要是解决众多用户如何高效共享给定频谱资源的问题。目前在无线通信系统中应用的多址方式有：频分多址（FDMA）、时分多址（TDMA）、码分多址（CDMA）、空分多址（SDMA）以及它们的混合应用方式等。当以传输信号的载波频率的不同划分来建立多址接入时，称为 FDMA；当以传输信号存在的时间不同划分来建立多址接入时，称为TDMA；当以传输信号的码型不同划分来建立多址接入时，称为 CDMA。

6.3.1 频分多址

频分多址是最早使用的一种多址接入方式，它目前仍在许多系统中运用，如移动通信、卫星通信系统等。

频分多址是将给定的频谱资源划分为若干个等间隔的频道（或称信道）供不同的用户使用。接收方根据载波频率的不同来识别发射地址，从而完成多址连接，如图 6-17 所示。

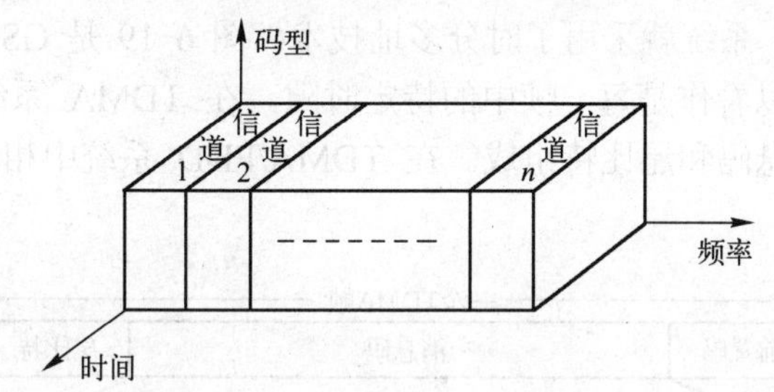

图 6-17 FDMA 示意图

在 FDMA 系统中，每一个移动用户分配有一个地址，即在一个频率范围内，每个移动用户分配有一个频道，且这些频道在频域上互不重叠。利用频道和移动用户的一一对应关系，只要知道用户地址（频道号码）即可实现选址通信。

从信道分配角度来看，可以认为 FDMA 方式是按照频率的不同给每个用户分配单独是物理信道，这些信道根据用户的需求进行分配。在用户通话期间，其他用户不能使用该物理信道。在频分全双工（FDD）情形下分配给用户的物理信道是一对信道（占用两段频段），一段频段用作前向信道（即基站向移动台传输的信道），另一段频段用于反向信道（即移动台向基站传输的信道）。

FDMA 方式有以下特点：

1）每一个频道传输一路数字或模拟话音信号。

2）由于 FDMA 是以频道来划分用户地址的，所以它是频率受限和干扰受限的系统。

3）FDMA 系统需要周密的频率计划。

4）对发射信号功率控制的要求不严格。

5）需要多部不同载波频率发射机可以同时工作。

6.3.2 时分多址

时分多址是把时间分割成周期的帧，每一帧再分割成若干个时隙（无论帧或时隙都是互不重叠的），然后根据一定的时隙分配原则，使各个用户在每帧内只能按指定的时隙收发信号。同时，基站发向多个移动台的信号都按顺序安排在预定的时隙中传输，各移动台只要在指定的时隙内接收，就能在合路的信号中把发给它的信号区分出来，如图 6-18 所示，每个用户占用一个周期性重复的时隙。

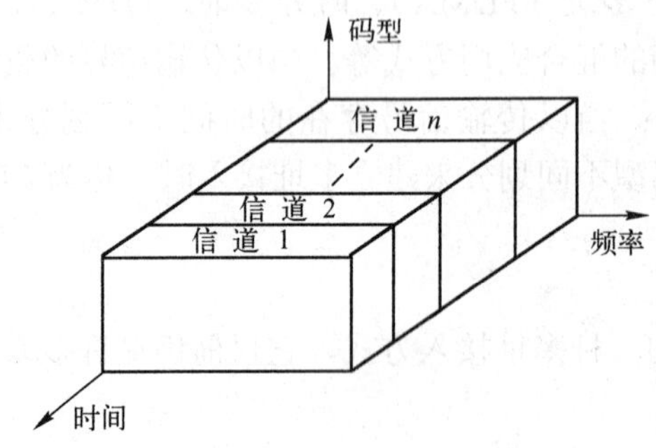

图 6-18　TDMA 示意图

目前中国使用 GSM 系统就采用了时分多址技术。图 6-19 是 GSM 网络中 TDMA 的帧结构。每条物理信道可以看作是每一帧中的特定时隙。在 TDMA 系统中，N 个时隙组成一帧，每帧由前置码、信息码和尾比特组成。在 TDMA/FDD 系统中相同或相似的帧结构单独用于前向或反向。

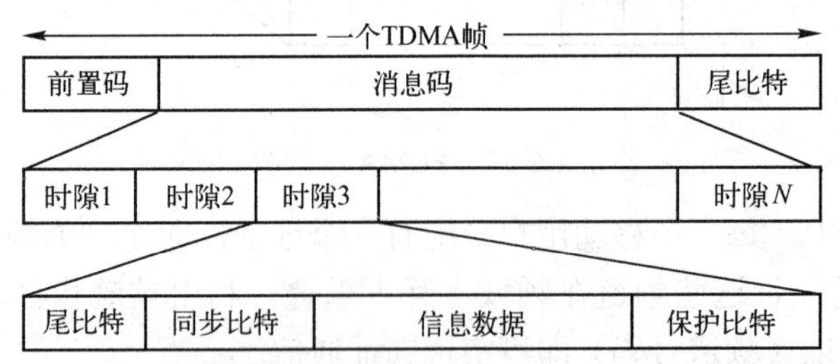

图 6-19　TDMA 帧结构

在一个 TDMA 的帧中，前置码中包括地址和同步信息，以便基站和用户都能彼此识别对方信号。TDMA 有如下一些特点：

1）TDMA 系统中几个用户共享单一的载频，每个用户占用彼此不重叠的时隙。

2）TDMA 系统中的数据发射不是连续的而是以突发的方式发射。由于用户发射机可以在不同的时间（绝大部分时间）关掉，因而耗电较少。

3）与 FDMA 信道相比，TDMA 系统的传输速率一般较高，故需要采用自适应均衡。

4）TDMA 必须留有一定的保护时间（或相应的保护比特）。

5）TDMA 系统必须有精确的定时和同步，保证各移动台发送的信号不会在基站发生重叠或混淆，并且能准确地在指定的时隙中接收基站发给它的信号。同步技术是 TDMA 系统正常工作的重要保证，往往也是比较复杂的技术难题。

6.3.3 码分多址

码分多址是一种以扩频信号为基础、利用扩频技术形成的实现不同码序列的多址方式。它是以扩频信号为基础，利用不同波型或码型的载波作为分址信号，以便在同一通信网中，使多个台站同时进行信息传输的一种技术。

在 CDMA 系统中，不同的用户传输所用的信号不是靠频率不同或时隙不同来区分的，而是用各自不同的编码序列来区分，如图 6-20 所示。从频域或时域上来看，多个 CDMA 信号是互相重叠的。接收机用相关器从多个 CDMA 信号中选出其中使用预定码型的信号。其他使用不同码型的信号因为与接收机产生的本地码型不同而不能被解调。

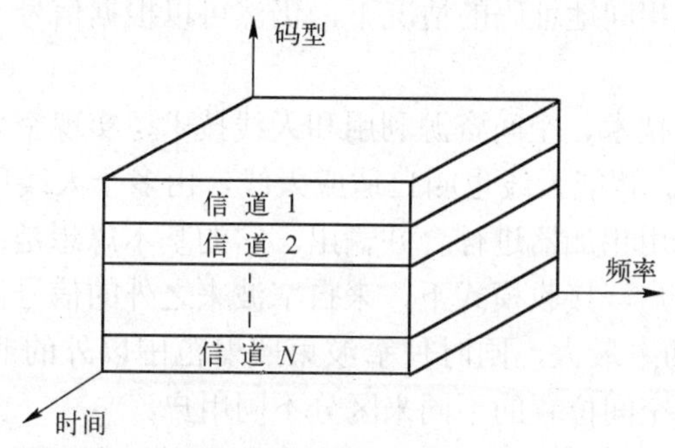

图 6-20 CDMA 示意图

码分多址利用不同码型实现不同用户的信息传输，扩频信号是一种经过伪随机序列调制的宽带信号，其带宽通常比原始信号带宽高几个数量级。把无线电信号的码元或符号，用扩频码来填充，且不同用户的信号用互成正交的不同的码序列来填充，这样的信号可在同一载波频率上发射。接收时，只要接收端与发送端采用相同的码序列进行相关接收，就可以恢复原信号，如图 6-21 所示。利用码型和用户一一对应关系，只要知道用户地址（地址码）便可实现选址通信。在 CDMA 系统中，每对用户是在一对地址码型中通信，所以其信道是以地址码型来表征的。

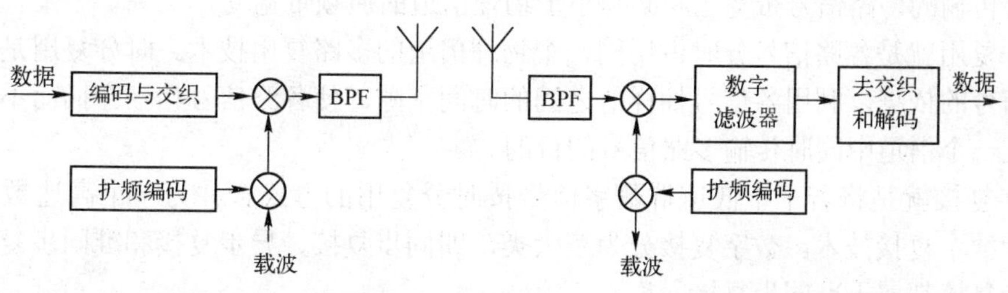

图 6-21 CDMA 系统原理示意图

CDMA 相对于其他的两种多址方式有很明显的优势，主要表现在以下几点：

1）系统容量大，CDMA 在蜂窝移动网中，CDMA 的容量是 TDMA 系统的 4～6 倍，是 FDMA 系统的 20 倍。

2）抗干扰能力强，扩频通信系统的扩展频谱越宽，处理增益越高，抗干扰能力越强。抗干扰能力强是扩频通信的最突出的优点。

3）保密性好。

4）抗多径效应。

5）能精确的定时和测距，GPS 全球卫星定位系统就是利用这个原理。

6）网内所有的用户可以使用同一载波，各个用户可以同时的发送和接收信号。

6.3.4 空分多址

空分多址（SDMA）是一种新发展的多址技术，在由中国提出的第三代移动通信标准 TD－SCDMA 中就应用了 SDMA 技术，在卫星通信中也提出应用 SDMA。

空分多址是通过控制用户的空间辐射能量来提供多址接入能力的。使用空分多址技术，在相同时隙、相同频率或相同地址码的情况下，仍然可以根据信号不同的中间传播路径来区分信号。

空分多址综合了多址技术、空间资源利用和天线技术，实现空分多址的基础便是智能天线（Smart Array）技术。智能天线也叫自适应天线，由多个天线单元组成，每一个天线后接一个复数加权器，最后用相加器进行合并输出。它的基本思想是：天线以多个高增益窄波束动态地跟踪多个期望用户，接收模式下，来自窄波来之外的信号被抑制，发射模式下，能使期望用户接收的信号功率最大，同时使窄波束照射范围以外的非期望用户受到的干扰最小。智能天线是利用用户空间位置的不同来区分不同用户。

空分多址是利用空间分割构成不同的信道。举例来说，在一颗卫星上使用多个天线，各个天线的波束射向地球表面的不同区域。地面上不同地区的地球站，它们在同一时间、即使使用相同的频率进行工作，它们之间也不会形成干扰。

6.4 本章小结

多路复用技术是能够实现在一条物理信道上传输多路信号的方法或技术。目前最基本的多路复用技术有两种：频分复用、时分复用。

频分复用就是对物理信道进行频率划分以实现多路信号复用的方法。在频分多路复用系统中，要传输的多路信号带宽之和必须小于物理信道的通频带宽度。

时分复用就是各路信号分时占用同一个物理信道的多路复用技术。时分复用是以时间作为分割信号的依据，利用各信号抽样值之间的时间空隙，使各路信号相互穿插而不重叠，从而达到在一个信道中同时传输多路信号的目的。

数字复接就是将若干个低速群数字信号按时分复用的方式合并为一个高速数字合路信号，称为数字复接技术。数字复接分为三大类，即同步复接、异步复接和准同步复接。绝大多数异步复接都属于准同步复接。

多址方式使各个信号具有不同的特征，相当于赋予各信号不同的地址，实现互不干扰的通信。多址方式主要是解决众多用户如何高效共享给定频谱资源的问题。目前多址方式有：频分多址、时分多址、码分多址、空分多址以及它们的混合应用方式等。

6.5 习题

1．什么叫频分复用？通信系统采用频分复用有什么优点？

2．什么是时分复用？它与频分复用的区别是什么？

3．简述我国数字复接系列的构成方式。

4．数字复接系统由哪几部分构成？各部分的作用是什么？

5．数字复接有几种复接方式？各种方式的优缺点有哪些？

6．说明同步复接和异步复接的基本工作原理。

7．正码速调整是如何实现的？

8．简述异步时钟复接器的工作过程。

9．SDH 与 PDH 相比有哪些优越性？

10．多址方式有哪些？它们分别有什么特点？

第7章 同 步 原 理

在数字通信系统中传输的信号，是由一些等长度的码元构成的数字序列。这些码元在时间上按一定的顺序排列，并分别代表不同的信息。为了使数字信号在传输过程中保持完整，就必须保持这些码元在时间上所占位置（即“时隙”）的准确性。这就要求发送端和接收端都要有稳定而准确的定时脉冲，以保证系统内各种电路始终按规定的节拍工作。发送、接收端设备各部分电路的动作都由这些定时脉冲分别控制，这样才能保证严格正确的时间关系，这就是定时的概念。

发送端和接收端分别有了自身的定时脉冲是不够的，为了保证整个传输过程准确可靠，还必须使发送、接收两端的定时脉冲在时间上保持一致，这就称之为“同步”。同步的作用，就是要设法使接收端的时隙对准发送端的时隙，这样接收端才能将“0”、“1”构成的比特流还原成正确的信息，可见同步是数字通信系统可靠工作的一个前提。

数字通信系统的同步，按照作用的不同一般分为：载波同步、位同步（码元同步）、帧同步（群同步）。此外，随着通信技术的发展，特别是通信系统与计算机网络的结合日益紧密，出现了多点之间的通信和数据交换，构成了数字通信网。为使全网有一个统一的时间标准，还产生了一种同步方式，这就是网同步。

7.1 载波同步

在高速、高可靠性的数字通信系统中，为了获得较高的频带利用率和良好的抗干扰性能，经常采用相干解调，而这种解调方式要求接收端必须产生一个与接收到的被调载波信号相干（即同频同相）的本地参考载波信号（基准信号），这个过程即称为载波同步。

载波同步一般有两类方法：一类是插入导频法（外同步法），它是在发送端发送信息码元的同时，再发送一个（或多个）包含载波信息的导频信号，并且要求这个导频信号不随传播的信息变化，在接收端根据导频提取出载波；另一类是直接提取法（自同步法），它是从接收到的有用信号中直接（或经变换）提取相干载波，而不需要另外传送载波或其他导频信号。

1. 插入导频法

在抑制载波的传输系统（如 DSB 双边带信号、SSB 单边带信号等）中，信号中没有载波成分，接收端无法从接收到的信号中直接提取载波；而有的信号（如 VSB 残留边带信号）虽然含有载波但不易取出；为了获取载波同步信息，就要采用插入导频的方法。插入导频的方法就是发送端除了发送有用的信号外，还在适当的位置上插入一个供接收端恢复相干载波之用的正弦波信号（这个信号通常称为导频信号）。插入导频信号的方法可分为两种：一种是在频域插入导频，另一种是在时域插入导频。

（1）频域插入导频法

频域插入导频法是指在已调信号的频谱中加入一个低功率的线谱，该线谱对应的正弦波即称为导频信号。以 DSB 信号（抑制载波双边带信号）为例，导频的插入位置应该在信号频谱为零处，否则导频与信号频谱成分重叠，接收时不易取出，如图 7-1 所示。载波频率点 f_c 处信号的能量为零，可在此点插入导频。导频的频率为 f_c，这一频率与加入调制器的载波频率是一致的，但它的相位一般与被调载波正交（即相差 90°），称为“正交载波”。在接收端，只要用滤波器提取这一导频信号，再移相 90° 就可作为本地相干载波输出，进行相干解调，这个过程如图 7-2 所示。

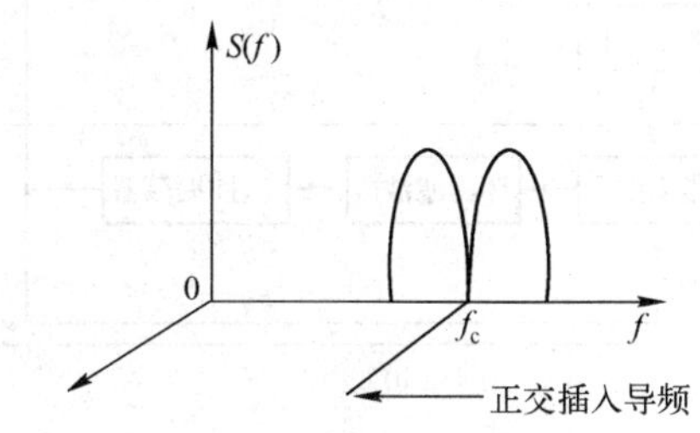

图 7-1　插入导频示意图

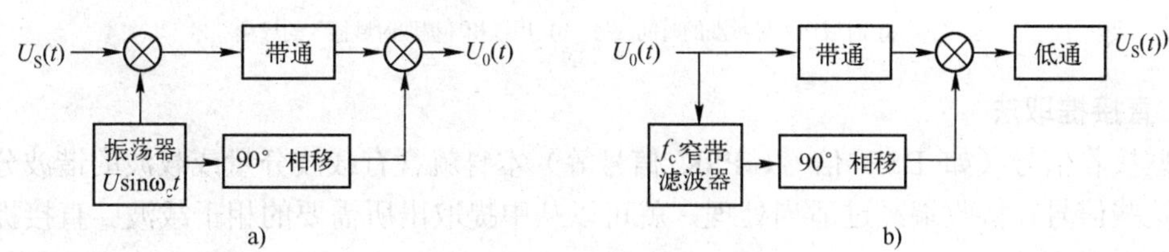

图 7-2　导频的插入和提取

a) 导频插入　b) 导频提取

在图 7-1 中，若在 f_c 处插入的导频是同相载波而不是正交导频，那么经过系统的相加处理，调制信号的频谱必然会改变，解调后由于导频分量的加入会使数字基带信号上附加直流分量，造成输出信号失真。

（2）时域插入导频法

时域插入导频法在时分多址通信卫星中应用较多，在一般数字通信中也有应用，插入导频信号与传输的信息在时间上加以区别，其原理如图 7-3 所示。

把一定数目的数字信号分成一组，称为一帧。对于分帧传输的数字信号，导频是按一定的时间顺序在指定的时间间隔内发送的，即每一帧除传送数字信息外，都在规定的时隙内插入载波导频信号、位同步信号、帧同步信号，如图 7-3a 所示。接收端用定时选通信号将每帧插入的导频取出，即可形成解调用的相干载波。由于一帧中只用了很少的时间来传送载波，所以发送的载波信号是不连续的，不能够用窄带滤波器来提取。为得到稳定、准确的参考载波信号，常常用锁相环来提取相干载波，如图 7-3b 所示。锁相环由鉴相器、环路滤波器、压控振荡器组成，在（每隔一帧）载波导频插入时间内进行相位比较和调节，当载波导频信号消失后，压控振荡器具有足够的同步保持时间，直到下一帧载波导频信号出现时再进行相位比较和调整。只要锁相环路选择适当，就能恢复出符合要求的相干载波。

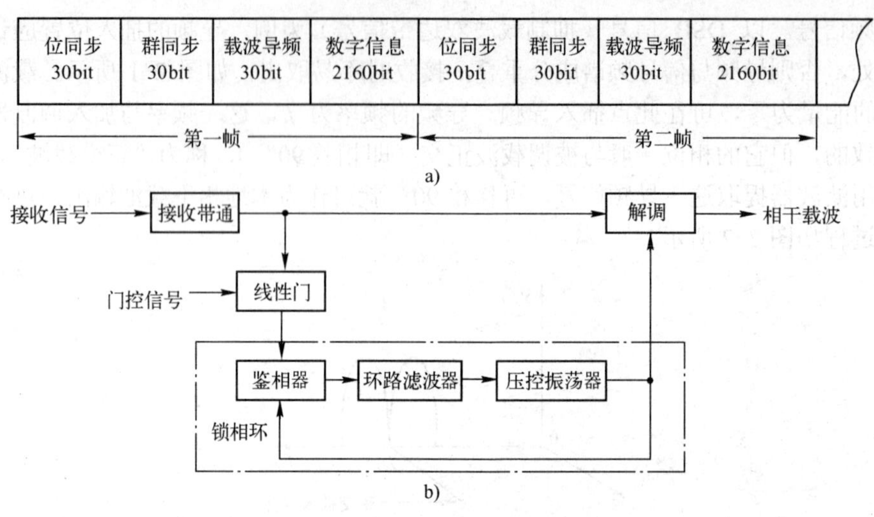

图 7-3 时域插入导频法原理

a) 时域插入导频法的时间安排 b) 用锁相环提取时域插入的导频

2. 直接提取法

有些接收信号（如 DSB 信号、PSK 信号等）本身就含有载波分量或载波的谐波分量，如果对这些信号在接收端经过适当处理，就可以从中提取出所需要的相干载波。直接提取法就是据此而提出的。

直接提取法的常用方式有：平方变换法、逆调制环法、同相正交环法和判决反馈法。以下就前三种方式逐一介绍。

（1）平方变换法

平方变换法对 2PSK 信号的载波提取原理如图 7-4 所示。由图 7-4 可见，载波提取是通过倍频—分频来实现（若为 4PSK 信号，则采用四倍频—四分频方式）。设输入信号为：

$$S_{\mathrm{PSK}}(t) = S(t)\cos\omega_{\mathrm{c}}t \tag{7-1}$$

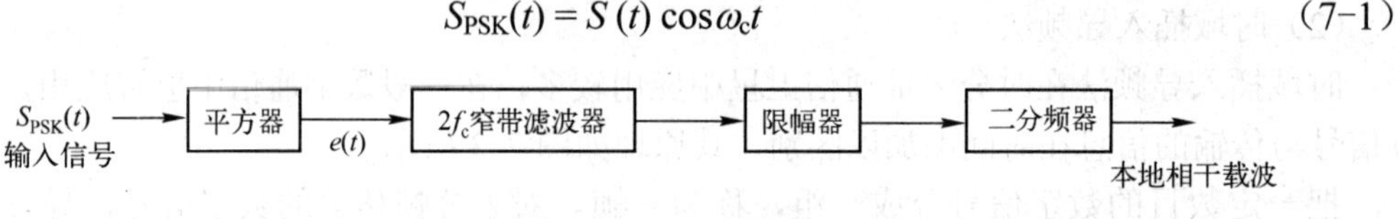

图 7-4 平方变换法提取载波原理框图

式中，$S(t)$ 为数字基带信号，ω_{c} 为载波角频率，对应的频率为 $f_{\mathrm{c}} = \omega_{\mathrm{c}}/2\pi$。

则 $S_{\mathrm{PSK}}(t)$经过平方电路（平方电路由平方律器件或全波整流器件组成）后为：

$$e(t)= S^2(t)\cos^2\omega_{\mathrm{c}}t = \frac{S^2(t)}{2} + \frac{1}{2}S^2(t)\cos 2\omega_{\mathrm{c}}t \tag{7-2}$$

由式（7-2）可见，产生出来的信号 $e(t)$中含有原载波的二次谐波分量。这样，信号 $e(t)$通过中心频率为 $2f_{\mathrm{c}}$ 的窄带滤波器，就可分离出载频的倍频分量 $2f_{\mathrm{c}}$ 。限幅器用来消除信号在幅度上的波动，然后经过二分频器，即可恢复出频率为 f_{c} 的本地相干载波，这就是平方变换法。

值得注意的是，图 7-4 中所用的二分频器对二相相移键控（2PSK）信号而言将使载波提取存在 180° 的相位模糊（在四相相移键控（4PSK）情况下，有 90° 的相位模糊）。这种载波相位模糊对相对相移键控信号并无影响，但对绝对调相系统来讲，有时会使所得结果与实际完全相反。为了解决这个问题，同时为了取得良好的跟踪、窄带滤波和记忆性能，图中的窄带滤波器和限幅器常用锁相环来代替，如图 7-5 所示，此时的平方变换法又称为平方环法。

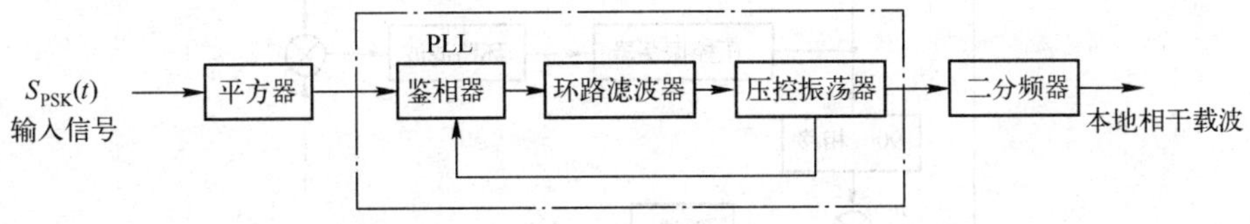

图 7-5　平方环法提取载波原理框图

（2）逆调制环法

逆调制环法常用于对 PSK（相移键控）信号的载波提取，它采用在接收端对接收的信号进行逆调制的方法来消除接收信号的调制信息。其原理如图 7-6a 所示。由解调器恢复出来的数字信号 $S(t)$对延时τ_0 后的接收信号 $S_{PSK}(t)$进行逆调制。这样，在原抑制载波的双边带信号中，载波相位因调制而引起的变化就被解除。以 2PSK 信号为例，见图 7-6b，经基带信号 $S(t)$调制后，载波相位保持不变的那些码元（即 1），再用原基带信号 $S(t)$调制一次，载波相位仍应保持不变；而经基带信号调制后，载波相位反相的那些码元（即 0），再用原基带信号调制一次（即再反相一次），就恢复了载波的原始相位。由此可见，经过逆调制器的作用，消除了载波信号的相位变化，得到的是单一频率的载波，用它作为锁相环的基准信号，则锁相环的输出就是所需的参考相干载波 $f_c(t)$。图 7-6 中延时τ_0的作用在于补偿解调器通路中低通滤波器延时的影响，使逆调制器的两个输入信号在时间上相符，从而确保环路正常工作。

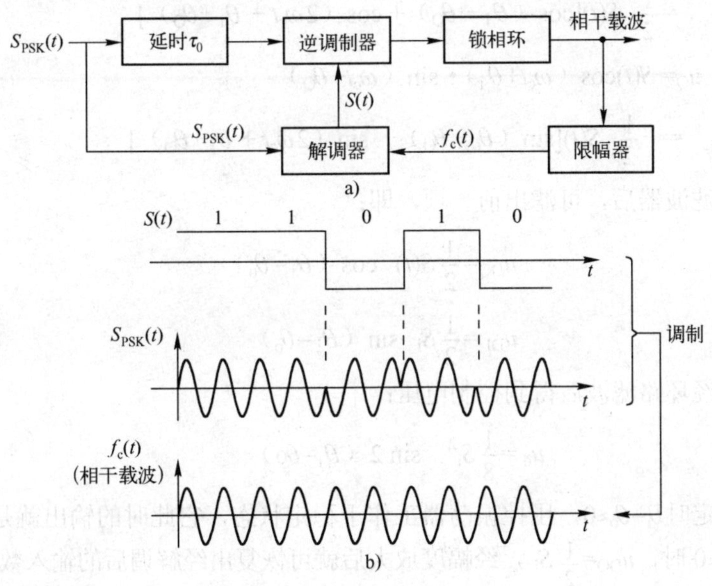

图 7-6　逆调制环法提取载波

（3）同相正交环法

以上介绍的电路是工作在载波频率 f_c 或 $2f_c$ 上的载波提取环路。载波频率往往很高，提取环路工作在高频率上有一定困难。若能让载波提取环路工作在基带频率上，就会给处理信号带来方便。同相正交环——又叫科斯塔斯环（Castas），就是这样的一种电路，其原理如

图 7-7 所示。

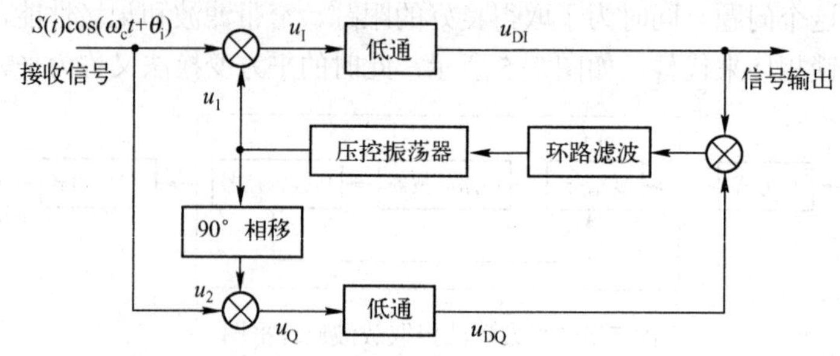

图 7-7 同相正交环法原理示意图

接收到的输入信号 $S(t)\cos(\omega_c t+\theta_i)$ 经过两个乘法器相干解调后分别输出 u_Q 和 u_I（其中 u_I 是经过本地相干载波相移 90° 后解调得到的）。u_Q 和 u_I 再通过低通滤波器后得到基带信号 u_{DQ} 和 u_{DI}。这两个基带信号经乘法器得压控振荡的控制电压，使之输出本地相干载波。信号的具体处理过程如下：

设输入信号的相位为 θ_i，而压控振荡器产生的相干载波的相位为 θ_o，则：

$$u_1 = \cos(\omega_c t+\theta_O) \tag{7-3}$$

$$u_2 = \sin(\omega_c t+\theta_O) \tag{7-4}$$

乘法器相干解调后得到：

$$\begin{aligned} u_I &= S(t)\cos(\omega_c t+\theta_i)\cdot\cos(\omega_c t+\theta_O) \\ &= \frac{1}{2}S(t)[\cos(\theta_i-\theta_O)+\cos(2\omega_c t+\theta_i+\theta_O)] \end{aligned} \tag{7-5}$$

$$\begin{aligned} u_Q &= S(t)\cos(\omega_c t+\theta_i)\cdot\sin(\omega_c t+\theta_O) \\ &= -\frac{1}{2}S(t)[\sin(\theta_i-\theta_O)-\sin(2\omega_c t+\theta_i+\theta_O)] \end{aligned} \tag{7-6}$$

在通过低通滤波器后，可滤出前一项，即：

$$u_{DQ}=\frac{1}{2}S(t)\ \cos(\theta_i-\theta_o) \tag{7-7}$$

$$u_{DI}=\frac{1}{2}S_i\ \sin(\theta_i-\theta_o) \tag{7-8}$$

二者相乘，经环路滤波后得到控制电压：

$$u_d=\frac{1}{8}S_i^2\quad \sin 2(\theta_I-\theta_O) \tag{7-9}$$

由于同步锁定时 $\theta_i-\theta_o\approx 0$，压控振荡器工作于稳定状态，它此时的输出就是稳定的本地相干载波。而 $\theta_i-\theta_o\approx 0$ 时，$u_{DQ}=\frac{1}{2}S_i$，经幅度放大后就可恢复出经解调后的输入数字信号 S_i。

实际上，这种方法是运用了反馈控制的原理，电路刚开始工作时相干载波是杂乱的，但通过不断的比较，产生随相位差变化的控制电压来调整压控振荡器产生的相干载波，最终达到和接收信号相位相同。

3．载波同步性能及其比较

判断一个载波同步系统的主要性能指标主要有如下两个：

1）效率。所谓提高效率是指在能够获得载波的情况下，尽量减小发送载波的功率。

2）精度。所谓提高精度是指提取到的相干载波与发送端载波之间的相位误差要越小越好。可以看出，载波同步系统的精度越高，则传输系统误码率就越小，这是影响传输系统误码率的主要因素。

除了以上指标，还有同步建立时间 t_s（越短越好）、同步保持时间 t_c（越长越好）、相位抖动（越小越好）等。这些指标主要取决于锁相环的性能，这里就不详细阐述了。

从本节介绍的载波同步方式来看，直接提取法在性能指标上要优于插入导频法。首先，直接提取法不需另外发送导频，即发送功率全部用于传输信息，电路简单，没有功率损失，故而效率高、功率信噪比大。另外，由于直接提取法是在接收端由信号直接再生相干载波，这就避免了在传输过程中由于信道干扰及不均衡引起的相位误差，或者导频与信号之间由于滤波不好引起的互相干扰，故它又有精度高的优点。由于上述原因，直接提取法在各种通信系统中都得到广泛应用。但有一点值得注意，直接提取法只适用于具有双边带频谱的信号，在单边带调制系统中不能采用。

7.2 位同步

位同步又称为码元同步，它是数字通信中最基本最重要的一种同步。由于数字信号是一位码一位码地发送和接收的，因此就要求传输系统的收发端应具有相同的码速和码元长度。由于任何传输信道都存在干扰和衰耗，因此，数字信号在通过信道传输后都应当经过整形与判决。在判决时，仅仅满足收、发定时脉冲的频率相等是不够的。为克服各种干扰的影响，还要求判决时应选在信噪比最大的时刻，并尽量靠近码元中央，如图 7-8 所示，在图 7-8a 中，由于判决时刻没有选在码元中央（即信噪比最大的时刻），所以在接收端出现了判决错误；而在图 7-8b 中，因为判决时刻的正确选取，就获得了良好的传输效果。可见，位同步是为了接收端在最佳判决时刻对接收码元进行抽样判决，从而尽可能地减少误判。

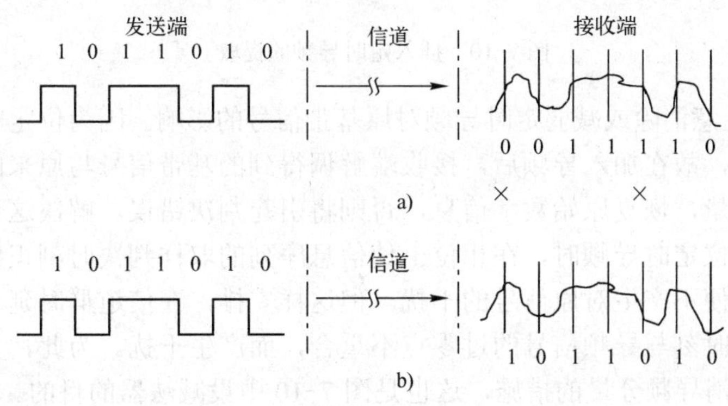

图 7-8 判决时刻的选取

a) 判决时刻选取不合适 b) 判决时刻选取适当

传统的位同步方法与载波同步方法类似，本节主要介绍直接法（自同步法）和插入导频法（外同步法）两种。随着 DSP 技术的发展，某些与常规同步方法大不一样的新型技术如内插同步技术开始得到日益广泛的应用。有兴趣的读者可以查阅相关资料。

1. 外同步法

外同步法是指在发送数字信息的同时，还发送位同步信号的一种同步方法。以下是两种应用较广泛的实现方式。

（1）插入位定时导频法

插入位定时导频法的原理与载波同步的插入导频法相类似。在无线通信中，数字基带信号一般都采用非归零（NRZ 码）的矩形脉冲，并以此对高频载波进行各种调制。解调后得到的也是非归零的矩形脉冲，码元速率为 f_b。其功率谱密度中都没有 f_b 成分，也没有 $2f_b$ 成分，此时可以在基带信号频谱的零点处，即 f_b 或 $2f_b$ 处插入所需要的导频信号，如图 7-9 所示。其中图 7-9a 是双极性非归零基带信号插入导频信号的频谱，取 $f_b = 1/T$（T 为码元周期）。图 7-9b 为经过码型变换得到改进的双二进制基带信号插入导频信号的频谱图，为 $1/2T = 2f_b$。

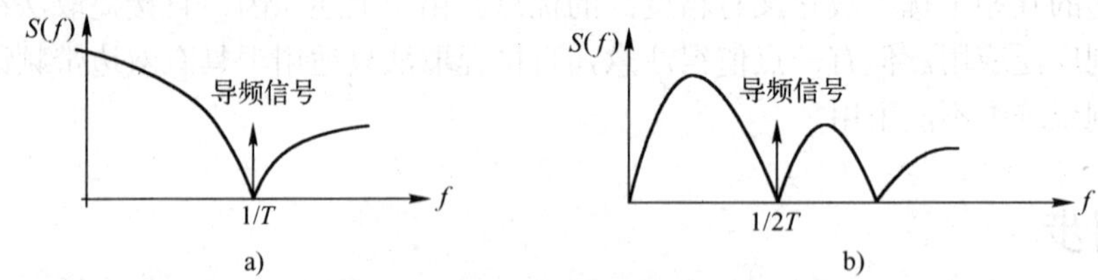

图 7-9　导频插入频谱

导频提取的原理如图 7-10 所示。可以看出，解调以后的基带信号用中心频率为 $f=1/T$（或 $1/2T$）的窄带滤波器提取出导频信号，然后经移相整形形成位定时脉冲，即位同步。这一应用从原理上说非常简单，但在实际中还需解决两个问题。

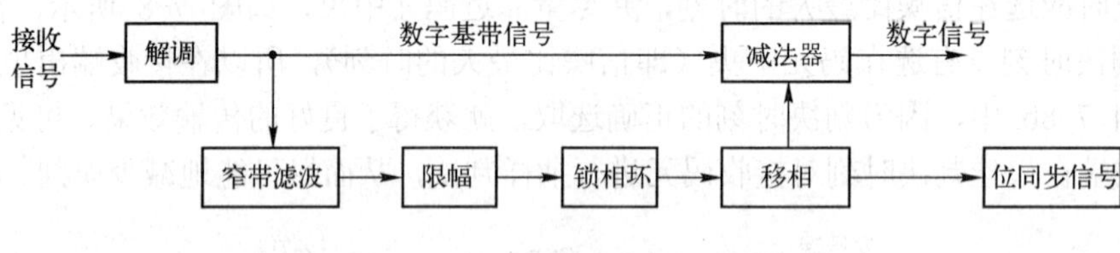

图 7-10　插入定时导频的提取

1）接收端需注意消除或减弱定时导频对原基带信号的影响。因为位定时导频分量不是原数字信号的成分，故在加入导频后，接收端解调得到的基带信号与原来的不同。为此必须设法消除导频分量，恢复原始数字信息，否则将引起判决错误。解决这一问题的办法，一是在发送端加入位定时导频时，在相位上使信息序列的取样判决时刻正好是位定时导频信号的过零点，以便不产生对原信号的干扰。但这样安排，在信道群时延均衡不良时也会因接收信号的判决时刻与导频信号的过零点不重合，而产生干扰。为此，另一个办法是在接收端同时采取抵消导频分量的措施，这也是图 7-10 中设减法器的目的。

2）导频信号有可能反过来受到原数字信号的影响。图 7-10 中锁相环所起的作用就是进一步利用其跟踪和窄带的特性来提取信号，而移相电路的目的是为了抵消提取出的导频信号经窄带滤波器、限幅器和锁相环引起的相移。

（2）双重调制导频插入法

在频移键控、相移键控的数字通信系统中，PSK 信号、FSK 信号都是包络不变的等幅波，可见导频的传送也可以采取浅调幅的方法。在发送端用位同步信号对已调信号再进行附加调幅，实现双重调制，在接收端进行包络检波，也可以取出位同步信号。

设调相信号为：

$$S_{PSK}(t)=S(t)\cos[\omega_0 t+\varphi(t)] \tag{7-10}$$

现在利用含有位同步信号的某种波形，如升余弦波 $m(t)=(1+\cos\Omega t)/2$ 对调相载波进行调幅，则有：

$$S'(t)=m(t)S_{PSK}(t)=\frac{1}{2}(1+\cos\Omega t)S(t)\cos[\omega_0 t+\varphi(t)] \tag{7-11}$$

其中$\Omega=2\pi/T=2\pi f$，T为码元宽度，f为导频信号的频率。

由式（7-11）知，$S'(t)$ 是一个既调幅又调相的复合信号。由于二者差别大，便于接收端分离。在接收端对 $S'(t)$ 进行包络解调，输出为 $(1+\cos\Omega t)/2$，经滤除直流分量后，即得到位同步信号 $\cos\Omega t$。

对于位同步信号的插入，还可以用时域插入的方法。它与载波时域插入法非常类似，这里就不赘述了。

以上讨论的两种插入导频法的优点是接收端提取位同步的电路简单；但发送导频信号要占用一部分发射功率，并且导频信号在被传输的过程中或多或少地要干扰数字信号，降低了传输信噪比。在许多情况下都采用下面介绍的自同步法。

2. 自同步法

自同步法也称做直接提取位同步法，是指发送端不传送专门的位同步信息，而直接从接收信号或解调后的数字基带信号中提取位同步信号。这种方法在数字通信系统中得到了广泛的应用，具体实现直接提取位同步的方法有三种：滤波法、脉冲锁相法和数字锁相法。

（1）滤波法

在数据通信和无线信道传输的数字通信系统中，基带信号通常是不归零脉冲信号。这种非归零脉冲序列的频谱中并不包含有位定时频率分量，不能直接用滤波器从中提取位同步信号。但由于这种脉冲序列遵循码元的变化规律，并按位定时的节拍而变化，因此，只要将其转化为归零二进制脉冲系列，则变化后的信号将出现码元信号的频率分量，就能够从中提取出位定时信号了。图 7-11 就是用这种方法提取位定时信号的原理框图。其工作过程是：首先将经过解调得到的非归零基带信号进行放大、限幅、微分、平方（整流）等处理。由于处理后形成的脉冲信号中，含有位定时频率分量，所以可以用窄带滤波器把定时频率分量提取出来。该窄带滤波器通常由晶体做成，是整个电路的关键部件，它必须具有很高的选择性，才能准确地选出时钟频率分量。移相器的任务是使得到的位定时脉冲出现在信号的最佳取样时刻，再经脉冲形成电路，就可得到符合要求的位同步信号输出。

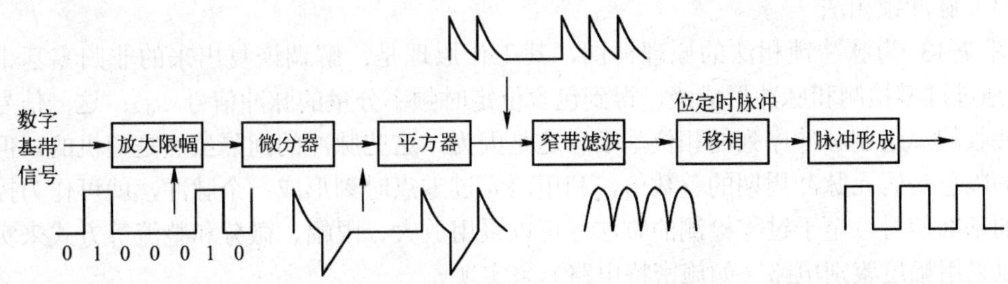

图 7-11　滤波法提取位定时信号示意图

用滤波法提取位定时信号的优点是电路简单，缺点是当数字信号中有长连“0”或长连“1”码时，信号中位定时频率分量衰减会使得到的位定时信号不稳定、不可靠，而且只要发生短时间的通信中断，系统就会失去同步。不过，在现代数字通信系统中，数字信号多采用抑制长连“1”或长连“0”的传输码型（如 HDB_3 码），并且很多传输系统都在发送端和接收端加入了解码和扰码电路，进一步抑制长连“1”或长连“0”的出现。滤波法在实际中的应用还是比较广泛。

（2）包络检波法

在数字微波的中继通信中，常用包络检波的方法从 PSK 信号中提取位同步信号。虽然 PSK 信号是包络不变的等幅波，具有极宽的频带，但由于信道频带宽度有限，所以在信道中传输后，会在相邻码元相位突变点附近产生幅度凹陷的失真，也称平滑陷落。在解调 PSK 信号时，用包络检波器检出这种幅度“平滑陷落”的包络 a，去掉其中的直流分量 b 后，即可得到归零的脉冲序列 c，最后用窄带滤波器提取包含于其中的位同步频谱分量，经脉冲整形即可得到位同步信号，如图 7-12 所示。

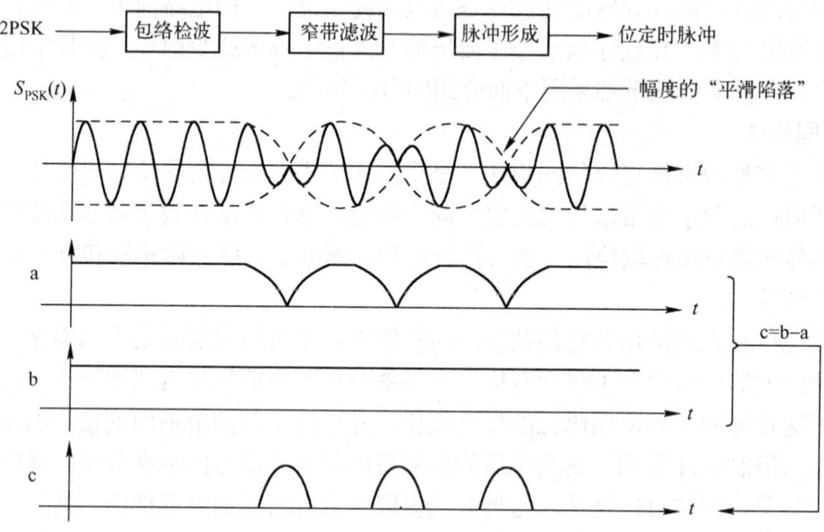

图 7-12　包络检波法提取位定时信号

3. 重要的位同步锁相环

为克服滤波法在提取位同步时存在的缺点，可用锁相环来代替滤波器，这种方法称为锁相法，有脉冲锁相法和数字锁相法两种。

（1）脉冲锁相法

图 7-13 为脉冲锁相法的原理框图，其工作原理是：解调恢复出来的非归零基带信号 $u(t)$，通过过零检测和脉冲形成级，得到包含位定时频率分量的脉冲信号 u_d；这一信号反映了所接收的二进制脉冲序列的相位基准。这是因为，这些脉冲的间隔虽然是随机的，但过零点的间隔总是码元脉冲周期的整数倍，利用码元过零点时刻形成一个脉冲，就可作为控制锁相环的基准信号。至于过零检测的方法，可以采用放大、限幅、微分和整流等方式来实现，也可以采用幅度鉴别电路（如施密特电路）来实现。

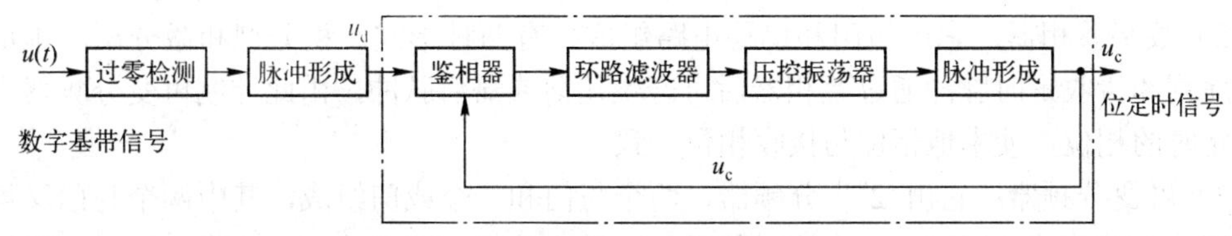

图 7-13　脉冲锁相法的原理框图

鉴相器、环路滤波、压控振荡器和脉冲形成级构成了一个简单的锁相环，输出本地位定时脉冲 u_c 。具体工作过程是：在鉴相器中，u_d 与 u_c 进行比较，产生一个相位误差信号，即同相时输出一个幅度为+1 的脉冲，反相时输出幅度为−1 的脉冲，而基准脉冲 u_d 不存在时，鉴相器无输出。如果本地定时脉冲 u_c 的周期和相位正确，则误差信号中的正、负脉冲宽度相等，压控振荡器维持恒定的振荡，这时锁相环处于锁定状态。如果 u_c 的周期和相位不正确，那么在输入基准信号的各个脉冲作用期间，误差信号中的正、负脉冲宽度就要变化，其平均值自然随之变化，于是压控振荡器输出信号的周期和相位也跟随变化。这种变化的规律是逐渐向锁定状态靠近，最后达到锁定，完成锁相过程。

用锁相环来跟踪接收信号的相位变化，可以提高同步的准确性。即使是在接收信号发生短暂中断时，由于环路滤波器的时间常数很大，压控振荡器的输出基本保持不变，原来的定时信号也能得到保持，这样可以避免同步中断。

（2）数字锁相法

数字锁相法在现代数字通信的位同步系统中得到了越来越广泛的应用。它的基本原理是：接收端通过一个高稳定度振荡器分频得到本地位定时脉冲序列，然后输入数字信号与本地位定时脉冲在鉴相器中进行相位比较。若两者相位不一致，鉴相器输出误差信息，去控制调整可变分频器的输出脉冲相位，直到输出的位定时脉冲和输入信号在频率和相位上都保持一致时，才停止调整，从而达到获得同步信号的目的。其原理框图示于图 7-14。各部分的具体工作过程如下：

1）振荡器：它产生的高稳定振荡频率 f_0 是接收信号频率 f_c（即码元速率，$f_c=1/T$，T 为码元周期）的 2^n 倍，即 $f_0=2^n f_c$ ，这也就是本地输出脉冲序列的频率，它再经过二分频后，形成相位差为π的两路脉冲序列 a 和 b，它们的频率为 $f_0/2=2^{n-1}/T$，而时间差为半个周期，即 $T/2^n$ 秒。

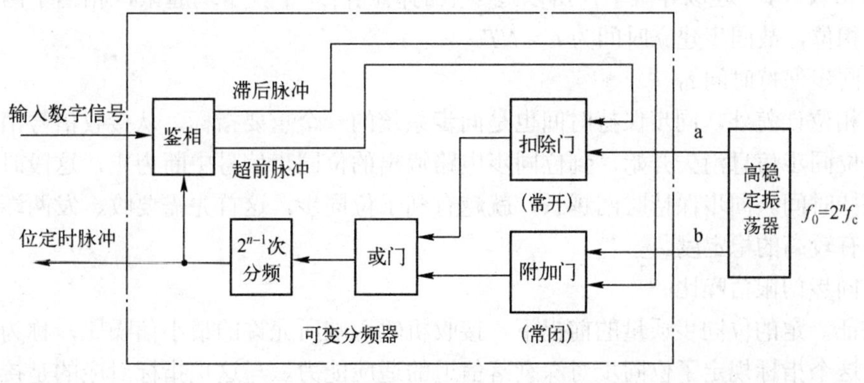

图 7-14　数字锁相法原理框图

2）数字鉴相器：它由与门和单稳电路组成，有两种形式：积分型和微分型。本地定时脉冲序列和接收定时脉冲通过鉴相器后可产生超前或滞后脉冲，由此控制可变分频器去调节本地定时的相位，使本地相位与接收相位一致。

3）可变分频器：它由 2^{n-1} 分频器，两个与门和一个或门组成，其中两个与门又可根据其作用分为扣除门和附加门。在定时信号处于锁定状态（即电路工作正常时）时，附加门是常闭的，此时送往 2^{n-1} 分频器的信号是由常开的扣除门提供的。当超前脉冲到来时，扣除门扣除一个脉冲，使本地定时相位推后；附加门只有当滞后脉冲到来时才打开，它的作用是附加一个脉冲，使本地定时相位提前。分频器输出再送回鉴相器不断地进行相位比较和调整，最后达到收发定时信号一致。

简单地说，数字锁相法是以一种“逐渐逼近”的方式来提取本地定时脉冲的。高稳定度振荡器产生的频率为 $2^n f_c$ 的时钟信号、经二分频后得到的脉冲宽度为 $T/2^{n-1}$ 即为这种逼近的“步长”。很明显，n 取得越大，步长就越小，最终所得本地定时信号和接收信号的误差也就越小；但与此同时，n 取得越大，本地定时信号从起始状态到锁定状态的时间就越长，这一点对迅速建立同步是非常不利的。可见，在实用的通信系统中，n 的选取要考虑这两方面的因素，取折中方案。

4. 位同步的主要性能指标

衡量数字通信设备的位同步性能，通常有以下几项指标：

（1）相位误差

正如本节开始所提到的，位同步的性能好坏对整个传输系统的性能密切相关。而衡量位同步性能最重要的指标就是相位误差。通信系统接收端的抽样判决时刻总是选取在接收信码的中央位置，因为在这一位置的信号能量是最大的，它可以保证当信号受到信道噪声干扰时也不至于造成判决错误。但如果相位误差过大致使判决时刻偏离信码中心过多，信道干扰的存在就很容易就引起误判。图 7-8 很清楚地说明了这个问题。可见，当同步信号的相位误差增大时，必然引起传输系统误码率 P_e 的增高。

一般来讲，考虑到相位误差对误码的影响，一般用时差来表示相位误差。

（2）同步建立时间 t_s

同步建立时间为失去同步后重建同步所需的最长时间。在最差情况是位同步脉冲与输入信号相位相差 $T/2$，数字锁相环每调整一步仅能移 T/N 秒，故最大调整次数为 $N/2$。在随机信号中，“0”、“1”近似等概率，所以过零点的情况占一半。平均起来，相当于两个周期可调整一次相位，故同步建立时间为 $t_s = NT$。

（3）同步保持时间 t_0

除了相位误差外，同步保持时间也是同步系统的一个重要指标。从接收信号消失或接收信号中的位同步信息消失开始，到位同步电路输出的位同步信号中断为止，这段时间称为位同步的保持时间。同步保持时间越长，就越有利于位同步，这首先需要收、发两端振荡器的振荡频率有较高的稳定度。

（4）同步门限信噪比

在保证一定的位同步质量的前提下，接收机输入端所允许的最小信噪比，称为同步门限信噪比。这个指标规定了位同步对深衰落信道的适应能力。与这项指标对应的是接收机的同步门限电平，它是保证位同步门限信噪比所需的最小收信电平。

7.3 帧同步

在进行多路信息传输时，需要将各路信息的码字或码组在时间上进行周期性的划分和排列，而每一个这样的周期就称为一帧。简单地说，帧同步的作用就是确定每一帧的起始位置。由于帧内部的码元数目和排列规律都是事先约定好的，所以只要确定了一帧的开始，再加上正确的位同步、载波同步，就能从接收到的信号中提取正确的信息。

1. 帧同步码的插入方法

为实现帧同步，一般采用插入同步码法，即在发送端的数字信息中插入约定好的特殊码组，在接收端如能检测到这些码组即为同步。具体插入的方法分为集中插入和间隔插入两种。

（1）集中插入同步码法

集中插入是指把事先约定的帧同步码组集中插入在一帧的特定位置，一般插在帧的开始，接收端一旦检测到这个特定的码组，就确定了帧的起始位置，从而获得帧同步。根据对帧同步系统的要求，为了可靠稳定地检测帧同步而不受干扰，这个具有一定长度的特定同步码组必须具有与传送的信息流不同的规律，使同步识别将信息码误判为同步码的可能尽量小。另外，识别器也要尽量简单。

（2）间隔插入同步码法

间隔插入同步码法是指将帧同步码分散穿插在一帧或几帧数字信号中进行传送。这里的帧同步码一般选用比较简单的码型，如 24 路 PCM 系统和 30/32 增量编码系统一般都采用“1”、“0”交替码。即一帧插入“1”作为同步码，另一帧插入“0”作为同步码。在接收端为了确定这些同步码的位置，就需要对接收到的所有信码逐位进行检测，故这种检测方法称为逐码移位法。其具体检测方法如图 7-15 所示。

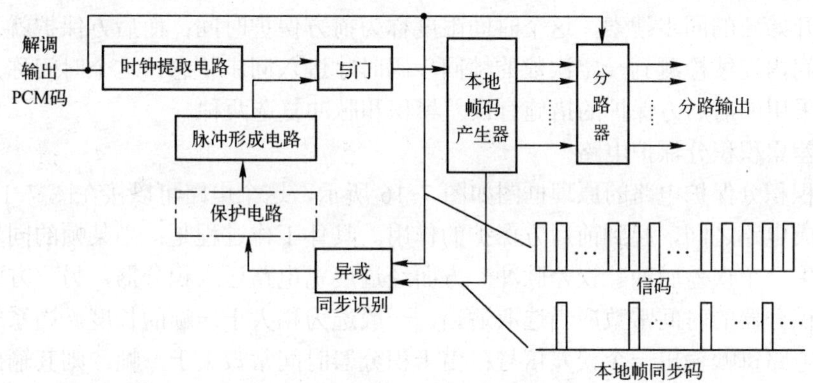

图 7-15　逐码移位法提取帧同步

图 7-15 中时钟提取电路的作用是从解调输出的信号中提取信号序列的基本时钟作为接收端的工作时钟，以保证接收、发送两端的时钟频率相同。时钟提取电路提取出的时钟信号通过与门送到本地帧码产生器，帧码产生器按事先约定产生与发送端相同的帧码，但这个帧码与夹杂在接收信号中的帧码在相位上有可能是不一致的。为了调整两者的相位使其最终达到一致，把产生的本地帧码与接收信号用异或门加以比较识别；当识别到两者在时间位置上

不一致时，异或门输出为“1”，驱动脉冲形成电路产生一个“不一致脉冲”（实际为“0”码），这个脉冲可以将与门封死，则提取的工作时钟不能通过与门到达本地帧码产生器。每产生一个“不一致脉冲”，接收端电路处于停止状态，本地帧码电路产生的帧定时信号在时间上就延迟一位，如此周而复始，直至两路信号的帧同步脉冲在时间上保持一致（如图 7-15 所示）时，异或门输出为“0”，使脉冲形成电路不产生“不一致脉冲”（实际输出为“1”码），将与门打开，此时为正常同步状态。关于保护电路的作用后面再予以介绍。

（3）两种帧同步方法的性能比较

在目前的通信系统中，普遍采用集中插入帧同步码法来实现帧同步。这种方法的优点是一旦失步后即能迅速恢复，即只要收到下一帧同步码组就能恢复同步；而间隔插入法的缺点也恰在于此：失步后它必须逐位调整本地帧同步码相位。也就是说，同步恢复时间较长，这一点不符合现代通信的要求。集中插入法也有缺点，由于帧同步码需要一定的长度，故而占用了信道资源，降低了传输效率；另外，设备相对比较复杂。间隔插入法占用码位少，且设备简单，在一些对同步性能要求不高的场合可以采用。

2．帧同步系统前后方保护时间

在上面讲到集中插入同步码法时，读者自然而然会问这样一个问题：在通道中传输的信号中有可能存在一小段恰好与帧同步码相同的码组，在同步没有建立之前，如果接收端检测到这个码组，它会不会误判为同步？同样，既然信道噪声是不可避免的，那么在信道中传输的所有数字信号都可能受到干扰而发生误码，帧同步码当然也不例外。那么当帧同步码因为正常的信道噪声而发生误码时，接收端会不会立即判定系统失步？在通信系统中，称前者为伪同步，称后者为假失步。很显然，这都是不希望看到的。为了达到这一目的，在帧同步系统中普遍都采取了相应措施，将它称为帧同步的保护。具体来讲，解决伪同步的叫做后方保护，而解决假失步的叫做前方保护。

简单地讲，前方保护就是指系统在帧同步信号丢失的时间超过一定限度时才宣布帧失步，然后再开始新的同步搜索，这个时间限度称为前方保护时间；而后方保护就是指同步系统在一段时间内连续检测到一定次数的帧同步码时才进入同步状态，这个时间称为后方保护时间。通常采用的前后方保护的措施有误差累积和脉冲复选两种。

（1）误差累积积分保护电路

误差累积积分保护电路的原理框图如图 7-16 所示，这个电路可以接在图 7-15 中的异或门与脉冲形成电路之间，起到前后方保护的作用。具体工作过程是：当某帧的同步码出现误码时，会产生一个误差脉冲。误差脉冲一方面经过展宽电路送入积分器，另一方面经过延时送入与门。积分器的时间常数应当选取适当，一般选为稍大于一帧的长度。当系统出现真失步时，同步电路每帧输出一个误差信号；由于积分器时间常数大于一帧，则其输出到鉴幅器的直流电压不断累积，直至超过其门限值时，鉴幅器输出高电平，与门被打开，此时才产生移位脉冲进入捕捉同步状态。图 7-16 中有关点的波形如图 7-17 所示。鉴幅器门限电平的选择应当考虑两方面的因素：一方面不能太小，如果只需一、两个误差信号就使得鉴幅器输出高电平，则达不到前方保护的目的；而如果这个门限值取得太大，又会使前方保护时间过长，容易造成信息丢失。一般来说，鉴幅器门限电平的选择以 3～5 个误差信号电压累积使其翻转为准。在同步搜索状态下，输入鉴幅器的累积电压继续增大，当同步电路重新检测到帧同步码时，无误差信号输入，积分电路开始放电，当鉴幅器输入电压降低到门限电平以下时，鉴幅器输出低电平，与门被封死，此时移位脉冲消失，系统重新恢复同步。鉴幅器输入电压从最高点开始下降至门限电平这段时间就称为后方保护时间，它的选取和前方保护时间的选取相类似，应考虑到减少同步捕捉时间和避免假同步两方面因素。

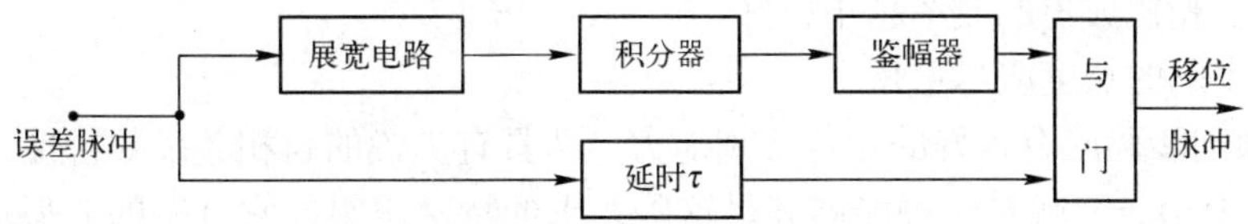

图 7-16　积分保护电路原理框图

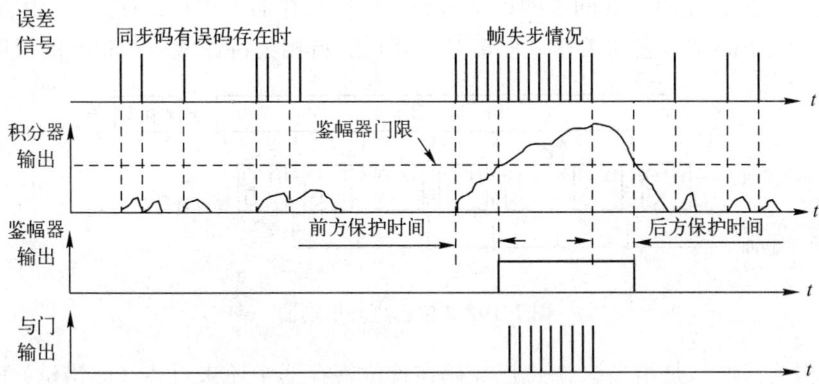

图 7-17　积分保护电路波形图

上面讲述的是系统出现帧失步时保护电路的工作情况。在系统并没有失步，而只是存在正常误码的情况下，帧同步电路也会产生误差信号送入保护电路。但一般来讲这些误差信号都是不连续的；连续两帧甚至连续几帧的同步码都出现误码的几率是非常小的，一般不会出现。这时积分器的输出电压也要升高，但由于输入的误差信号不连续，故而积分器始终是一种充电又放电的状态，即电压不会积累，也就达不到鉴幅器的门限电压，系统仍然保持在同步状态。

（2）脉冲复选电路

图 7-18 是脉冲二次复选电路原理框图。二次复选的含义在于直接由帧同步码识别器输出的第一个脉冲并不直接作为帧同步脉冲，而是延迟后与下一个脉冲进行比较，若时间上完全重合，则下一个脉冲可作为帧同步脉冲。由于在传输信息中连续两次出现假同步脉冲且在时间上重合的概率非常小，故这种方法可以实现同步保护。同样的，还有三次复选、四次复选等，其含义可类推。应当注意，框图中两个单稳态的延迟 $\tau_1+\tau_2$ 的选取不是随意的，它必须正好使帧同步码输出的下一个脉冲正好处于复选脉冲的中间位置。

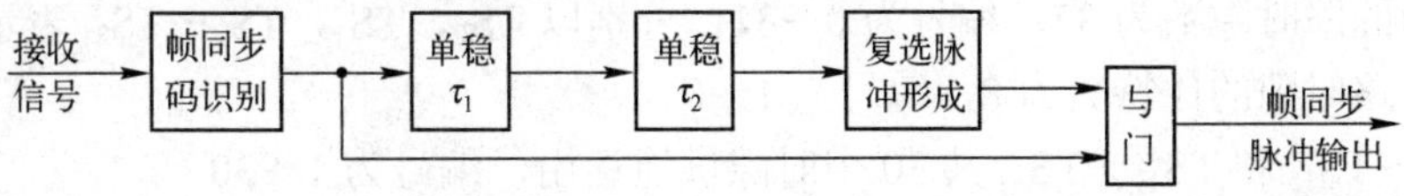

图 7-18　二次复选法原理框图

3．帧同步码的选择

帧同步码的选择应满足：

1）能快速准确地识别。

2）假同步和假失步的概率越小越好。

3）帧同步码的长度应尽量短。

所以，帧同步码应有良好的相位鉴别能力，即具有尖锐的自相关函数特性。

巴克码（Barker）就是一种能够满足这些要求的特殊码组，它具有的典型规律叫做自相关特性。目前，根据自相关函数的定义，只找到了 7 种长度不同的巴克码：如 7 位码“1110010”，11 位码“11100010010”等，考虑到信息传输效率和设备复杂程度等因素，目前应用最广的是 7 位巴克码。其同步的识别常利用移位寄存器来进行。如图 7-19 所示的 7 位巴克码识别器，下面结合它的工作过程来对巴克码的自相关特性做一个粗略的说明。

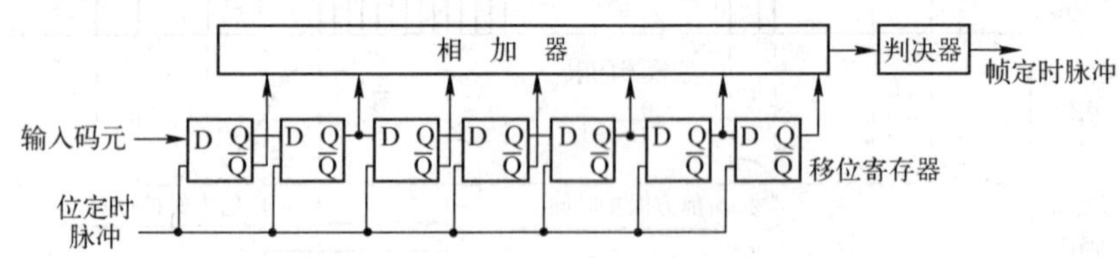

图 7-19 7 位巴克码识别器

所谓自相关特性，是指当这 7 位巴克码在移位寄存器中还未对齐（即错位）时，此时的相加器输出是一个很小的电平，即比判决器产生帧定时脉冲所需电平小得多，这样才不会因为信道中一些正常的噪声产生错判帧同步码的情况。显而易见，自相关函数的一个重要特性就是其尖锐的单峰特性。事实上，对于自相关特性在数学上有很严格的定义，在这里只是从应用上大致说明了它在帧同步系统中所起的作用。若要对自相关特性有更深入的了解，可以查阅相关资料。

从图 7-19 中可以看出，当 7 位巴克码按顺序串行输入移位寄存器之后，移位寄存器的每一位输出到相加器的信号都是“1”，即高电平；那么相加器将这 7 个高电平相加就会得到一个很大的电平进入判决器，当判决器得到这样一个高电平后，它就产生一个帧定时脉冲，从而确定了一帧的开始，也就实现了帧同步。

除此之外，还有一些常用于帧同步的码型。如 CCITT（国际电报电话咨询委员会）推荐的 PCM 时分复用的帧同步码，将信息码误判为同步码的概率最小的最佳同步码等。

4．帧同步系统的典型电路

（1）PCM 一次群帧结构

一次群又称为基础群，简称基群。30/32 路 PCM 基群帧和复帧结构如图 7-20 所示。根据 CCITT 建议，这个帧结构的构成包含如下内容：

1）每帧的路时隙数为 32，编号为 0～31，分别以 TS_0，TS_1，TS_2…TS_{31} 表示。

2）每个路时隙的比特数为 8，编号为 1～8。

3）TS_1～TS_{15} 和 TS_{17}～TS_{31} 共 30 个时隙供通话用，编号为 1～30。

4）TS_0 的 8 个比特用做帧同步码、监视码。

5）TS_{16} 用来传送信令码。

归纳起来，30/32 路 PCM 基群的每一复帧包括 16 帧，每帧有 32 个时隙，每个时隙都编为 8bit 码，这样每帧宽 32×8=256 比特；若以时间计，每比特宽 0.448μs，每时隙宽为 8×0.448=3.584μs，每帧长 32×3.91=125μs。由于每一帧 125μs 可传送 256 比特，由此可算出 PCM 基群的数码率为 256/125μs =2048kbit/s。

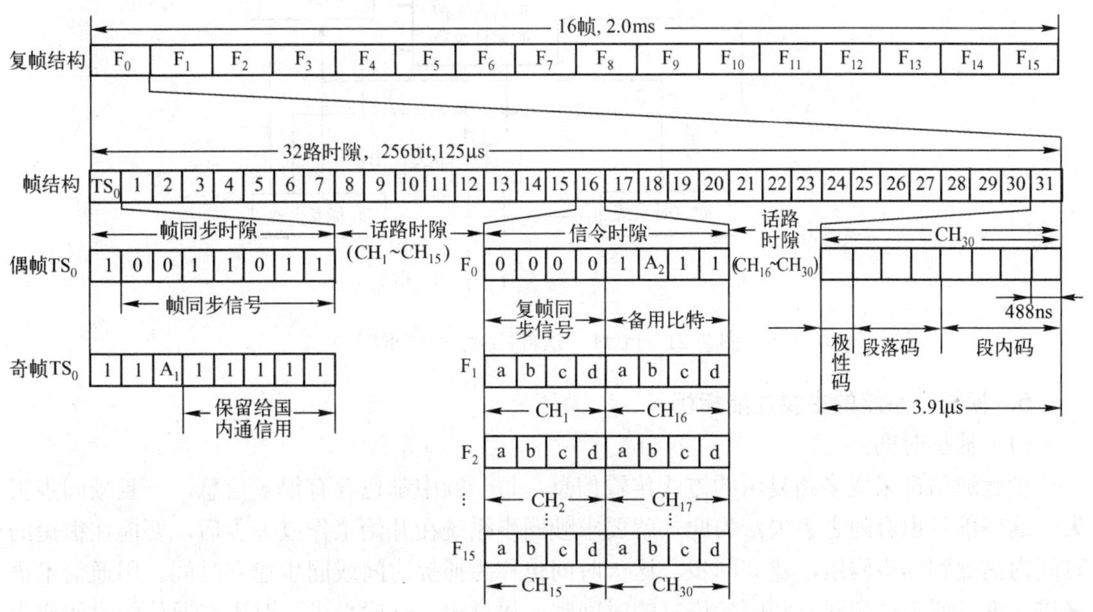

图 7-20　30/32 路 PCM 基群帧和复帧结构示意图

（2）PCM 一次群帧同步电路举例

根据 CCITT 建议，PCM 基群帧结构规定帧同步码为奇偶帧两种形式交替：偶帧 TS_0 时隙的 D_2～D_8 为帧同步码“0011011”，奇帧 TS_0 时隙的 D_2 固定为“1”，其他比特任意。所以，在帧失步以后，帧同步电路将按下面步骤恢复同步：

1）首先检测到正确的帧同步码“0011011”。

2）在下一帧 TS_0 时隙中核实第二比特为“1”。

3）再下一帧检测到正确的帧同步码。

之所以做这样的规定，是兼顾了两方面的因素，一方面考虑了帧同步的前后方保护功能，不会将假同步码判为真同步码；另一方面也考虑降低了系统的复杂程度，并节约了信道资源。

PCM 基群的帧同步系统框图如图 7-21 所示，各部分的作用为：移位寄存器和识别门组成同步码检出电路；前后方保护时间计数器完成前方保护和后方保护时间的记数，并通过 R-S 触发器发出同步和失步指令及控制定时系统的起止信号 S；收定时系统产生接收端所用的各类定时脉冲，如位脉冲；时标发生器产生与 PCM 码流中同步码出现时间相一致的偶帧时标信号 A，作为比较脉冲在识别门与收到的同步码比较。此外还产生与 PCM 码流中奇帧监视码“1”出现时间相一致的奇帧时标信号 C，以及供保护时间记数使用的触发脉冲 B；奇帧监视码检出电路用来检出奇帧 TS_0 中的第二位码（监视码），作为同步恢复参考用。

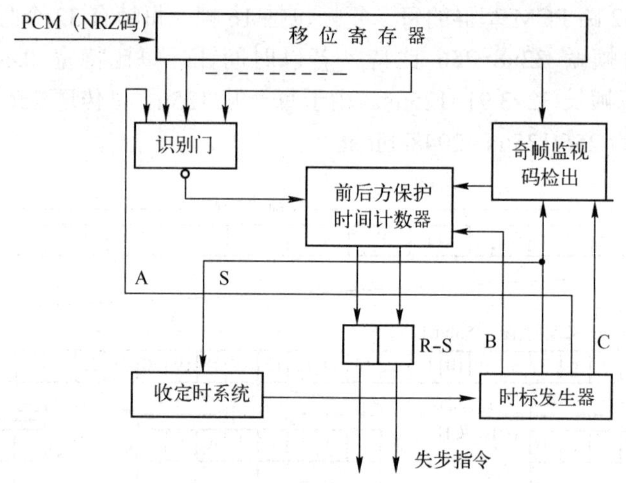

图 7-21　PCM 一次群帧同步系统框图

5．帧同步系统的主要性能指标

（1）捕捉时间

现代通信都采取多路复用的方式传输信息，每一帧中都包含有很多信息，一旦帧同步丢失，这些信息也会随之丢失。为此，就要求帧同步系统在开始工作或失步后，要能在很短的时间内捕捉到同步码组，建立同步。这一时间也称为捕捉时间或同步建立时间。用通信术语来讲，就是要求同步建立和同步恢复的时间都要尽量短。一般来讲，对语言通信的时间要求不大于 100ms，对数据通信的时间要求不大于 2ms。显然，集中插入同步方法比间隔插入方法的捕捉时间要短得多，在数字传输系统中被广泛应用。

（2）概率与假同步概率

在传输过程中，由于信道干扰的存在而不可避免地会出现误码，如果只是偶然地一次同步丢失就重新开始搜索同步（漏同步或假失步），或把信息码误判为同步码（假同步或伪同步），势必造成正常的通信经常发生中断，从而丢失很多信息。可见，对帧同步系统的另一个重要要求就是工作要稳定可靠，具有较强的抗干扰能力。

（3）有效信息传输速率

帧同步码在每一帧中都占用了一定的信道资源，同步码越长，可以用于传送信息的信道资源就越少。在保证同步性能的前提下，帧同步码应该越短越好。但这一要求同上述同步恢复时间要短的要求相矛盾，需要折中考虑。

7.4　网同步

随着通信技术的不断发展，通信的目的越来越倾向于各种信息资源的共享。能够实现这种共享的通信网必须具备以下条件：

1）网中传送的信息形式以及信号格式必须是多种多样的。

2）信网的频带宽度必须满足各种信息传递的要求。

3）信网的终端设备类型必须多样化。

可以看到，现有的一些通信网由于其传输信息的单一性和带宽等资源的限制，已经很难满足现代通信的需要。为了使多种通信业务都能在一个具备较强综合能力的网中进行传递、交换和处理，就必须建立数字通信网。而网同步正是数字通信网中的关键技术。

网同步所要实现的功能是要使不同数码率的信息码在同一通信网中正确传输、交换和接收，实现全网的网路同步，防止信息丢失。网同步技术的着眼点是在于使通信网中各转接点的时钟频率和相位保持协调一致。它有如下三种同步方式。

1．准同步方式

准同步方式又称为独立时钟同步方式，或称异步复接。这种同步方式适用于准同步数字通信系统。所谓准同步系统，指各转接点的时钟是相互独立的，它们都采用高稳定度的时钟源，基准频率相同，但其频率并不完全一致，这就导致从各站送来的信息数码率不是完全一致的。要使送来的信息频率和本站钟频保持一致，可以采用正码速调整法或水库法来实现。

（1）正码速调整法

正码速调整法已在第 6 章 6.2.4 数字复接的码速变换中详细介绍，在此从略。

（2）水库法

前面讲过，准同步系统中的各站点都采用高稳定度的时钟源，这使得站与站之间的频率误差是相当小的。如果在极高稳定度时钟源的基础上再在各转接点设置足够大容量的缓冲存储器，就能够在很长一段时间间隔内，既不会“取空”，也不会“溢出”。大容量的缓冲存储器就像水库一样，既不容易将水抽干，也不容易将水灌满，“水库法”因此而得名。

需要指出，就像水库再大也能被抽干一样，存储器的容量再大也会有“取空”或“溢出”的情况发生，所以，每隔一定的时间必须对缓存器进行校准。下面介绍水库法的基本公式。

设存储器的位数为 $2n$，起始状态取平均值，即半满状态。设存储器写入和读出的频率差为 Δf，此频率差也即收到信号的频率和本站时钟频率之差。若设存储器发生一次“取空”或“溢出”现象的时间间隔为 T，则显然有：

$$T=n/\Delta f \tag{7-12}$$

设频率偏差率 S 为 Δf 与信号频率 f 之比，代入上式可得：

$$fT=n/S \tag{7-13}$$

该式即为对水库法进行计算的基本公式。例如，若信号速率 f=512kbit/s，偏差率 $S=10^{-9}$，如需要使调整时间间隔 T 不小于 24 小时，则利用上式可得出只须 n 不小于 $10^{-9}\times 512000\times 3600\times 24\approx 44$ 即可。显然，从技术上来讲，要实现 90 位的存储器是并不困难的。

值得注意的是，在基本公式中，偏差率 S 必须要足够小，否则计算出的存储器位数将非常大，技术上不易实现。这进一步说明，“极高稳定度”的时钟源是使用水库法的先决条件。事实上，极高稳定度的时钟源现以广泛得到使用，如镓原子振荡器，其频率稳定度可达到 5×10^{-11}。若使用这种时钟源，则可使水库法在更高速的数字通信网中得到应用。

2．主从同步方式

主从同步方式适用的条件与准同步方式不同，后者适用于各转接站使用独立时钟源的场合，而前者在整个通信网中只有一个时钟源。该时钟源一般是一个极高稳定度的频率振荡器或原子钟，备有该时钟源的站点成为本通信网的主站。主站将本时钟信号作为网内唯一的标准频率发往其他各站（称为从站），各从站通过锁相环来使本站频率与主站频率保持一致而获得同步。主从同步方式又可分为简单主从方式和等级主从方式两种，如图 7-22 所示。

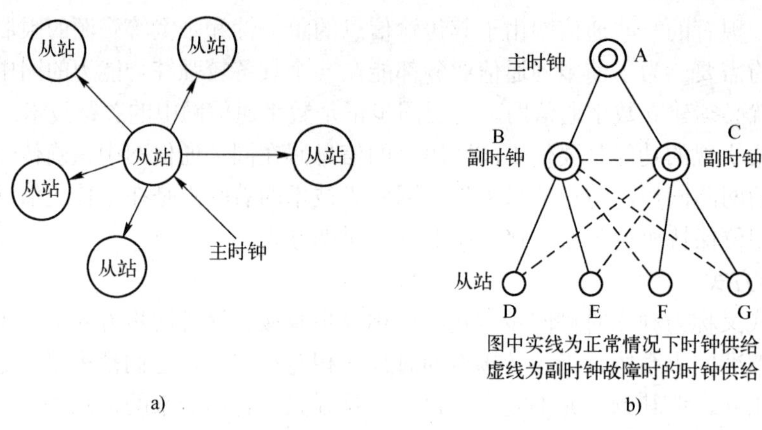

图 7-22　两种主从同步方式示意图

（1）简单主从式

简单主从方式如图 7-22a 所示，每一从站的时钟直接由主站供给，并通过本站的锁相环保持与主站一致。由于各从站到主站的时延不同，故而各站来的信号时延也不同，即存在一定的相位差。这一问题可以通过在各从站设弹性存储器来解决。图 7-23 示出了一个从站的同步原理框图。简单主从方式的主要优点是时钟稳定度高，设备简单；主要缺点是当主站时钟出现故障时将导致全网中断。

（2）等级主从方式

如图 7-22b 所示，等级主从方式与简单主从方式相似，但各从站并不单纯依赖主站时钟。具体的做法是在全网内对所有的转接站进行等级分类，如图 7-22b 中 6 个站点可分为 A、B、C 三个等级。在正常情况下，全网均由主站 A 提供时钟；若 A 时钟源故障，则分别由副时钟 B、C 向 D、E 站和 F、G 站提供时钟；若副时钟 B 再发生故障，则 B、D、E、F、G 各站时钟均由 C 站提供，依此类推。

等级主从方式与简单主从方式相比改善了整个通信网的可靠性，但同时也使设备复杂化，且各从站的时钟误差随传输途径的不同逐级累加，影响传输质量。

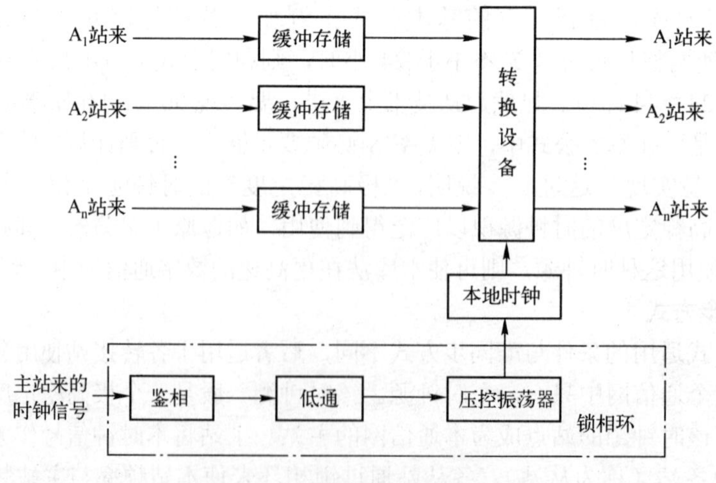

图 7-23　从站的同步方式原理框图

主从同步方式由于其自身特点广泛应用于规模小、距离近、交换点较少的星形或树形数字通信网；而当通信网为分布式网状结构的大系统时，主从同步方式就不再适用了。

3．相互同步方式

相互同步方式是为了克服主从方式的缺点而提出的。各站没有主站和从站之分，各节点都设有时钟源且互相控制、互相影响，实现各时钟都达到某一个稳定的平均频率，这个频率即为该通信网的网频。

图 7-24 是相互同步方式下一个从站的同步原理框图，其结构与图 7-23 相比是大体一致的，所不同的锁相环输入不是单一的主时钟信号，而是来自与本节点相连的多个节点的时钟输入。图中的加法平均电路不是简单的相加平均，而是加权平均，下面举例说明。

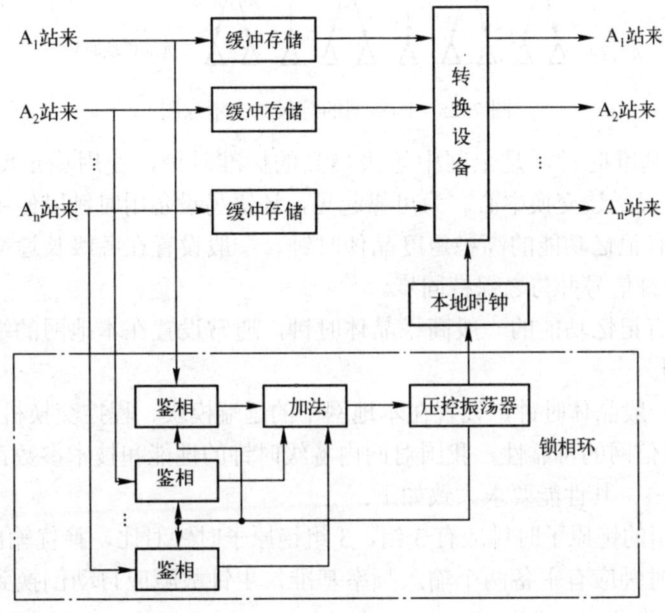

图 7-24　相互同步方式原理框图

假定本站收到其他 3 个站来的时钟信息，分别为 A_1、A_2、A_3。其中 A_1 是大站，其时钟源稳定性极高，设频率 f_1=512005Hz；A_2 的时钟频率为 f_2=512095Hz；而 A_3 为小站，频率稳定性一般，设频率 f_3=512350Hz。若加法平均电路仅进行简单平均，则本站频率：

$$f_S=(f_1+f_2+f_3)/3=512150\text{Hz}$$

若根据其稳定度不同，设权重 k_1=0.8，k_2=0.15，k_3=0.05，则本站频率：

$$f_K=k_1\times f_1+k_2\times f_2+k_3\times f_3=512036\text{Hz}$$

显然，加权平均频率 f_K 与简单平均频率 f_S 相比更接近于稳定性高的时钟源，也即 f_K 比 f_S 稳定性要高。

相互同步方式优于主从同步方式的主要一点在于当某一站时钟或某一传输链路发生故障时，本通信网仍然可以同步工作，它的网频可以由其他正常的站点来产生；而且，由于网频受多个站点的频率控制，每个站点的时钟频率波动对网频的影响微乎其微，故通信网中的站点越多，其稳定性就越高。因此相互同步方式适用于网络节点较多的大规模通信网。

4. 同步网的等级与时钟要求

我国现行的数字通信网主要采用等级同步方式，同步网的等级根据其时钟性能及所起作用分为四级，如图 7-25 所示。

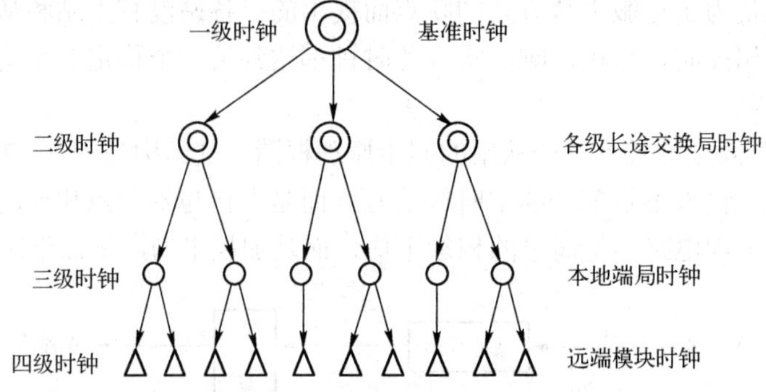

图 7-25　同步网的等级结构示意图

1）第一级：基准时钟，是全网中等级最高的标准时钟，使用稳定度极高的铯原子时钟，一般设置在一级长途交换中心。为可靠起见，还需另设备用时钟以便主钟故障时切换。

2）第二级：有记忆功能的高稳定度晶体时钟，一般设置在各级长途交换中心，在正常情况下接收一级时钟信号并与之保持同步。

3）第三级：有记忆功能的一般高稳晶体时钟，通常设置在本地网的端局和汇接局，它受二级时钟的控制。

4）第四级：一般晶体时钟，设置在本地网中的远端模块、程控交换机中。

为保证数字通信网的可靠性，我国对网内各级时钟的性能和技术参数都有具体的要求，其技术参数见表 7-1，其性能要求大致如下：

1）基准时钟用的铯原子时钟应有 3 组，3 组铯原子时钟对比，择优输出。

2）二、三级时钟应有主备两个输入频率基准，主钟故障应自动倒换到备钟，其倒换过程不能产生时钟滑动。

3）每一级时钟均应具备四种工作状态。

① 快捕：开机后即进入快捕状态，以便在较短时间内获得同步。

② 跟踪：即正常工作状态，保持工作频率稳定。

③ 保持：由于二、三级时钟有记忆功能，则在失去同步基准后转入保持状态，在一段时间内保持频率稳定。

④ 自由运行：用于检修和调测。

表 7-1　对各级时钟技术参数的要求

等级	最低准确度	牵 引 范 围	最 大 频 偏	初始最大频偏
一级	$\pm1\times10^{-11}$	……	……	……
二级	$\pm4\times10^{-7}$	能同步准确度为$\pm4\times10^{-7}$的时钟	$<1\times10^{-9}$/天	$<5\times10^{-10}$
三级	$\pm4.6\times10^{-6}$	能同步准确度为$\pm4.6\times10^{-6}$的时钟	$<2\times10^{-8}$/天	$<1\times10^{-8}$
四级	$\pm5\times10^{-5}$	能同步准确度为$\pm5\times10^{-5}$的时钟	……	……

4）时钟的工作状态应能人工控制，可人工倒换时钟，倒换频率基准等。

5）可以显示工作方式，使用的频率基准及时钟等工作状态。

6）有告警功能：时钟停止工作时应发出严重告警，在时钟进入快捕、保持、自由运行状态以及输入信号出错，失去频率基准时应发出告警。

7.5 本章小结

同步是指通信系统的收、发双方在时间上步调一致，又称定时。同步是一个十分重要的问题，只有收、发两端协调工作，通信系统才有可能真正实现通信功能。整个通信系统工作正常的前提就是同步系统正常，同步质量的好坏对通信系统的性能指标起着至关重要的作用。常见的同步有载波同步、位同步、帧同步和网同步等。

7.6 习题

1. 时与同步的概念分别是什么？其重要性何在？
2. 在数字通信中有几种同步类型？各种同步类型所起的作用分别是什么？
3. 简述用频域插入导频法和时域插入导频法提取载波同步信号的工作过程。
4. 直接法提取载波和插入导频法相比，其优缺点各有哪些？
5. 试比较插入导频法和直接提取法提取位同步信号的优缺点。
6. 简述数字锁相环法提取码元同步信号的原理。
7. 如何克服数字锁相环法的相位误差对提取码元同步信号的影响？
8. 帧同步在数字通信系统中的重要意义何在？
9. 对帧同步系统的要求有哪几点？
10. 集中插入特殊码字法和间隔式插入同步法各自的特点是什么？有什么优缺点？
11. 为什么要进行帧同步保护？其方法有哪几种？
12. 试简述 PCM 一次群帧同步电路的工作过程。
13. 准同步方式有哪两种方法？
14. 比较主从同步和相互同步方式的优缺点。

第 8 章 通信技术在移动通信系统中的应用

8.1 数字移动通信

8.1.1 移动通信的定义和特点

1. 移动通信的定义

移动通信是指通信的双方至少有一方是在移动中进行信息传输和交换。这包括移动体之间的通信，移动体与固定体之间的通信。移动体可以是人，也可以是汽车、火车、轮船等在移动状态中的物体。

移动通信发展到现在，从总体上讲经历了以模拟技术和频分多址技术为基础的第一代模拟移动通信系统（1G），以频分双工、时分多址和码分多址技术为基础的第二代数字移动通信系统（2G），以码分多址技术提供宽带多媒体业务为主要特征的第三代移动通信系统（3G）。目前，世界各国又开始了新一代移动通信技术——4G 的研究。

1G 的主要技术是模拟调频、频分多址，以模拟方式工作，在移动信道中传输调频模拟语音信号，故称之为模拟移动通信系统。这一阶段是移动通信系统不断完善的过程。模拟移动通信系统虽然取得了很大成功，但也暴露了一些问题。例如，频谱利用率低、费用较贵、业务种类受限制以及通话易被窃听等，最主要的问题是其容量已不能满足日益增长的移动用户的需求。

由于模拟移动通信系统存在的各种缺点，20 世纪 90 年代世界各国开发了以数字传输、时分多址和窄带码分多址为主体的数字移动通信系统，称之为第二代数字移动通信系统（简称 2G）。2G 的典型代表有欧洲的 GSM、美国的 DAMPS、日本的 JDC 系统及美国的 IS-95 CDMA 系统等。我国移动通信主要是 GSM 体制，目前使用 GSM 的用户占国内市场的 90%以上。

1G 和 2G 主要是针对传统的语音和低速率数据业务的系统，但"信息社会"要求的是图像、语音、数据相结合的多媒体业务和高速率数据业务，它们的业务量将远远超过传统的语音业务。国际电信联盟（ITU）在 2000 年 5 月确定 WCDMA、CDMA2000、TD-SCDMA 作为第三带移动通信系统（简称 3G）三大主流无线接口标准。与 1G 和 2G 相比，3G 将有更宽的带宽，其传输速率最低为 144kbit/s，最高为 2Mbit/s，为用户提供包括话音、数据及多媒体等在内的多种业务。目前，3G 三大标准都已进入实际应用阶段，并在全球已经部署了上百个网络。

目前，在国际电信联盟（ITU）已开始研究制定第四代移动通信（简称 4G）的系统标准。把移动通信系统同其他系统（如无线局域网 WLAN）结合起来，产生 4G 技术，2010 年前使数据传输速率达到 100Mbit/s。可提供更有效的多种业务，实现商业无线网络、局域网、蓝牙、广播电视、电视卫星通信等的无缝隙衔接并相互兼容。4G 具有更高的数据率和频谱利用率，更高的安全性、智能性和灵活性，更高的传输质量和服务质量（QoS）。4G 系统体现了移动通信与无线接入网及 IP 网络不断融合的发展趋势，比 3G 更接近“个人通信”。

2. 移动通信的分类

移动通信一般有以下几种分类：

1）按使用的对象可分为军用移动通信和民用移动通信。

2）按使用的环境可以分为陆地移动通信、海上移动通信和空中移动通信。

3）按多址方式可分为频分多址、时分多址和码分多址等。

4）按工作方式可分为单工、双工和半双工。

5）按服务范围可分为专用网和公用网。

3. 移动通信的特点

移动通信系统与固定通信系统等其他系统相比较主要有以下特点：

（1）无线电波传输环境复杂

移动通信中基站至用户间必须靠无线电波来传输信息。目前，移动通信所使用的频率范围在甚高频（VHF，30～300MHz）与特高频（UHF，300～3000MHz）内。这个频段的特点是：传播距离在视距范围内，一般在几十千米；天线短，抗干扰能力弱；以反射波、直射波、散射波等方式传播，受地形和地物影响比较大。如市区内，城市高楼林立、高低不一、疏密也不一样、形状各异，如山区会受到山的高低，这些因素都使电波传输路径进复杂化，从而导致电场强度起伏不定，最大相差可达 20～30dB，也就是衰落现象。

由于移动用户的移动具有随机性，故要想解决这种衰落现象是非常复杂的。

（2）多普勒频移产生调制噪声

当运动物体达到一定速度时，如超音速飞机、火箭飞行中，定点接收到的载波频率将随运动速度 v 的不同，产生不同的频移，即产生多普勒效应，如图 8-1 所示，使接收点的信号场强振幅、相位随时间、地点的不同而不断地变化。

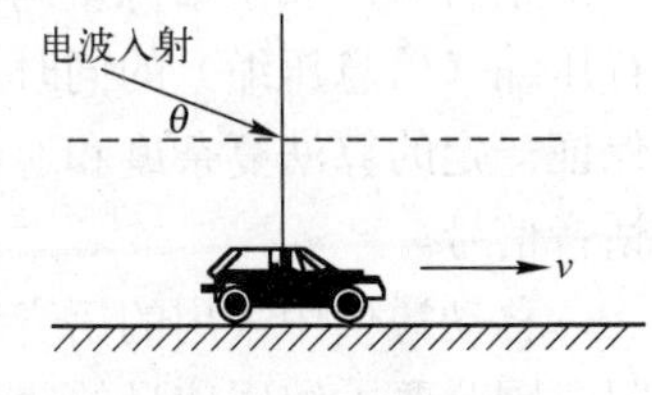

图 8-1　多普勒效应

因移动而产生的频移值为：

$$f_a = \frac{v}{\lambda}\cos\theta$$

式中，v——移动体的运动速度。

λ——接收信号载波的波长。

θ——电波到达时的入射角。

为防止多普勒效应对通信系统的影响，通常在地面接收机需要采用“锁相技术”，加入自动频率跟踪系统，即接收机在捕捉到高速移动物体发来的载频信号后，当发来的载频信号随速度 v 变化时，地面接收机本振信号频率跟着变化，这样就可以不使信号丢失，所以移动通信设备都采用锁相技术。

（3）移动台受噪音的骚扰并在各种干扰下工作

移动台所受的噪声主要来自人为噪声，如来自城市的噪声、各类车辆发电机点火的噪声、微波炉干扰噪声等；对于自然噪声，由于其频率相对较低，可忽略其影响。

对于移动通信网来说，因是多频道、多电台同时工作的通信系统。当移动台工作时，往往受到来自其他电台的干扰，其最主要有互调干扰、邻道干扰及同频干扰等。因此无论在系统设计中还是在组网时都要考虑到干扰问题。

（4）对移动台的要求高

移动台长期处于不固定位置状态，外界影响无法预料，这就要求移动台必须有很强的适应能力；此外，还要求性能稳定可靠、携带方便、小型、低功耗及耐高温、低温；同时，要尽量让用户操作方便，适应新业务。

（5）信道容量有限

频率作为一种资源，必须考虑合理的分配利用。由于适合移动通信的频段仅限于 UHF 与 VHF，所以可用的信道容量极其有限。为满足用户需要的增加，只有采用能使频率充分利用的方法，如窄带化、缩小频带间距、频道重复利用等方法解决问题。

（6）通信系统复杂

由于移动台在通信区域内随时运动，需要随机选用无线通道进行频率和功率控制，以及选用地址登记、越区切换及漫游存取等跟踪技术，这使其信令种类比固定网要复杂得多。此外，在入网和计费方式也有其特殊的要求，所以移动通信系统相当的复杂。

8.1.2 数字移动通信的基本技术

1. 编码与解码技术

（1）信源编、解码

目前移动通信中最多的信号是话音信号，因而语音编码技术在数字移动通信中具有相当重要的作用。语音编码技术可以直接影响到数字移动通信系统的通信质量。

语音编码属于信源编码，是指利用话音信号及人的听觉特性上的冗余性，在将冗余性进行压缩（信息压缩）的同时，将模拟话音信号转变为数字信号的过程。语音编码的目的是在保证一定的算法复杂度和通信时延的前提下，占用尽可能少的信道容量传输尽可能高质量的话音信号。

移动通信中采用的语音编码方法主要取决于无线移动信道的条件：由于频率资源十分有限，因此要求编码信号的速率较低；编码算法应有较好的抗误码特性。另外，从用户的角度出发，还应有较好的话音质量和较短的时延。移动通信对数字语音编码的要求如下：

1）速率较低，纯编码速率应低于 16kbit/s。

2）在一定编码速率下的音质应尽可能高。

3）编码时延要短，要控制在几十毫秒之内。

4）编码算法应具有较好的抗误码性能，计算量小，性能稳定。

5）编码器应便于大规模集成。

语音编码技术有三种类型：波形编码、参量编码和混合编码。

① 波形编码：波形编码是将时域模拟信号直接进行取样、量化并变换成数字代码而形成的数字话音信号。波形编码技术以尽可能重构话音为原则进行数据压缩，即在编码端以波形逼近为原则对话音信号进行压缩编码，解码端根据这些编码数据恢复出话音信号的波形。

波形编码具有很宽范围的话音特性，对各种各样的模拟话音波形信号进行编码均可达到很好的效果；抗干扰性能强，具有较好的话音质量。但编码速率要求高，一般在 16～64kbit/s 之间，占用的频带较宽，对于频率资源相当紧张的移动通信来说，这种编码方式显然不适合。

典型的波形编码技术包括脉冲编码调制（PCM）和增量调制（ΔM），以及它们的各种改进型，如差分脉冲编码调制（DPCM）、自适应差分脉冲编码调制（ADPCM）、连续可变斜率增量调制（CVSDM）、自适应变换编码（ATC）、子带编码（SBC）和自适应预测编码（APC）等。

② 参量编码：又称声源编码，它是通过模仿人类发声机制的声码器来构建一个话音生成的模型，从而实现话音信号到数字信号的转变的。构成声码器的主体是一个滤波器，这个滤波器的作用相当于人类的发音器官——喉、嘴、舌的组合。声码器中滤波器的系数和若干声源参数由人类话音信号的频谱特性所决定。声码器不断提取出人类话音信号中的各个特征参量并进行量化编码，进而输出相应的激励脉冲序列，从而获得相应的数字信号。在接收端，激励脉冲序列通过声码器的变换，恢复成原有的特征参量，进而重新建立起原来的话音信号。

参量编码的优点是：由于只需传送话音特征参数，因而语音编码速率可以很低，一般在2～4.8 kbit/s之间，而且不影响话音的可懂性。

参量编码的缺点是：话音有明显的失真，而且对噪声较为敏感。话音质量只能达到中等水平，不能满足商用话音质量的要求。典型的参量编码技术包括线性预测编码(LPC)及其各种改进型。目前移动通信系统的语音编码技术大都以这种类型的技术为基础。

③ 混合编码：混合编码是近年来提出的一种新的语音编码技术，是波形编码和参量编码的有机结合。它是基于话音产生模型的假定并采用了分析与合成技术，这一点与参量编码相同；同时，它又利用了话音时间波形信息，增强了重建话音的自然度，使得话音质量有明显的提高，这一点又与波形编码相似。

混合编码的特点是：数字话音信号中既包括若干话音特征参量又包括部分波形编码信息，因而综合了参量编码和波形编码各自的优点，既保持了参量编码低速率的长处，又有波形编码高质量的优点。当混合编码的比特率在 8～16kbit/s 范围时，其话音质量可达到商用话音通信标准的要求。因此，混合编码技术在数字移动通信中得到了广泛的应用。

典型的混合编码技术包括规则脉冲激励长期预测编码（RPE-LTP）、矢量和激励线性预测编码（VSELP）、码本激励线性预测编码（CELP）、残余激励线性预测编码 RELP、自适应比特分配的自适应预测编码 SBC[CD*2]AB 和多脉冲激励线性预测编码等。

（2）信道编、解码

为了保证通信的可靠性，必须采用信道编码。移动通信信道编码框图如图 8-2 所示。

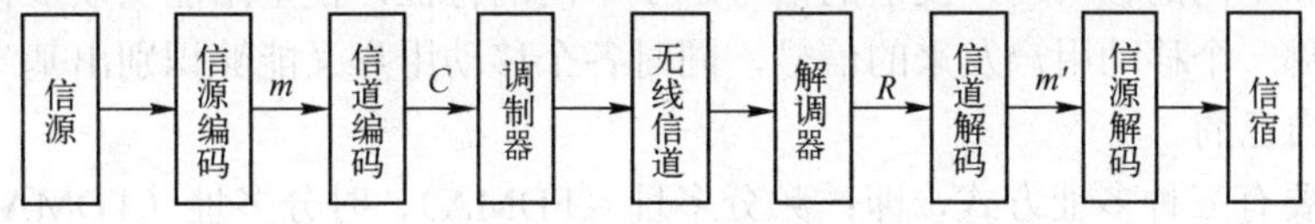

图 8-2　移动通信信道编码框图

在移动信道上，误码有两种类型：一种是随机性误码，它产生的是一种单个码元错误，并且随机产生的，主要由噪声引起的，另一种是突发性误码，即在连续个码元中均发生连片错误，亦称群误码，主要是由于衰落或阴影影响所造成的。因此，纠错编码应具有备克服两类误码的能力，在移动通信中用于纠正随机错误的编码方法有许多种，包括循环码、BCH 码、缩短 BCH 码、R-S 码等。既能纠正随机错误，又可纠正突发错误的编码方法为卷积码。

2．调制与解调技术

话音信息和控制信息经模/数转换、语音编码、信道编码、交织、加密、时帧形成等过程形成的脉冲数据流。这些基带数据信号含有丰富的低频成分，不能在无线信道中传输，必须将数字基带信号的频谱变为适合信道转输的频谱，才能进行传输，这一过程称为数字调制。

数字移动通信发展迅速，为适应 25kHz 信道带宽，提出了多种窄带调制方式，如 MSK、TFM、GMSK、π/4-QPSK、MQPSK 等。窄带技术本身对提高频率资源利用率有一定的极限。

第三代移动通信系统采用宽带调制技术，因为所有话路共用一个公共频段，可达到频率资源共享，采用扩频技术可得到好的抗人为干扰和噪声性能，抗多径干扰非常有效，具有高的隐蔽性和保密性。因此，早期用于军事通信，现已用于民用通信。这里主要介绍各种实用的窄带数字调制技术，主要的窄带数字调制技术有：

（1）恒定包络调制方式，如 MSK、TFM、GMSK 等

此方式的优点是，已调信号具有包络恒定不变特性，即发射机功放可工作在非线性状态，而不致引起严重的频谱扩散，功率输出大，且可用非同步检测。但频带利用率低，一般不大于 1bit/s/Hz。

（2）线性调制方式，如 PSK、QAM 等

此调制方式的频带利用率大于 1bit/s/Hz，且随着调制电平数而增加。线性调制方式又可分为两类：

1）频谱高效。频带利用率大于 2Kbit/s/Hz，如果 8PSK、16QAM、256QAM 等。频谱高效调制方式是通过增加调制电平数获得较高的频谱利用率的，因此为得到同样的误码率，就需要较高的信噪比。

2）功率高效。QPSK 是一种功率高效的调制方式，主要包括原型 QPSK、错位 QPSK（SQPSK）和π/4-QPSK 等几种调制方式。QPSK 所具有的二电平特性增加了这种调制方式的抗多径衰落、时延扩展、同频道干扰的能力，被认为是最适合移动通信的线性调制方式。

目前用的较多的有 GMSK、π /4-QPSK 和新的高功效、高频带利用率的 FQPSK。

3．多址技术

在蜂窝移动通信系统中，多个移动用户要同时通过一个基站和其他移动用户进行通信，就必须对基站和不同的移动用户发出的信号赋予不同的特征，使基站能从众多移动用户的信号中区分出是哪一个移动用户发来的信号，同时各个移动用户又能够识别出基站发出的信号中哪个是发给自己的。

移动中主要有三种多址方式，即：频分多址（FDMA）、时分多址（TDMA）、码分多址（CDMA）。在实际应用中，还包括这三种基本多址方式的混合方式，如 GSM 系统采用的就是 FDMA / TDMA 多址方式。多址技术详细的介绍参见本书第 6 章。

4．抗噪声和干扰技术

通信系统中任何不需要的信号都是噪声和干扰，因此，从移动通信系统的性能考虑，必须研究噪声和干扰的特性以及它们对信号的传输的影响，并采取必要的措施，以减小它们对通信质量的影响。

（1）噪声的分类与特性

移动信道中的噪声的来源于是多方面的，一般可分为：①内部噪声；②自然噪声；③人

为噪声。

内部噪声是系统设备本身产生的各种噪声。

自然噪声和人为噪声为外部噪声，自然噪声主要是指自然界引起的各种噪声，包括大气噪声、宇宙噪声和热噪声等。人为噪声是指各种电气装置（如电动机、电焊机、电气开关等）中电流或电压发生急剧变化而形成的电磁辐射。在移动信道中，人为噪声主要是车辆的点火噪声。汽车的流量越大，这种人为噪声的影响就越大。

（2）干扰

1）同频道干扰。在移动通信系统中，为了提高频率利用率，相隔一定距离要重复使用相同的频道，这种方法称作同频道复用。同频道复用带来的问题是同频道干扰，复用距离越近，同频道干扰越大；复用距离越远，同频道干扰越小，但频率利用率也会降低。实际情况下，随着系统规模不断扩大，频率复用度必然增加，从而同频道干扰的产生几率也会大大增加。此外，在移动信道中，还存在着其他各种各样的干扰信号，凡是与有用信号具有相同频率的无用信号（如多径传输形成的多径信号）或者与有用信号具有不同频率，但频差不大，能进入同一接收机通带的无用信号，都能产生同频道干扰。改善同频道干扰主要采用以下几种措施：调整基站发射机功率或天线高度，使重叠区落在人烟稀少的地区，但实际操作很难把握；使用频率偏置技术；使用黑噪声技术；采用时延均衡技术。

2）互调干扰。互调干扰是由发射机中的非线性电路产生的。例如，当多部不同频率的发射机设置在同一地点时，它们的信号都可能通过电磁耦合或其他途径串入其他发射机中。在发射机非线性器件的作用下，会产生许多谐波和组合频率分量，其中与接收机所需信号频率 w_0 相邻近的组合频率分量会顺利地进入接收机而形成干扰。

近年来，移动通信发展迅猛，竞争日趋激烈，为了提高竞争力，扩大覆盖范围，必然要增加发射机数量，天线架设越来越密集，互调干扰问题不可避免。

减小发射机互调干扰的措施有：

① 尽量增大基站发射机之间的耦合损耗 Le。各发射机分用天线时，要增大天线间的空间隔离度；在发射机的输出端接入高质量的带通滤波器，增大频率隔离度；避免馈线相互靠近和平行敷设。

② 改善发射机非线性器件的性能，提高其线性动态范围。

③ 在共用天线系统中，各发射机与天线之间加入单向隔离器或高质量的谐振腔。

3）邻道干扰。所谓邻道干扰是指相邻的或邻近频道信号的相互干扰。目前，移动通信系统广泛使用 VHF、UHF，其都有一定的频道间隔，但是，调频信号的频谱是很宽的，理论上说，调频信号含有无穷多个边频分量，当其中某些边频分量落入邻道接收机的通带内，而邻道接收机的滤波性能不够好时，就会造成邻道干扰。克服邻道干扰有下列措施：

- 降低发射功率。
- 移动台采用自动功率控制装置。
- 在无线近区设置强信号吸收装置。

5．分集技术

分集接收技术是指接收消息的恢复是在多重接收的基础上，并利用接收到的多个信号的适当组合和选择，来缩短信号电平陡峭到不能利用的那部分时间，从而达到提高通信质量和可通率的技术。其基本思想是：将接收到的多径信号分离成独立的多路信号，然后将这些多路分离信号的能量按一定规则合并起来，使接收到的有用信号能量最大，使接收的数字信号误码率最小。

（1）分集方式

在移动通信系统中可能用到的两类分集方式：一类称为“宏分集”；另一类称为“微分集”。“宏分集”主要用于蜂窝通信系统中，也称为“多基站”分集。这是一种减小慢衰落影响的分集技术，其作法是把多个基站设置在不同的地理位置上和不同方向上，同时和小区的一个移动台进行通信。显然，只要在各个方向上的信号传播不是同时受到阴影效应或地形的影响而出现严重的慢衰落，这种方法就能保持通信不会中断。

“微分集”是一种减小快衰落影响的分集技术，在各种无线通信系统中都经常使用。理论和实践都表明，在空间、频率、极化、场分量、角度及时间等方面分离的无线信号，都呈现互相独立的衰落特性。因此，“微分集”主要有以下五种：

1）空间分集。空间分集的依据在于快衰落的空间独立性，即在任意不同的位置上接收同一个信号，只要两个位置的距离大到一定程度，则两处所收到信号的衰落是不相关且相互独立的。

2）频率分集。由于频率间隔大于相关带宽的两个信号所遭受的衰落可以认为是不相关的，因此可以用两个以上频率传输同一信息，以实现频率分集。

3）极化分集。由于两个不同极化的电磁波具有独立的衰落特性，所以发送端和接收端可以用两个位置很近但为不同极化的天线分别发送和接收信号，以获得分集效果。但由于射频功率分给两个不同的极化天线，因此发射机功率有一定的损失，可以看成是空间分集的一种特殊情况。

4）角度分集。角度分集的作法是使电波通过几个不同路径，并以不同角度到达接收端，而接收端利用多个方向尖锐的接收天线能分离出不同方向来的信号分量；由于这些分量具有互相独立的衰落特性，因而可以实现角度分集并获得抗衰落的效果。显然，角度分集在较高频率时容易实现。

5）时间分集。快衰落除了具有空间和频率独立性之外，还具有时间独立性，即同一信号在不同的时间区间多次重发，只要各次发送的时间间隔足够长，那么各次发送信号所出现的衰落是彼此独立的，接收机将重复收到的同一信号进行合并，就能减小衰落的影响。时间分集主要用于在衰落信道中传输数字信号。此外，时间分集，也有利于克服移动信道中由于多普勒效应引起的信号衰落现象。

（2）合并方式

接收端收到 $M(M \geqslant 2)$个分集信号后，如何利用这些信号以减小衰落的影响，这就是合并问题。一般均使用线性合并器，把输入的 M 个独立衰落信号相加后合并输出。

假设 M 个输入信号电压为 $r_1(t), r_2(t), ...r_{\mathrm{M}}(t)$，则合并器输出电压 $r(t)$：

$$r(t) = a_1 r_1(t) + a_2 r_2(t) + ... + a_{\mathrm{M}} r_{\mathrm{M}}(t) = \sum_{K=1}^{M} a_{\mathrm{K}} r_{\mathrm{K}}(t)$$

式中，a_{K} 为第 K 个信号的加权系数。

选择不同的加权系数，就可以构成不同的合并方式。常用有以下三种方式：

1）选择式合并。选择式合并是检测所有分集。

支路的信号，以选择其中信噪比最高的那一支路的信号作为合并器的输出。在选择式合并器中加权系数只有一项为 1，其余均为 0。图 8-3 为二重分集选择式合并示意图。两个支路的中频信号分别经过解调，然后作信噪比比较，选择其中有较高信噪比的支路接到接收机的共用部分。选择式合并又称开关式相加，这种方法简单，实现容易，但由于未被选择的支路信号弃之不用，因此抗衰落又不如后述两种。

2）最大比值合并。最大比值合并是一种最佳合并方式，如图 8-4 所示。为了书写简便，每一支路信号包络 $r_K(t)$ 用 r_K 表示。每一支路的加权系数 a_K 与信号包络 r_K 成正比，而与噪声功率 N_K 成反比，即：

$$a_K = \frac{r_K}{N_K}$$

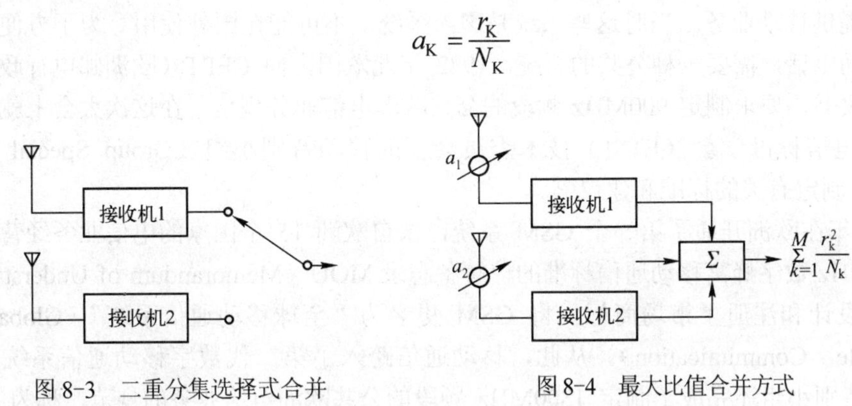

图 8-3　二重分集选择式合并　　　图 8-4　最大比值合并方式

由此可得到最大比值合并器输出的信号包络为：

$$r_R = \sum_{K=1}^{M} a_K r_K = \sum_{K=1}^{M} \frac{r_K^2}{N_K}$$

式中下标 R 为表征最大比值合并方式。

由于在接收端通常都要有各自的接收机和调相电路，以保证在迭加时各个支路的信号是同相位的。最大比值合并方式输出的信噪比等于各个支路信噪比之和。所以，即使当各路信号都很差时，采用最大比值合并方式仍能解调出所需信号。现在 DSP 技术和数字接收技术，正在逐步采用这种最优的分集方式。

3）等增益合并。等增益合并无需对支路信号加权，各支路的信号是等增益相加的，如图 8-5 所示。

这种方式是把各支路信号进行同相后再叠加，加权时各路信号的权重相等。这样，其性能只比最大比值合并方式差一些，但比选择合并方式性能要好得多。

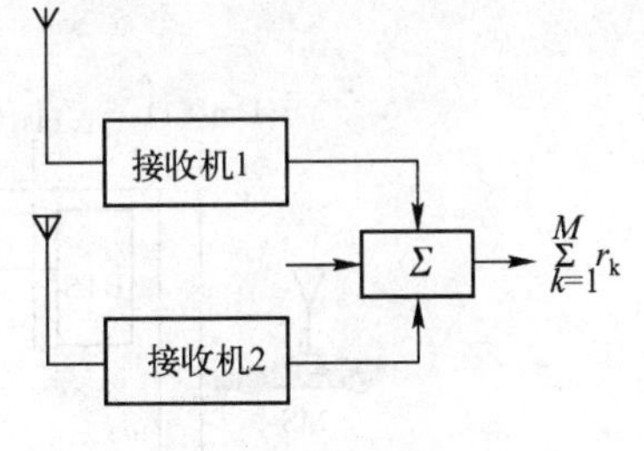

图 8-5　等增益合并方式

8.2　GSM 数字蜂窝移动通信系统

原邮电部《900MHzTDMA 数字公用陆地蜂窝移动通信网技术体制》1.3 条规定：我国 900MHzTDMA 数字公用陆地蜂窝移动通信网选用 GSM 数字移动通信系统进行组网。GSM

系统，即全球移动通信系统（Global System for Mobile Communication），是泛欧蜂窝移动通信系统标准，它采用了数字无线传输和无线蜂窝之间先进的切换方法，具有比模拟蜂窝系统更高的频率利用率。

蜂窝系统的概念和理论在 20 世纪 60 年代就由美国贝尔实验室等单位提出，1979 年在美国芝加哥开通了第一个 AMPS(先进的移动电话服务)模拟蜂窝系统，而北欧也于 1981 年 9 月在瑞典开通了 NMT(北欧移动电话)系统，接着欧洲先后在英国开通 TACS（全接入通信系统）系统，德国开通 C－450 系统等，他们都属于第一代模拟蜂窝移动通信系统。

GSM 数字移动通信系统史源于欧洲。早在 1982 年，欧洲已有几大模拟蜂窝移动系统在运营，例如北欧多国的 NMT（北欧移动电话）和英国的 TACS（全接入通信系统），西欧其他各国也提供移动业务。当时这些系统是国内系统，不可能在国外使用。为了方便全欧洲统一使用移动电话，需要一种公共的系统，1982 年北欧国家向 CEPT（欧洲邮电行政大）提交了一份建议书，要求制定 900MHz 频段的公共欧洲电信业务规范。在这次大会上就成立了一个在欧洲电信标准学会（ETSI）技术委员会下的移动特别小组（Group Special Mobile，GSM），来制定有关的标准和建议书。

1991 年在欧洲开通了第一个 GSM 系统，来自欧洲 15 个国家的电信业务经营者签署了泛欧 900MHz 数字蜂窝移动通信标准的谅解备忘录 MOU（Memorandum of Understanding），为该系统设计和注册了市场商标，将 GSM 更名为"全球移动通信系统"（Global System for Mobile Communication）。从此，移动通信跨入了第二代数字移动通信系统时代。同年，移动特别小组还完成了制定 1800MHz 频段的公共欧洲电信业务的规范，称为 DCS1800 系统。DCS1800 系统与 GSM900 具有同样的基本功能特性，因而该规范只占 GSM 建议的很小一部分，仅将 GSM900 和 DCS1800 之间的差别加以描述，绝大部分二者是通用的，两个系统均可通称为 GSM 系统。

8.2.1 GSM 系统结构

GSM 数字移动通信系统主要由移动交换系统（NSS）、基站子系统（BSS）、操作维护子系统（OMS）和移动台（MS）构成。GSM 系统的基本结构如图 8-6 所示。

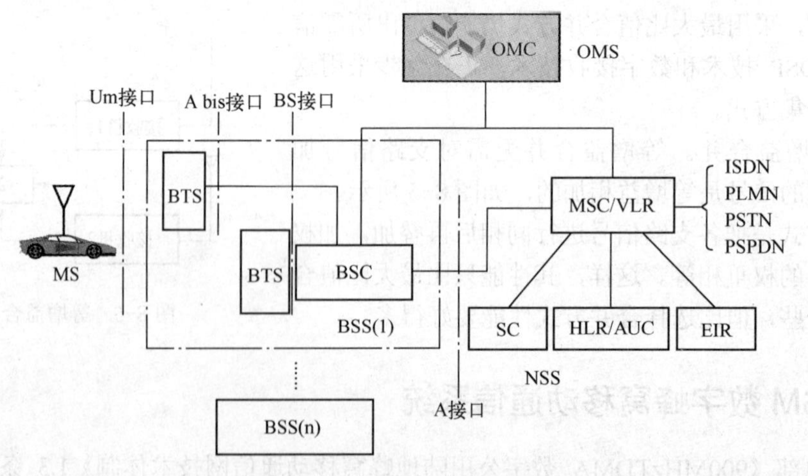

图 8-6 GSM 系统结构图

NSS 系统包括有移动业务交换中心（MSC）、拜访位置寄存器（VLR）、归属位置寄存器（HLR）、鉴权中心（AUC）、移动设备识别寄存器（EIR）；操作与维护子系统由操作与维护中心（OMC）组成； BSS 系统包括有基站控制器（BSC）和基站收发信台（BTS）；移动台部分（MS），其中包括移动终端（MS）和用户识别卡（SIM）。

1．移动交换系统（NSS）

NSS 主要完成交换功能以及用户数据管理、移动性管理、安全性管理所需的数据库功能。

1）MSC：是 GSM 系统的核心，完成最基本的交换功能，即完成移动用户和其他网络用户之间的通信连接；完成移动用户寻呼接入、信道分配、呼叫接续、话务量控制、计费、基站管理等功能；提供面向系统其他功能实体的接口、到其他网络的接口以及与其他 MSC 互连的接口。

2）HLR：是系统的中央数据库，存放与用户有关的所有信息，包括用户的漫游权限、基本业务、补充业务及当前位置信息等，从而为 MSC 提供建立呼叫所需的路由信息。

3）VLR：VLR 存储了进入其覆盖区的所有用户的信息，为已经登记的移动用户提供建立呼叫接续的条件。VLR 是一个动态数据库，需要与有关的归属位置寄存器 HLR 进行大量的数据交换以保证数据的有效性。当用户离开离开该 VLR 的控制区域，则重新在另一个 VLR 登记，原 VLR 将删除临时记录的该移动用户数据。在物理上，MSC 和 VLR 通常合为一体。

4）AUC：一个受到严格保护的数据库，存储用户的鉴权信息和加密参数。在物理实体上，AUC 和 HLR 共存。

5）EIR：存储与移动台设备有关的参数，可以对移动设备进行识别、监视和闭锁等，防止未经许可的移动设备使用网络。

2．基站子系统 BSS

BSS 是 NSS 和 MS 之间的桥梁，主要完成无线信道管理和无线收发功能。

1）BSC：位于 MSC 与 BTS 之间，具有对一个或多个 BTS 进行控制和管理的功能，主要完成无线信道的分配、BTS 和 MS 发射功率的控制以及越区信道切换等功能。BSC 也是一个小交换机，它把局部网络汇集后通过 A 接口与 MSC 相连。

2）BTS：基站子系统的无线收发设备，由 BSC 控制，主要负责无线传输功能，完成无线与有线的转换、无线分集、无线信道加密、跳频等功能。BTS 通过 Abis 接口与 BSC 相连，通过空中接口 Um 与 MS 相连。

此外，BSS 系统还包括码变换和速率适配单元。码变换和速率适配单元通常位于 BSC 和 MSC 之间，主要完成 16 kbit/s 的 RPE-LTP 编码和 64 kbit/s 的 A 律 PCM 编码之间的码型变换。

3．操作维护子系统（OMS）

OMS 是 GSM 系统的操作维护部分，GSM 系统的所有功能单元都可以通过各自的网络连接到 OMS，通过 OMS 可以实现 GSM 网络各功能单元的监视、状态报告和故障诊断等功能。

OMS 分为两部分：OMC-S（操作维护中心-系统部分）和 OMC-R（操作维护中心-无线部分）。OMC-S 用于 NSS 系统的操作和维护，OMC-R 用于 BSS 系统的操作和维护。

4．移动台（MS）

MS 是 GSM 系统的用户设备，可以是车载台、便携台和手持机。它由移动终端和用户识别卡 SIM 两部分组成。

1）移动终端主要完成语音信号处理和无线收发等功能。

2）SIM 卡存储了认证用户身份所需的所有信息以及与安全保密有关的重要信息，以防非法用户入侵，移动终端只有插入了 SIM 卡后才能接入 GSM 网络。

8.2.2 TDMA 帧结构和无线信道

GSM 系统为了更好地把通信业务与传输方案对应起来，引进了信道（CHANNEL）的概念。不同的信道可以同时传输不同的比特流，信道可分为物理信道和逻辑信道，逻辑信道至物理信道的映射是指将要发送的信息安排到合适的 TDMA 帧和时隙的过程。

1．无线帧结构

GSM 的无线帧结构有 5 个层次，即时隙、TDMA 帧、复帧、超帧和超高帧，如图 8-7 所示。

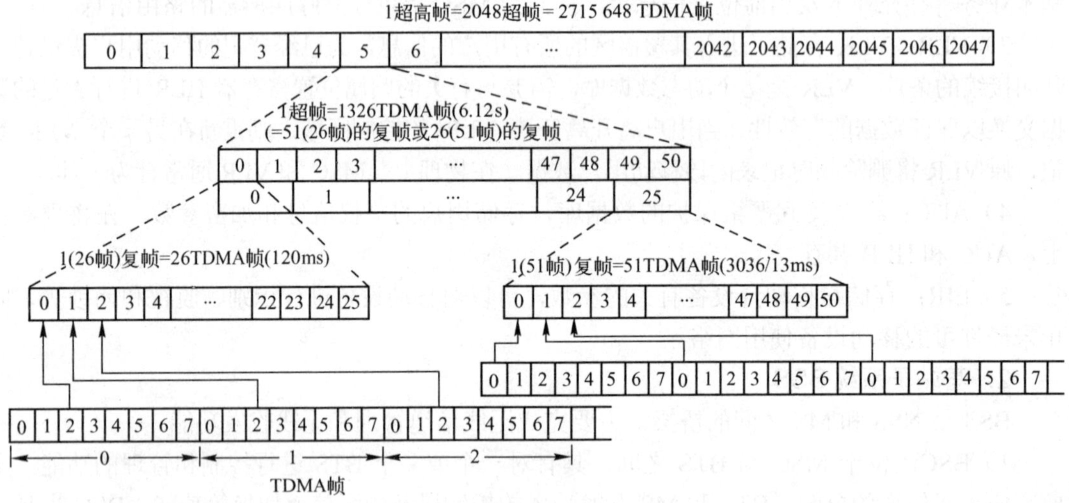

图 8-7　GSM 系统分级帧结构

1）时隙是物理信道的基本单元。

2）TDMA 帧是由 8 个时隙组成，是占据载频带宽的基本单元，即每个载频有 8 个时隙。

3）复帧有以下两种类型：

① 由 26 个 TDMA 帧组成的复帧，这种复帧称为业务复帧。

② 由 51 个 TDMA 帧组成的复帧，这种复帧称为控制复帧。

4）超帧是一个连贯的 51×26TDMA 帧，由 51 个 26 帧的复帧或 26 个 51 帧的复帧构成。

5）超高帧是由 2048 个超帧构成。

2．无线信道

（1）物理信道

GSM 系统采用的是 FDMA（频分多址）和 TDMA（时分多址接入）混合技术，具有较高的频率利用率。FDMA 是指在 GSM900 频段的上行（MS 到 BTS）890～915MHz 或下行（BTS 到 MS）935～960MHz 频率范围内分配了 124 个载波频率，简称载频，每个载频之间的间隔为 200kHz。上行与下行载频是成对的，即是所谓的双工通信方式。双工收发载频对的间隔为 45MHz。TDMA 是指在 GSM900 的每个载频上按时间分为 8 个时间段，每一个时隙段称为一个时隙（Time Slot），如图 8-8 所示。这样的时隙叫做信道，或者叫物理信道。一个载频上连续的 8 个时隙组成一个 TDMA 帧，也就是说 GSM 的一个载频上可提供 8 个物理信道。

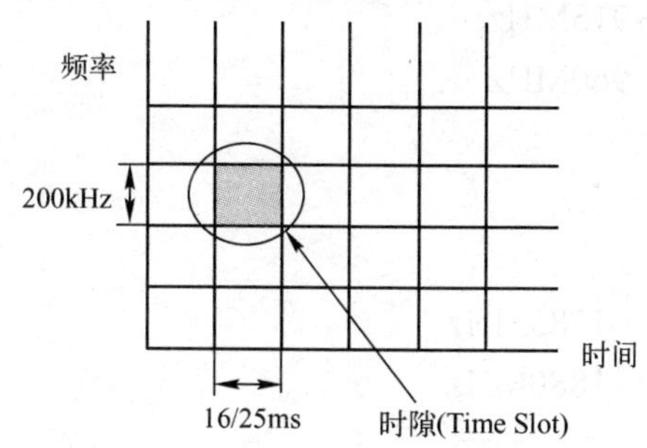

图 8-8　物理信道的时频结构

（2）逻辑信道

如果把 TDMA 帧的每个时隙看作为物理信道，那么在物理信道所传输的内容就是逻辑信道。逻辑信道是指依据移动网通信的需要，为传送的各种控制信令和语音或数据业务在 TDMA 的 8 个时隙所分配的控制逻辑信道或语音、数据逻辑信道。

GSM 数字系统在物理信道上传输的信息是由大约 100 多个调制比特组成的脉冲串，称为突发脉冲序列——“Burst”。以不同的“Burst”信息格式来携带不同的逻辑信道。

逻辑信道分为公共信道和专用信道两大类。图 8-9 为 GSM 所定义的各种逻辑信道。

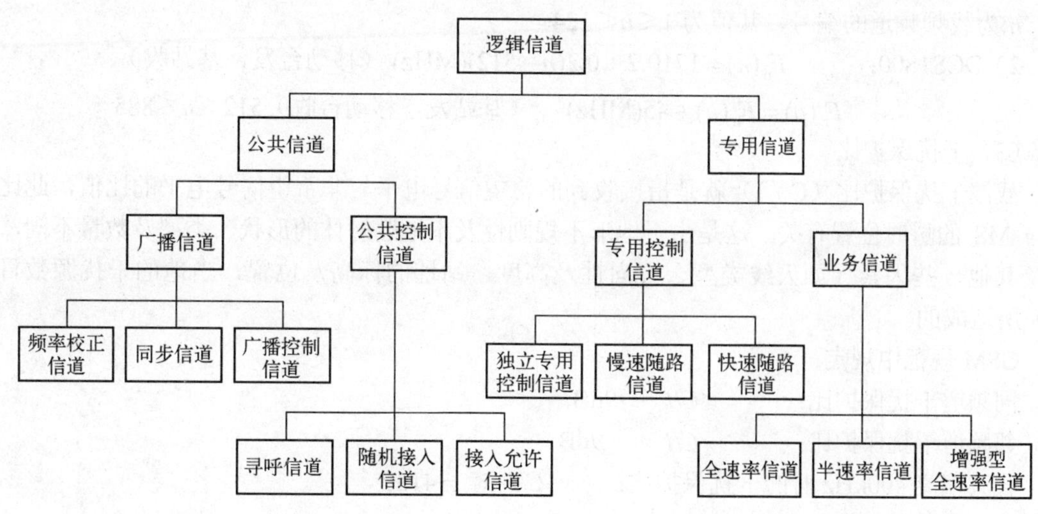

图 8-9　GSM 逻辑信道

8.2.3　GSM 系统关键技术

1．频道分配

目前，GSM 通信系统可以采用 900MHz、扩展 900MHz 和 1800MHz 频段，有些国家也采用1900MHz频段。

（1）频道分配

1）GSM900M系统。

上行（MS—BS）：890～915MHz

下行（BS—MS）：935～960MHz

双工间隔：45MHz

载频间隔：200kHz

2）DCS1800M系统。

上行（MS—BS）：1710～1785MHz

下行（BS—MS）：1805～1880MHz

双工间隔：95MHz

载频间隔：200kHz

（2）频道编号

GSM900系统工作带宽25MHz，载频间隔为200kHz，因此可以获得124个载频频道，考虑到第一个、最后一个作为保护频道不用，因此GSM900M系统共有122个载频频道可用。DCS1800M系统则有374个载频频道。

上述两种系统中，为便于无线管理，对每一载频频道都有明确的编号，根据载频频道的编号可以计算其中心频率，具体计算方法如下：

1）GSM900：$F_{\mathrm{u}}(n)=890+0.2n(\mathrm{MHz})$ （移动台发，基站收）

$F_{\mathrm{d}}(n)=F_{\mathrm{u}}(n)+45(\mathrm{MHz})$ （基站发，移动台收）

n:为载频频道的编号，其值为$1\leqslant n\leqslant 124$

2）DCS1800： $F_{\mathrm{u}}(n)=1710.2+0.2(n-512)(\mathrm{MHz})$（移动台发，基站收）

$F_{\mathrm{d}}(n)=F_{\mathrm{u}}(n)+45(\mathrm{MHz})$ （基站发，移动台收）$512\leqslant n\leqslant 885$

（3）干扰保护比

载波干扰保护比（C / I）就是指接收到的希望信号电平与非希望信号电平的比值，此比值与MS的瞬时位置有关。这是由于地形不规则性及本地散射体的形状、类型及数量不同，以及其他一些因素（如天线类型、方向性及高度，站址的标高及位置，当地的干扰源数目等）所造成的。

GSM规范中规定：

同频道干扰保护比： $C/I \geqslant 9\mathrm{dB}$

邻频道干扰保护比： $C/I \geqslant -9\mathrm{dB}$

载波偏离400kHz时的干扰保护比： $C/I \geqslant -41\mathrm{dB}$

2．非连续发送（DTX）

话音传输有两种方式：一种是无论用户是否讲话，话音总是连续编码（每20ms一个话音帧）。另一种是非连续发送方式DTX（Discontinuous Transmission）：在话音激活期进行13kbit/s编码，在话音非激活期进行500bit/s编码，每480ms传输一个舒适噪声帧（每帧20ms），如图8-10所示。

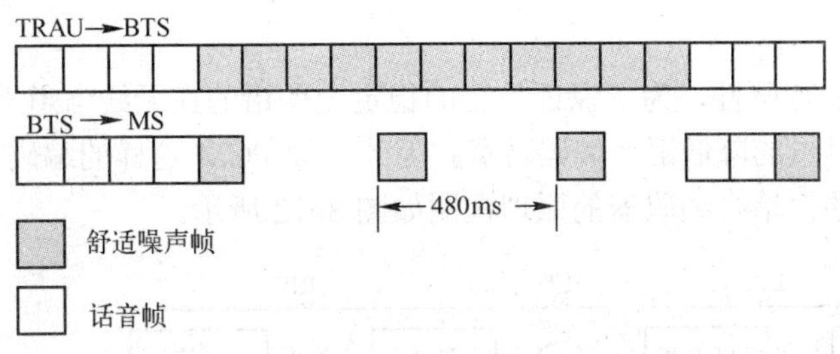

图 8-10　非连续发送

采用 DTX 方式有两个目的，一是降低空中总的干扰电平，二是节约发射机的功率。DTX 模式与普通模式是可选的，因为 DTX 模式会使传输质量稍有下降。

3. GMSK 调制

GMSK 是一种特殊的数字 FM 调制方式。调制速率为 270.833 千波特。比特率正好是频率偏移 4 倍的 FSK 调制称作 MSK（最小频移键控）。在 GSM 中，使用高斯预调制滤波器进一步减小调制频谱，它可以降低频率转换速度。

GMSK 可以通过 *I/Q* 图表示。如果没有高斯滤波器，当传送一连串恒定的 1 时，MSK 信号将保持在高于载波中心频率 67.708 kHz 的状态。如果将载波中心频率作为固定相位基准，67.708 kHz 的信号将导致相位的稳步增加。相位将以每秒 67.708 次的速率进行 360° 旋转。在一个比特周期内（1/270.833kHz），相位将在 I/Q 图中移动 1/4 圆周，即 90° 的位置。数据 1 可以看作相位增加 90° 。两个 1 使相位增加 180° ，3 个 1 是 270° ，依此类推。数据 0 表示在相反方向上相同的相位变化。

实际的相位轨迹是被严格地控制的。GSM 无线系统需要使用数字滤波器和 *I/Q* 或数字 FM 调制器精确地生成正确的相位轨迹。GSM 规范允许实际轨迹与理想轨迹之间存在均方根（rms）值不超过 5° 、峰值不超过 20° 的偏差。

4. 话音和信道编码

在 GSM 系统中,话音传送的过程如图 8-11 所示。

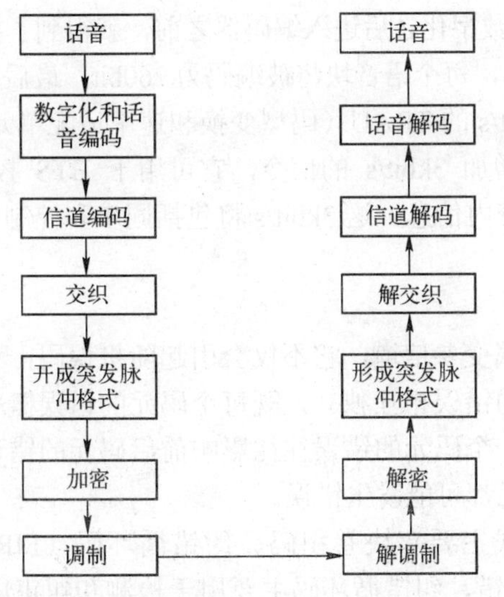

图 8-11　GSM 系统中话音传送的过程示意图

（1）话音编码

由于无线信道的特殊性，为了保证信号的稳定无差错的在无线信道上传送，就必须在保证语音质量的同时尽量的降低语音编码带宽。因此，像 PCM 这样的编码方式是不能在 GSM 的无线信道上使用的。话音编码器的原理框图如图 8-12 所示。

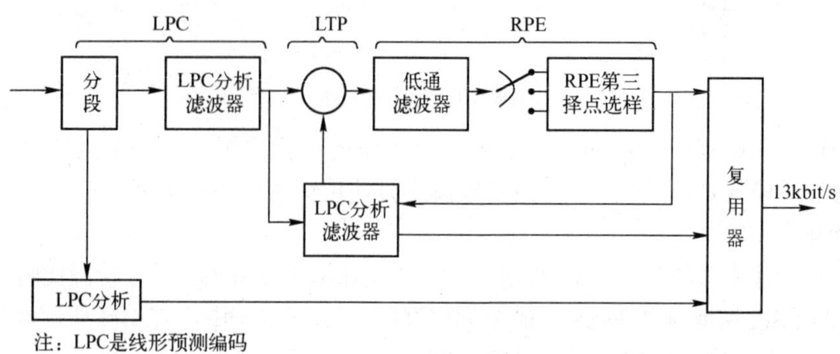

图 8-12　话音编码器的原理框图

目前 GSM 采用的编码方案是 13kbit/s 的 RPE-LTP(规则脉冲激励长期预测)编码，其目的是在不增加误码的前提下，以较小的速率优化频谱占用，达到与固定电话尽量相近的语音质量。

声码器的原理是模仿人类发声器官喉、鼻、舌的组合并将该组合看作一个滤波器，人发出的声音使声带振动就成为激励脉冲。这种“滤波器”和“脉冲”是在不断变化的，在很短的时间（10～30ms）里观察它，则发声器官是没有变化的，因此声码器就是将话音信号分成 20ms 的段，然后分析这一段内相应滤波器的参数并提取此时脉冲串的频率，然后输出激励脉冲序列。相继的话音段是十分相似的，LTP 将当前段与前一段进行比较相应的差值被低通滤波后便形成一种波形编码。

将语音分成 20ms 为单位的语音块，再将每个块用 8kHz 抽样，每个块由此得到 160 个样本。每个样本再经过 A 率 13bit 的量化并将该量化分别加上 3 个“0”bit，最后每个样本就得到 16bit 的量化值。因而在数字化之后进入编码器之前，就得到了 128kbit/s 的数据流。该数据流进入编码器进行压缩编码，每个语音块将被编码为 260bit，最后形成 13kbit 的数据流。

为了形成速率为 16kbit/s 的 TRAU（码型变换和速率适配单元）帧，以便在 Abis 和 Ater 接口上传送，因而需要再增加 3kbit/s 的信令，它可用于 BTS 控制远端 TCU（码型变换单元）的工作，因而被称为带内信息。这 3kbit/s 将包括同步和控制比特（如坏帧指示、编码器类型、DTX 指示等）。

（2）信道编码

移动通信中无线信道属变参信道，它不仅会引起随机误码，更主要的是造成突发误码。随机误码的特点是码元间的错误相互独立，既每个码元的错误概率与它前后码元的错误与否无关。突发错误则不然，一个码元的错误往往影响前后码元的错误概率。或者说，一个码元产生错误，则后面几个码元都可能发生错误。

GSM 使用的编码方式主要有块卷积码、纠错循环码（FIRE 码）、奇偶码（PARITY 码）。块卷积码主要用于纠错，纠错循环码主要用于检测和纠正成组出现的误码，通常和块卷积码混合使用。奇偶码是一种普遍使用的最简单的检测误码的方法。图 8-13 为卷积编码的基本原理。

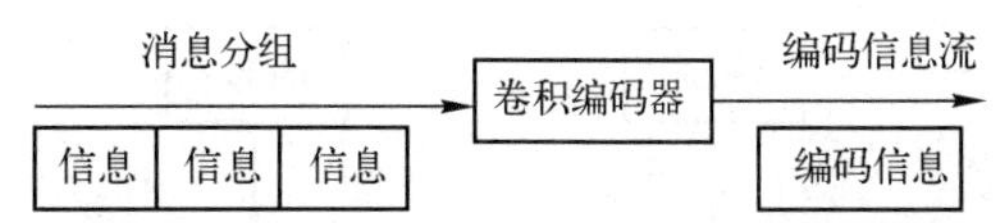

图 8-13　卷积编码的基本原理图

卷积码是将信息序列以 k_0 个码元分段，通过编码器输出长度为 n_0 的一段码段，但该码的 n_0-k_0 个检测码不仅与本段的信息元有关，而且也与其前段的信息元有关，故卷积码用（n_0、k_0、m_0）表示，称 $No=(m+1)n_o$ 为卷积码的约束长度，其编码效率被定义为 $R=k_o/n_o$，对于具有良好纠错、检错性能并能合理而又简单实现的大多数卷积码，一般有 $n_o-k_o=1$ 的关系，也就是说它的编码效率通常只有 1/2，2/3，3/4，4/5 等。

5．交织技术

无线通信的突发误码的产生，常常是因为持续时间较长的衰落引起的，如果只依靠上述的信道编码方式来检错和纠错是不够的。为了更好地解决这类误码问题，还采用了信道交织技术。

交织实际上是把一个消息块原来连续的比特按一定规则分开发送传输，即在传送过程中原来的连续块变成不连续，然后形成一组交织后的发送消息块，在接收端对这种交织信息块复原（解交织）成原来的信息块，如图 8-14 所示，如果传送过程中某块消息丢失，在恢复后实际上只丢失每个信息块的一部分，而不至于全部丢失，这样加上编码技术的利用就容易恢复那些被丢失消息。一般来说，b 个码元信息扩展到 n 个突发脉冲中，n 值越大，传输效果越好，但传输的时延也越延长。

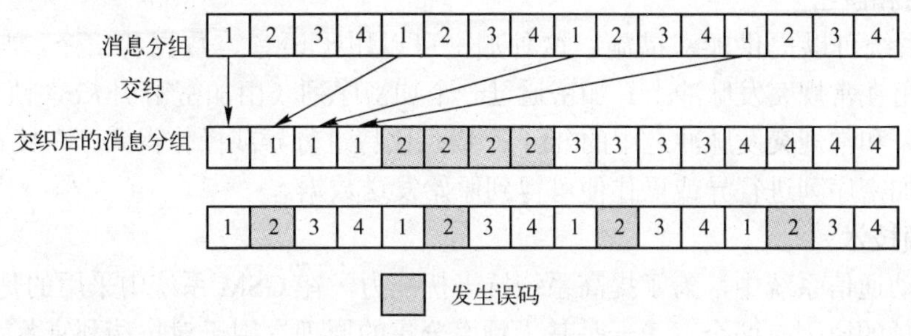

图 8-14　交织技术原理

在 GSM 中，各种信道类型采用不同的编码和交织方式。下面以一个语音通信的例子描述信道编码和交织过程。

GSM 系统中，话音信道上的语音输入速率为 13kbit/s，即每 20ms 传输 260bits。对于 260bits，采用分段编码进行保护。

182bits 采用 1/2 卷积编码，其中的 50bits 先进行奇偶校验，附加了 3bits 的信息位，然后再进行 1/2 卷积编码，这 50bits 称为 Iabit 类，其余 132bits 直接进行 1/2 卷积编码，称为 Ibbit 类；余下的 78bits 不加任何保护。

话音信道上语音信号的交织算法见图 8-15。经信道编码后的数据为每 20ms 携带 456bits，

456bits 被分成 8 组，每组 57bits 分别承载于不同的突发脉冲 BP（8 个 BP)。

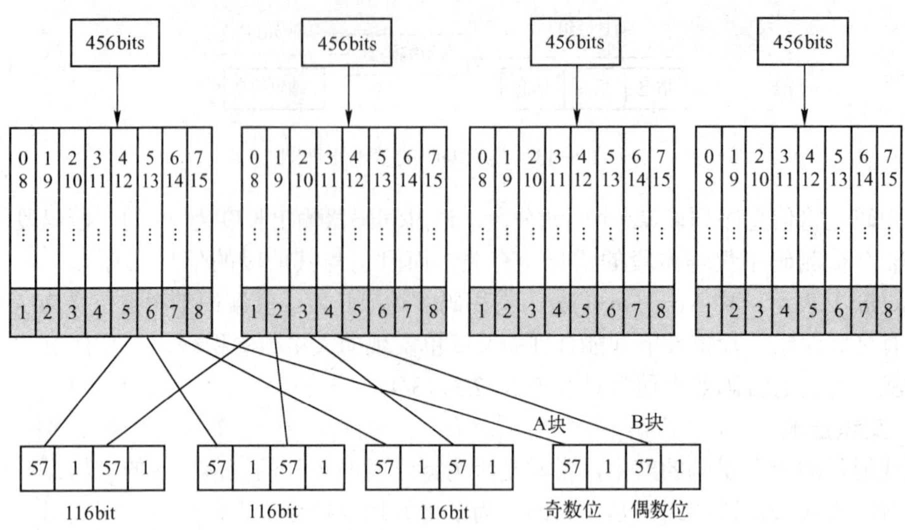

图 8-15 码元交织示意图

456bits 被分成 8 组（行），每组 57bits（列），分别占有 BP（N）至 BP（$N+7$）的信息块 A 或信息块 B。交织后的一个 BP 携带 114bits 信息另加 2bits 偷帧比特共 116bits，其中 114 bits 包含信息块 A 的 57 bits（奇数位）和信息块 B 的 57 bits（偶数位），另两个比特中一个比特指示前半个 BP（奇数位）是用户数据还是快速随路信令，另一个比特指示后半个 BP（偶数位）是用户数据还是快速随路信令。

6．加密和解密

GSM 系统可以提供加密措施。这种加密可以用于语音、数据和信令，与数据类型无关，只限于用在常规突发脉冲上。加密通过一个加密序列（由加密密钥 Kc、帧号通过 A5 加密算法产生）和常规突发脉冲之中的 114 个信息比特进行异或操作得到。在接收端采用相同的序列，与加密序列进行异或操作便可得到原始发送数据。

7．跳频技术

数字移动通信系统中，为了提高系统抗干扰能力，在 GSM 系统中采用的是跳频方式。

引入跳频的原因有两个。第一是基于频率分集的原理，用于对抗瑞利衰落。移动无线传输在遇到障碍时不可避免地会遭受短期的幅度变化，这种变化称为瑞利衰落。不同的频率遭受的衰落不同，而且随着频率差增加，衰落更加独立。通过跳频，突发脉冲不会被瑞利衰落以同一种方式破坏。第二是基于干扰源特性。在业务量密集区，蜂窝系统容易受到频率复用产生的干扰限制，相对载干比（C/I）可能在呼叫中变化很大。引入跳频使得它可以在一个可能干扰小区的许多呼叫之间分散干扰，而不是集中在一个呼叫上。

跳频是指载波频率在很宽频带范围内按某种序列进行跳变。控制和信息数据经过调制后成为基带信号，送入载波调制，然后载波频率在伪随机码的控制下改变频率，这种伪随机码序列即为跳频序列。最后再经过射频滤波器送至天线发射出去。接收机根据跳频同步信号和跳频序列确定接收频率，把相应的跳频后信号接收下来，进行解调。跳频基本结构如图 8-16 所示。

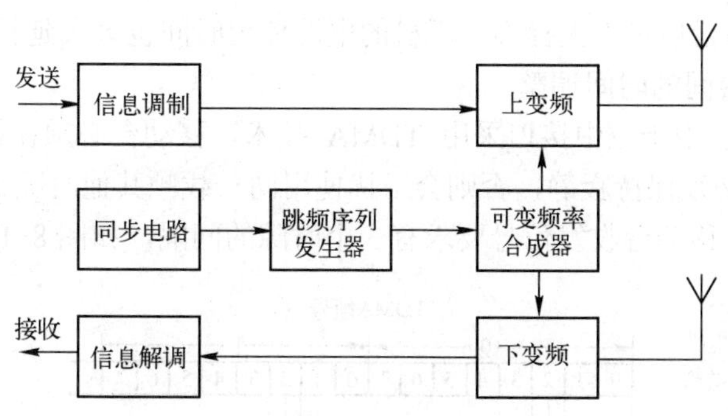

图 8-16 跳频基本结构

跳频技术实际是避开外部干扰，使之跟不上频率的改变从而避免或明显降低同频道干扰和频率选择性衰落。而增加跳频数是因为跳频系统的增益等于跳频系统的频带宽度与 N 个最小跳频间隔的比值，所以增加跳频可使跳频增益提高。如果跳频系统再加上频率的分集，若干组跳变频率同时传送一个信息，然后用大数判定定律更有效地判决信息，则可使更多用户同时工作而相互干扰最小。

跳频有两种方式：基带跳频与射频跳频。

8. 分集接收

为了减少由多径引起的系统性能降低，GSM 系统 BTS 在无线接口采用分集接收技术，即接收处理部分有两套，接收两路不同的信号。分集技术就是把各个分支的信号，按照一定的方法再集合起来，变害为利。把接收到的多径信号先分离成互不相关的多路信号，由少变多，再将这些信号的能量合并起来，由多变少，从而改善接收质量。

9. 功率控制

所谓的功率控制，就是在无线传播上对手机或基站的实际发射功率进行控制，以尽可能降低基站或手机的发射功率，这样就能达到降低手机和基站的功耗以及降低整个 GSM 网络干扰这两个目的。当然，功率控制的前提是要保证正在通话的呼叫拥有比较好的通信质量。可以通过图 8-17 所示来简单说明一下功率控制过程。

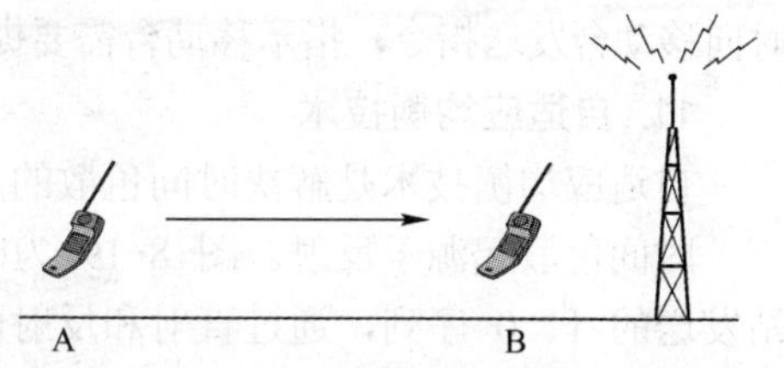

图 8-17 功率控制示意图

从图 8-13 可见，由于在 A 点的手机离基站的天线比较远，而电波在空间的传播损耗与距离的 N 次方成正比，因此，为了保证一定的通信质量，A 点的手机通信时就要使用比较大的发射功率。相比而言，由于 B 点离基站的发射天线比较近，传播损耗也就比较小，因此，为了得到类似的通信质量，B 点的手机通信时就可以使用比较小的发射功率。当一个正在通话的手机从 A 点向 B 点移动时，功率控制可以使它的发射功率逐渐减小，相反，当正在通话的手机从 B 点向 A 点移动时，功率控制可以使它的发射功率逐渐增大。

功率控制可以分为上行功率控制和下行功率控制，上行和下行功率控制是独立进行的。所谓的上行功率控制，也就是对手机的发射功率进行控制，而下行功率控制，就是对基站的发射功率进行控制。不论是上行功率控制还是下行功率控制，通过降低发射功率，都能够减少上行或下行方向的干扰，同时降低手机或基站的功耗，表现出来的最明显的好处就是：整个 GSM 网络的平均通话质量大大提高，手机的电池使用时间也大大延长。

10. 基站与移动台间的时间调整

在 GSM 系统中，由于空中接口采用 TDMA 技术，移动台必须在指配给它的时隙内发送，而在其他的时间必须保持寂静，否则会干扰使用同一载频其他时隙上的用户。

在 GSM 系统中，移动台收发信号要求有 3 个时隙的间隔，如图 8-18 所示。

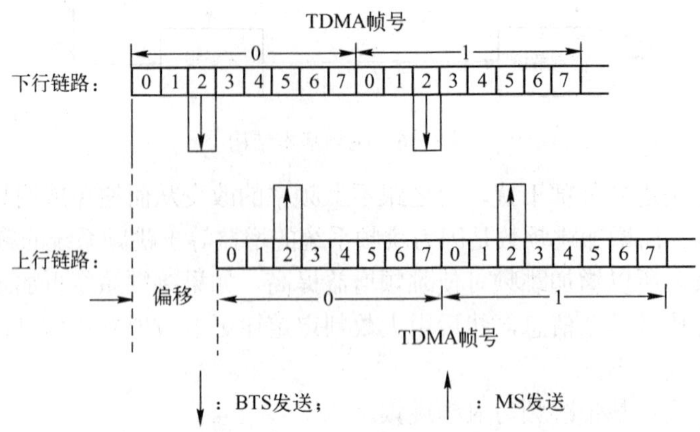

图 8-18　基站与移动台间的时间调整示意图

假设某移动台占用了时隙 2，在呼叫期间向远离基站方向移动，则从基站发出的信息，将会越来越迟地到达移动台，同时移动台的应答信息，也越来越迟地到达基站，如果不采取措施，该时延将导致该移动台在时隙 2 发送的信息与基站在 TS3 接收到的另一个呼叫信息重叠。所以在呼叫期间，必须监视呼叫到达基站的时间。随着移动到基站的距离的变化，系统随时向移动台发送指令，指示移动台需要提前发送的时间，这个过程也就是时间提前量的调整。

11. 自适应均衡技术

自适应均衡技术是解决时间色散的方法。

时间色散起源于反射。图 8-19 为时间色散实例。由基站发送的 1、0 序列，通过直射和反射两种途径到达 MS，如果反射信号的到达时间刚好滞后直射信号一个比特的时间，那么 MS 将在从直射信号中检出 1 的同时，还从反射信号中检出 0，于是导致了 0 对 1 的干扰。

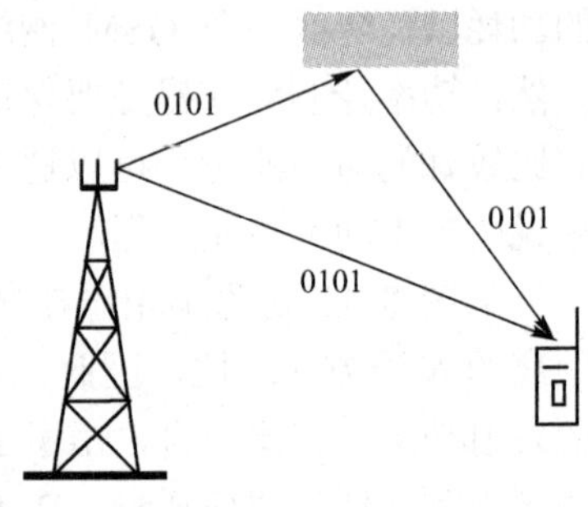

图 8-19　时间色散实例

在 GSM 系统中，比特率为 270kbit/s。则每比特时间为 3.7μs，一比特对应 1.1km。假如反射点在移动台之后 1km，那么反射信号的传输路径将比直射信号长 2km。这样就会在有用信号中混有比它迟到一比特时间的另一个信号，从而出现了码间干扰。由此可见，反射路径的长度是时间色散的必要条件。

在 GSM 系统中，解决时间色散的方法是采用自适应均衡技术。在 GSM 中使用两种均衡技术来减小时间色散对信号的干扰。

1）频域均衡。它使包括均衡器在内的整个系统的总传输函数满足无失真传输的条件。

它往往是分别校正幅频特性和群时延特性，序列均衡通常采用这种方法。

2）时域均衡。它就是直接从时间响应考虑，使包括均衡器在内的整个系统的冲激响应满足无码间串扰的条件。时间色散主要是时变信号，所以时域均衡在 GSM 系统中被广泛的采用。

时域均衡系统的主体是横向滤波器，它由多级抽头延迟线、加权系数相乘器（或可变增益电路）及相加器组成，如图 8-20 所示。

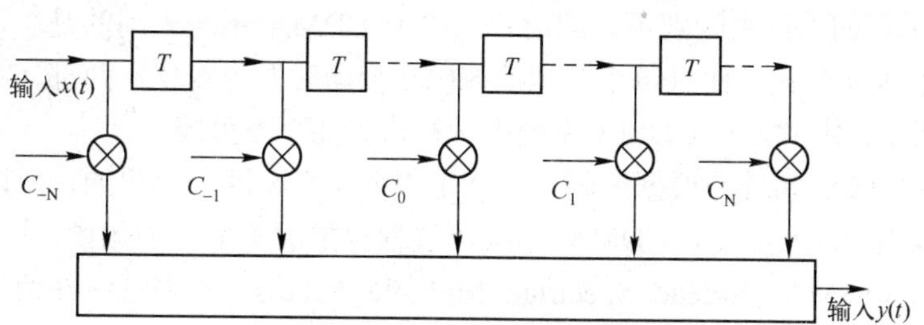

图 8-20　时域均衡器的构成示意图

时域均衡器所追求的目的就是达到最佳抽头增益系数。它直接从传输的实际数字信号中根据某种数学算法不断调整增益，因而能适应信道的随机变化。均衡器在工作前先发一定长度的测试脉冲序列，又称训练比特，以调整均衡器的抽头系数，从而使信道的时间色散得以消除。

如图 8-21 所示，其突发脉冲序列长度 N=3，固定编码为 010，N=3 给出了馈入信道模型的 8 种可能的输入系列：输入 000、输出 100；输入 001、输出 010；输入 010、输出 110 等。显然第二个输入系列 001 产生了最相似输出 010，因此认为 001 为发送序列而生成的信道模型为最佳模型。

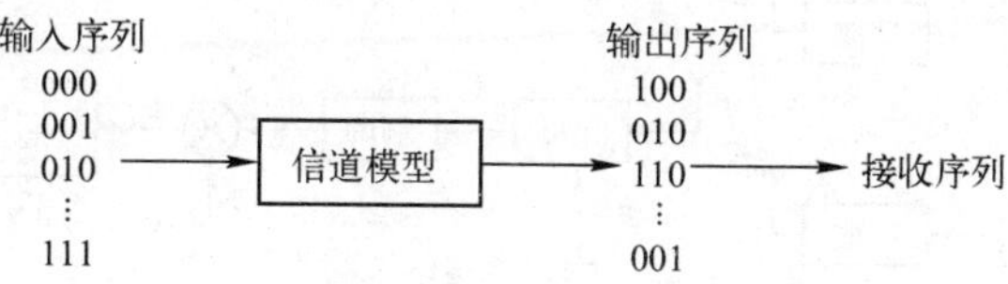

图 8-21　均衡器的工作原理图

GSM 规范要求均衡器应能处理时延为 15μs 左右的反射信号，15μs 对应约 4bit 时间，即 4.5km 的反射距离。此外，由于近区（相对于接收机）反射，反射信号本身易受到瑞利衰落的影响。然而与直射信号相比，反射信号具有不相关性衰落图形，因而能被均衡器利用，从而改善性能。因此只要反射信号的时延不超过 15μs，就可以得到很好的信号质量。

8.3　CDMA 数字蜂窝移动通信系统

20 世纪 80 年代末，全球范围从模拟向数字蜂窝技术的突然转变，使欧洲的 GSM 数字技术得以迅速推广，占据了无可争议的市场领先地位。与 GSM 技术同时诞生的还有 CDMA 技术。与原来模拟通信系统所采用的 FDMA 技术和 GSM 系统所采用的 TDMA 技术相对应，CDMA 是码分多址(Code Division Multiple Access)技术的英文缩写，它是在数字技术的分支——扩频通信技术的基础上发展起来的一种崭新而成熟的无线通信技术。正是由于它是以扩频通信技术为基础的，能够更加充分的利用频谱资源，更加有效地解决频谱短缺问题，因此被视为是实现 3G 和未来移动通信的首选。

8.3.1 CDMA 系统的基本原理

模拟系统是靠频率的不同来区别不同用户的，GSM 系统靠的是极其微小的时差，而 CDMA 则是靠编码的不同来区别不同的用户。由于 CDMA 系统采用的是二进制编码技术，编码种类可以达到 4.4 亿，而且每个终端的编码还会随时发生变化，两部 CDMA 终端编码相同的可能性很小，因此，在 CDMA 系统中进行盗码几乎不可能。

正是因为 CDMA 系统是根据编码，而不是根据频率来区分用户的，所以，每个用户被分配的带宽可以很宽，实际上，CDMA 的编码过程也扩展了信号的频谱，因而，CDMA 通常也用扩频多址（SSMA，Spread Spectrum Multiple Access）来表征。在信号发送端的编码过程亦称为扩频调制，其所产生的信号也称为扩频信号。在接收端，只有具有正确的码序列的接收机才能将接收到的信号与码序列进行相应的运算，从而恢复出原始信息。换句话说，信号对于不具有正确码序列的接收机来讲是完全保密的。CDMA 只能由扩频技术来实现，关于扩频通信的详细介绍参见本书第 5 章数字信号的频带传输。

利用自相关性很强而互相关值为 0 或很小使得周期性码序列作为地址码与用户信息数据相乘（或模 2 和），经相加的信道传输后，在接收端以本地产生的已知地址码为参考，根据相关性的差异对接收到的所有信号进行鉴别，从中将地址码与本地地址码一致的信号选出，把不一致的信号除掉（称之为相关检测），如图 8-22 所示。

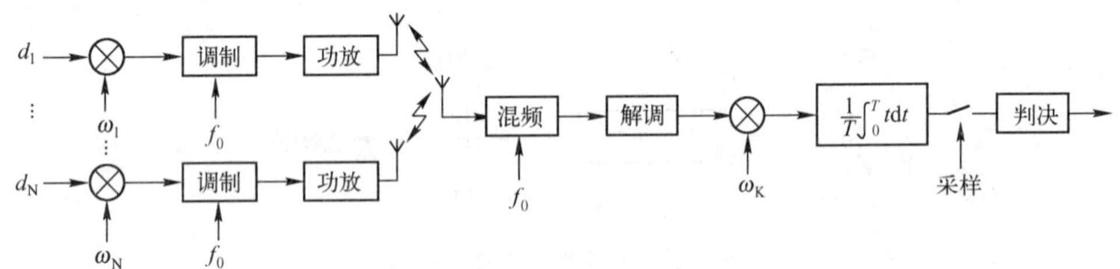

图 8-22　码分多址原理示意图

“码分”的基础是要达到能容纳多路用户通信的目的，这就要求可提供有足够数量的地址码，而这些地址码又要有良好的自相关特性和互相关特性。

码分多址技术的关键是在码分多址通信系统中，各接收端必须产生本地地址码（简称本地码），该本地码不但码型结构与对端发码一致，且相位也完全同步。用本地码对收到的全部信号进行相关检测，从中选出所需要的信号。

网内所有用户使用同一载波，各个用户可以同时发送或接收信号。这样，收信机的输入信号干扰比将远小于 1，这是传输调制、解调方式无能为力的。为把各用户之间的相互干扰降到最低限度，并使各用户的信号占用相同的带宽，码分系统必须与扩展频谱（简称扩频）技术相结合，使在信道传输的信号所占的频带极大的展宽（一般达百倍以上），为接收端分离信号完成实际性的准备。

8.3.2　CDMA 移动通信系统的特点与网络结构

1. CDMA 移动通信系统的特点

CDMA 移动通信系统采用扩频通信技术及码分多址的技术，带来了许多独特的优点。

（1）大容量

根据理论计算以及现场试验表明，CDMA 系统的信道容量是模拟系统的 10～20 倍，是 TDMA 系统的 4 倍。CDMA 系统高容量很大一部分因素是出于它的频率复用系数远远超过其他制式的蜂窝系统，另外一个主要因素是它使用了话音激活和扇区化等技术，使抗干扰能力大为增强。

（2）软容量

在 FDMA、TDMA 系统中，当小区的用户数达到最大信道数，系统绝对无法再增添一个信道，此时若有新的呼叫，该用户只能听到忙音。而在 CDMA 系统中，用户数目和服务质量之间可以相互折中，灵活确定。例如营运商者可以在话务量高峰期将误帧率稍微提高，从而增加可用信道数。同时，当相邻小区的负荷较重时，本小区受到的干扰减少，容量就可适当增加。

（3）软切换

软切换是指当移动台需要切换时，先与新的基站连通再与原基站切断联系，而不是先切断与原基站的联系再与新的基站连通。软切换只能在同一频率不同码型的信道间进行，因此，模拟系统、TDMA 系统不具有这种功能。软切换可以有效地提高切换的可靠性，大大减少切换造成的掉话，因为据统计，模拟系统、TDMA 系统无线信道上的掉话 90%发生在切换中。同时，软切换可以提供分集，从而保证通信的质量。但是软切换也相应带来了一些缺点，导致硬件设备的增加，降低了前向容量等。

（4）高的话音质量和低发射功率

由于 CDMA 系统中采用有效的功率控制，强纠错能力的信道编码，以及多种形式的分集技术，可以使基站和移动台以非常低的功率发射信号，减少相互间的干扰，延长手机电池使用时间，同时获得优良的话音质量。

（5）话音激活

据统计，每次通话的占空比小于 35%，在 FDMA 和 TDMA 系统里，由于通话停顿时重新分配信道存在一定时延，所以难以利用话音激活因素。目前 CDMA 系统普遍采用可变速率声码器，声码器使用的是码激励线性预测编码（CELP），其基本速率是 8kbit/s，但是可随输入语音信息的特征而动态地分为 4 种，即 8kbit/s、4kbit/s、2kbit/s、1kbit/s，可以 9.6kbit/s、4.8kbit/s、2.4kbit/s、1.2kbit/s 的信道速率分别传输。CDMA 系统因为使用了可变速率声码器，在不讲话时传输速率降低，减轻了对其他用户的干扰，这即是 CDMA 系统的话音激活技术。

（6）保密性好

由于 CDMA 系统采用了扩频技术，使它所发射的信号频谱被扩展得很宽，从而使发射的信号完全隐蔽在噪声、干扰之中，不易被发现和接收，因此也就实现了保密通信。CDMA 系统的信号扰码方式提供了高度的保密性，使这种数字蜂窝系统在防止串话、盗用等方面具有其他系统不可比拟的优点。CDMA 信道还可将数据加密标准直接引入，使保密更加可靠。

2．CDMA 移动通信系统网络结构

CDMA 移动通信系统与 GSM 移动通信系统网络结构相似。IS-95 标准定义 CDMA 系统的典型结构如图 8-23 所示。由图可见，CDMA 系统是由若干个子系统或功能实体组成。其中基站子系统（BSS）在移动台（MS）和网络子系统（NSS）之间提供和管理传输通路，特别是包括了 MS 与 CDMA 系统的功能实体之间的无线接口管理。NSS 必须管理通信业务，保证 MS 与相关的公用通信网或与其他 MS 之间建立通信，也就是说 NSS 不直接与 MS 互通，BSS 也不直接与公用通信网互通。MS、BSS 和 NSS 组成 CDMA 系统的实体部分。操作系统（OSS）则提供运营部门一种手段来控制和维护这些实际运行部分。

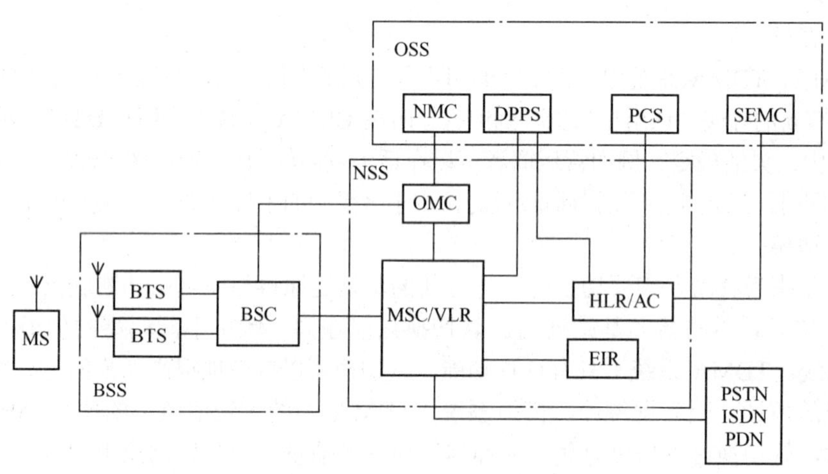

图 8-23　CDMA 通信系统网络结构

8.3.3　码分多址的分类与设计要求

在 CDMA 数字蜂窝移动通信系统中，扩频码和地址码的选择至关重要，它关系到系统的抗多径干扰、抗多址干扰的能力，关系到信息数据的保密和隐蔽，关系到捕获和同步系统的实现。经研究表明，理想的地址码和扩频码应具有如下特性：

1）有足够多的地址码码组。

2）有尖锐的自相关特性。

3）有处处为零的互相关特性。

4）不同码元数平衡相等。

5）尽可能大的复杂度。

CDMA 中用于区分地址用的地址码的类型包括：

1）用户地址。用于区分不同移动台。随着移动用户的不断增加，用户地址码数量是主要矛盾，但也必须满足各用户间正交特性，以减少用户间的干扰。

2）多速率业务地址。用于多媒体业务中区分不同类型速率的业务，质量是主要矛盾。

3）信道地址。用于区分每个小区的不同信道，它是多用户干扰的只要来源。

4）基站地址。用于区分不同基站与扇区。基站地址在数量上有一定要求，但没有用户地址数量要求大。

同一类正交码或伪随机码很难用同时满足 CDMA 中的地址码的要求，对于不同地址码，根据不同的要求，分别设计不同类型的码组，以解决不同的矛盾，这是地址码设计的主要思想。

1．编码介绍

（1）m 序列

随着通信理论的发展，早在 20 世纪 40 年代，香农就曾指出，在某些情况下，为了实现最有效和高可靠的保密通信，应采用具有随机噪声的统计特性的信号，然而随机噪声的最大困难是它难以重复和处理。直到 20 世纪 60 年代伪随机噪声的出现才使这一困难得以解决。伪随机噪声具有类似于随机噪声的一些统计特性，同时又便于重复和处理，因此获得了广泛应用。

目前广泛应用的伪随机噪声都是有数字电路产生的周期序列，经滤波等处理后得到的，这种周期序列称为伪随机序列（PN 码）。这是因为伪随机序列是按照确定的规律产生的，但是，伪随机序列又具有和随机序列相类似的随机性。

m 序列是目前 CDMA 系统中采用的最基本的 PN 序列。它是最长线性反馈移位寄存器序列的简称。顾名思义，m 序列发生器是由移位寄存器、线性反馈抽头和模 2 加法器组成的。而且，m 序列是其相应组成器件所能生成的最长的码序列。若移位寄存器为 n 级，则其周期 $P=2^n-1$。

m 序列的优点是容易产生、规律性强、自相关特性好，因而在直扩系统中得到了广泛的应用。但是它可提供的跳频图案少、互相关性不理想，又加之是线性反馈逻辑，容易被敌人破译，即保密性、抗截获性差，因此，在跳频系统中并不采用。

（2）Walsh 码

如前所述，尽管伪随机序列具有良好的自相关特性，但其互相关特性不是很理想（互相关值不是处处为零），如果把伪随机序列同时用作扩频码和地址码，系统性能将受到一定影响。所以，通常将伪随机序列用作扩频码，而就地址码而言，目前则采用 Walsh（沃尔什）编码。

沃尔什码的产生很有规则，也很简单。以 0 为起始，向右复制，向下复制，向右下角取反；然后把这个二维沃尔什码作为一个整体，再进行向右复制，向下复制。向右下角取反的操作，得到四维沃尔什码；不断地重复下去可以得到更高维数的沃尔什码，如图 8-24 所示。

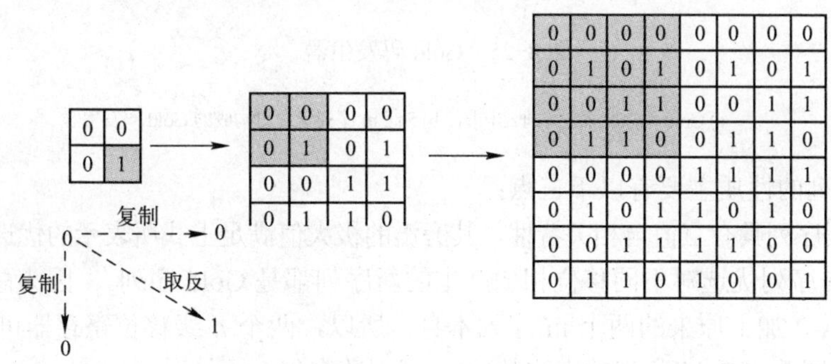

图 8-24　8 维沃尔什码产生示意图

两个同维数的相同的沃尔什码进行模二加的每位都是“0”，按位累加的和为 n（n 为沃尔什码的维数），归一化后为 1。两个同维数的不同的沃尔什码进行模二加并按位累加的和为 0，则称这两个沃尔什码是正交的。

沃尔什码只有在完全同步的状态下才满足这种正交特性，对于不同系统之间的沃尔什码没有正交关系。由于同一伪随机序列（PN 码）的不同码组进行模二加并按位累加的和不为 0，归一化后为$-1/2^n-1$，所以伪随机序列（PN 码）只具有准正交特性。

Walsh 码是一种同步正交码，即在同步传输情况下，利用 Walsh 码作为地址码具有良好的自相关特性和处处为零的互相关特性。此外，Walsh 码生成容易，应用方便。但是，Walsh 码的各码组由于所占频谱带宽不同等原因，因而不能作为扩频码。

（3）Gold 码

m 序列虽然性能优良，但同样长度的 m 序列个数不多，且序列之间的互相关性不够好。R·Gold 提出了一种基于 m 序列的 PN 码序列，称为 Gold 码序列。在介绍 Gold 码序列发生器之前，先给出优选对的概念。

如果有两个 m 序列，它们的互相关函数的绝对值有界，且满足以下条件：

$$|R(\tau)|=\begin{cases}2^{\frac{n+1}{2}}+1, & n\text{ 为奇数}\\ 2^{\frac{n+1}{2}}+1, & n\text{ 为偶数（不是 4 的倍数）}\end{cases}$$

则称这一对 m 序列为优选对。如果把两个 m 序列发生器产生的优选对序列作模 2 加运算，生成的新的码序列即为 Gold 序列。图 8-25a 中所示为 Gold 码发生器的原理结构图。图 8-25b 中为两个 5 级 m 序列优选对构成的 Gold 码发生器。这两个 m 序列虽然码长相同，但模 2 加后生成的并不是 m 序列，也不具备 m 序列的性质。

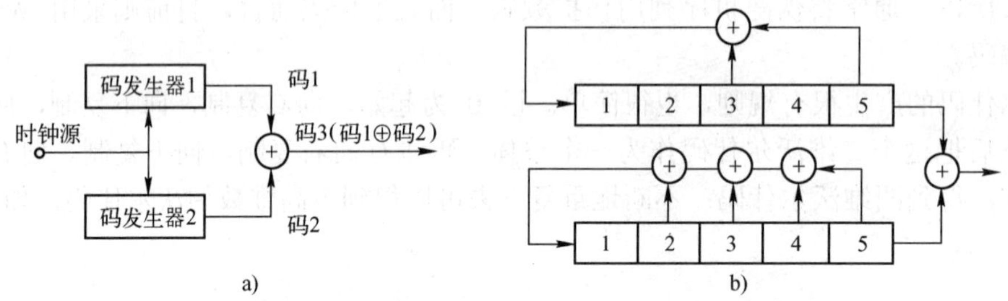

图 8-25　Gold 码发生器

a) Gold 码发生器的原理结构图　b) 5 级 m 序列优选对构成的 Gold 码发生器

Gold 码序列的性质主要有以下三点：

1）Gold 码序列具有三值自相关特性，其旁瓣的极大值满足上式所表示的优选对的条件。

2）两个 m 序列优选对不同移位相加产生的新序列都是 Gold 序列。 因为总共有 2^n-1 个不同的相对位移，加上原来的两个 m 序列本身，所以，两个 n 级移位寄存器可以产生 2^n+1 个 Gold 序列。因此，Gold 序列的序列数比 m 序列数多得多。

3）Gold 序列互相关特性满足优选对条件，其旁瓣的最大值不超过上式的计算值。Gold

序列的互相关峰值和主瓣与旁瓣之比都比 m 序列小得多，这一特性在实现码分多址时非常有用。

2. IS-95CDMA 标准中地地址码的设计

这里主要介绍用户地址码、信道地址码和基站地址码三个主要方面。

（1）用户地址码

IS-95CDMA 标准中长码（long PN code）来区分不同的反向信道，即区分不同的用户。长码是周期为 $2^{42}-1$ 的 m 序列,它是由一个 42 位长的移位寄存器产生的伪随机序列，CDMA 系统利用该码对数据进行扩频和扰码，为通信提供保密。长码码组长度为 2^{42} 个码片，其中 $2^{42}-1$ 个码片由 42 位移位寄存器产生，1 个码片为人为设计插入。长码的各个 PN 子码是用一个 42 位的掩码和序列发生器的 42 位状态矢量进行模 2 加产生的，如图 8-26 所示。只要改变掩码，产生的 PN 子码的相位将随之改变。IS-95 中，每个用户特定的掩码对应一个特定的 PN 码相位，每一个长码和相位偏移量就是一个确认的地址，掩码的码型随信道类型的不同而异。

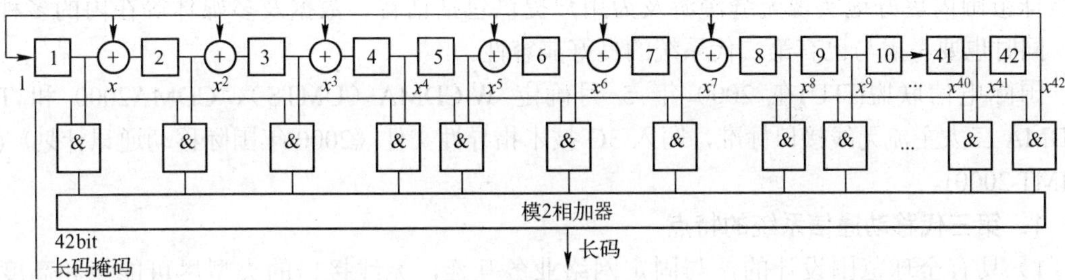

图 8-26　长码发生器

（2）信道地址码

IS-95CDMA 系统中，使用 64 维的沃尔什码，用来区分同一小区下的不同的前向信道。沃尔什码被标识为 W_i^{64},其中 64 表示 64 维，i 表示第 i 个沃尔什码。即有 64 个沃尔什码，每个沃尔什码长 64 维。在同一小区内沃尔什码是唯一的。前向信道有导频信道、同步信道、寻呼信道和业务信道。同一小区前向信道使用同一个短码，它们之间通过 64 维沃尔什码的不同来彼此区分。64 个沃尔什码分配如下：$W_0{}^{64}$ 用于导频信道，$W_{1\sim7}{}^{64}$ 用于寻呼信道，$W_{32}{}^{64}$ 用于同步信道，其余的用于前向业务信道。

（3）基站地址码

IS-95CDMA 标准中用短码（short PN code）来区分不同的基站。短码为一周期 2^{15} 的 m 序列，它是由一个 15 位长的移位寄存器产生的伪随机序列。短码码组长度为 2^{15}=32768 个码片，其中 32767 个码片由 15 位移位寄存器产生，1 个码片为人为设计插入。短码的码片速率是 1.2288Mcps,可以计算出一个短码周期为 32768/1.2288M=26.67ms，每个码片时长为 26.67ms/32768=813.904ns。但由于空中传播的时延以及多径效应，CDMA 系统并不是使用全部的 32768 个不同的时延，而是每 64 个码片为一时延段，称之为短码偏置（short PN offset)，即共有 32768/64=512 个短码偏置。用 PN（i）表示，i 从 0～511，因而有 512 个值可被不同基站使用。不同的短码偏置即代表不同的基站。在现实的组网中，每隔 3 个短码偏置基站就可以复用一次，这相当于频率复用。CDMA 系统是一个全网同步的系统，它们使用同一个时钟源，来自卫星的 GPS（全球定位系统）时钟。所有基站每隔 2 秒钟对基站进行一次校准，2 秒钟恰好是 75 个短码周期（2000ms /26.67ms =75）。

8.3.4 第三代移动通信介绍

随着信息社会的发展，移动 IP、宽带数据和多媒体业务的业务也在迅速的增加，第二代移动通信系统的缺点和局限也开始暴露出来。人们在信息时代的召唤下开始探索与研究新的通信系统，也就是第三代移动通信系统（3G）。

3G（3rd Generation）最早在 1985 年由国际电信联盟（ITU）提出，当时称为未来公众陆地移动通信系统（FPLMTS），1996 年更名为 IMT-2000（国际移动电信-2000），意即该系统工作在 2000MHz 频段，最高业务速率可达 2000kbit/s，在 2000 年左右得到商用。与前两代系统相比，第三代移动通信系统的主要特征是可提供丰富多彩的移动多媒体业务，其传输速率在高速移动环境中支持 144kbit/s，步行慢速移动环境中支持 384kbit/s，静止状态下支持 2Mbit/s。其设计目标是为了提供比第二代系统更大的系统容量、更好的通信质量，而且要能在全球范围内更好地实现无缝漫游及为用户提供包括话音、数据及多媒体等在内的多种业务，同时也要考虑与已有第二代系统的良好兼容性。

国际电信联盟(ITU)在 2000 年 5 月确定 W-CDMA（UMTS）、CDMA2000 和 TD-SCDMA 三大主流无线接口标准，写入 3G 技术指导性文件《2000 年国际移动通讯计划》(简称 IMT-2000)。

1．第三代移动通信系统的特点

1）具有全球范围设计的，与固定网络业务互连，无线接口的类型尽可能少和高度兼容性。

2）具有与固定通信网络相比拟的高话音质量和高安全性。

3）具有在本地采用 2Mbit/s 高速率接入和在广域网采用 384kbit/s 接入速率的数据率分段使用功能。

4）具有在 2GHz 左右的高效频谱利用率，且能最大程度地利用有限带宽。

5）移动终端可连接地面网和卫星网，可移动使用和固定使用，可与卫星业务共存和互连。

6）能够处理包括互联网和视频会议、高速通信和非对称数据传输的分组和电路交换业务。

7）支持分层小区结构。

8）语音只占移动通信业务的一部分，大部分业务是非话数据和视频信息。

9）一个共用的基础设施，可支持同一地方的多个公共的和专用的运营公司。

10）手机体积小、重量轻，具有真正的全球漫游能力。

11）具有根据数据量、服务质量和使用时间为收费参数，而不是以距离为收费参数的新收费机制。

2．第三代移动通信系统中的主要技术

在第三代移动通信系统中，CDMA 系统成为了最具竞争力、最具发展前景的无线多址技术。虽然 CDMA 扩频技术可以采用直接序列扩频（DS）、跳频（FH）、跳时（TH）以及它们的组合等，但在移动通信中一般选用直接序列扩频，它构成了我们常说的 DS-CDMA 系统。它的核心网是在 GSMANSI-41 的基础上发展而来的，其空中接口和相应的 2G 系统后向兼容。它的 3 种工作模式为：单载波频分双工、多载波频分双工和时分双工方式。

在主流 3G 系统中，空中接口技术采用 CDMA 方式，第三代移动通信系统中的主要技术包括以下几点，下面分别进行介绍。

（1）初始同步与 Rake 多径分集接收技术

CDMA 通信系统接收机的初始同步包括 PN 码同步、符号同步、帧同步和扰码同步等。CDMA 2000 系统采用与 IS-95 系统相类似的初始同步技术，即通过对导频信道的捕获建立 PN 码同步和符号同步，通过同步信道的接收建立帧同步和扰码同步。WCDMA 系统的初始同步则需要通过“三步捕获法”进行，即通过对基本同步信道的捕获建立 PN 码同步和符号同步，通过对辅助同步信道的不同扩频码的非相干接收，确定扰码组号等，最后通过对可能的扰码进行穷举搜索，建立扰码同步。

如何克服电波传播所造成的多径衰落现象是移动通信的另一基本问题。在 CDMA 移动通信系统中，由于信号带宽较宽，因而在时间上可以分辨出比较细微的多径信号。对分辨出的多径信号分别进行加权调整，使合成之后的信号得以增强，从而可在较大程度上降低多径衰落信道所造成的负面影响，这种技术称为 Rake 多径分集接收技术。

为实现相干形式的 Rake 接收，需发送未经调制的导频（Pilot）信号，以使接收端能在确知已发数据的条件下估计出多径信号的相位，并在此基础上实现相干方式的最大信噪比合并。WCDMA 系统采用用户专用的导频信号，而 CDMA 2000 下行链路采用公用导频信号，用户专用的导频信号仅作为备选方案用于使用智能天线的系统，上行信道则采用用户专用的导频信道。

Rake 多径分集技术的另外一种极为重要的体现形式是宏分集及越区软切换技术。当移动台处于越区切换状态时，参与越区切换的基站向该移动台发送相同的信息，移动台把来自不同基站的多径信号进行分集合并，从而改善移动台处于越区切换时的接收信号质量，并保持越区切换时的数据不丢失，这种技术称为宏分集和越区软切换。WCDMA 系统和 CDMA 2000 系统均支持宏分集和越区软切换功能。

（2）高效信道编译码技术

第三代移动通信的另外一项核心技术是信道编译码技术。在第三代移动通信系统主要提案中（包括 WCDMA 和 CDMA2000 等），除采用与 IS-95 CDMA 系统相类似的卷积编码技术和交织技术之外，还建议采用 Turbo 编码技术及 RS-卷积级联码技术。

Turbo 编码器采用两个并行相连的系统递归卷积编码器，并辅之以一个交织器。两个卷积编码器的输出经并串转换以及凿孔(Puncture)操作后输出。相应地，Turbo 解码器由首尾相接、中间由交织器和解交织器隔离的两个以迭代方式工作的软判输出卷积解码器构成。虽然目前尚未得到严格的 Turbo 编码理论性能分析结果，但从计算机仿真结果看，在交织器长度大于 1000、软判输出卷积解码采用标准的最大后验概率(MAP)算法的条件下，其性能比约束长度为 9 的卷积码提高 1～2.5dB。目前 Turbo 码用于第三代移动通信系统的主要困难体现在以下几个方面：

① 由于交织长度的限制，无法用于速率较低、时延要求较高的数据（包括语音）传输。

② 基于 MAP 的软输出解码算法所需计算量和存储量较大，而基于软输出 Viterbi 的算

法所需迭代次数往往难以保证。

③ Turbo 编码在衰落信道下的性能还有待于进一步研究。

RS 编码是一种多进制编码技术，适合于存在突发错误的通信系统。RS 解码技术相对比较成熟，但由 RS 码和卷积码构成的级联码在性能上与传统的卷积码相比较提高不多，故在未来第三代移动通信系统采用的可能性不大，故不多作介绍。

（3）智能天线技术

智能天线技术是雷达系统自适应天线阵在通信系统中的新应用。由于其体积及计算复杂性的限制，目前仅适应于在基站系统中的应用。智能天线包括两个重要组成部分，一是对来自移动台发射的多径电波方向进行到达角（DOA）估计，并进行空间滤波，抑制其他移动台的干扰。二是对基站发送信号进行波束形成，使基站发送信号能够沿着移动台电波的到达方向发送回移动台，从而降低发射功率，减少对其他移动台的干扰。智能天线技术用于 TDD 方式的 CDMA 系统是比较合适的，能够抑制多用户干扰，从而提高系统容量的作用。其困难在于由于存在多径效应，每个天线均需一个 Rake 接收机，从而使基带处理单元复杂度明显提高。

（4）多用户检测技术

在传统的 CDMA 接收机中，各个用户的接收是相互独立进行的。在多径衰落环境下，由于各个用户之间所用的扩频码通常难以保持正交，因而造成多个用户之间的相互干扰，并限制系统容量的提高。解决此问题的一个有效方法是使用多用户检测技术，通过测量各个用户扩频码之间的非正交性，用矩阵求逆方法或迭代方法消除多用户之间的相互干扰。

从理论上讲，使用多用户检测技术能够在极大程度上改善系统容量。但一个较为困难的问题是对于基站接收端的等效干扰用户等于正在通话的移动用户数乘以基站端可观测到的多径数。这意味着在实际系统中等效干扰用户数将多达数百个，这样即使采用与干扰用户数成线性关系的多用户抵消算法仍使得其硬件实现显得过于复杂。如何把多用户干扰抵消算法的复杂度降低到可接受的程度是多用户检测技术能否实用的关键。

（5）功率控制技术

在 CDMA 系统中，由于用户共用相同的频带，且各用户的扩频码之间存在着非理想的相关特性，用户发射功率的大小将直接影响系统的总容量，从而使得功率控制技术成为 CDMA 系统中的最为重要的核心技术之一。

常见的 CDMA 功率控制技术可分为开环功率控制、闭环功率控制和外环功率控制三种类型。开环功率控制的基本原理是根据用户接收功率与发射功率之积为常数的原则，先行测量接收功率的大小，并由此确定发射功率的大小。开环功率控制用于确定用户的初始发射功率，或用户接收功率发生突变时的发射功率调节。开环功率控制未考虑到上、下行信道电波功率的不对称性，因而其精确性难以得到保证。闭环功率控制可以较好地解决此问题，通过对接收功率的测量值及与信干比门限值的对比，确定功率控制比特信息，然后通过信道把功率控制比特信息传送到发射端，并据此调节发射功率的大小。外环功率控制技术则是通过对接收误帧率的计算，确定闭环功率控制所需的信干比门限。外环功率控制通常需要采用变步长方法，以加快上述信干比门限的调节速度。在 WCDMA 和 CDMA2000 系统中，上行信道采用了开环、闭环和外环功率控制技术，下行信道则采用了闭环和外环功率技术。但两者的闭环功率控制速度有所不同，WCDMA 为每秒 1600 次，CDMA2000 系统为每秒 800 次。

（6）软件无线电技术

软件无线电是近几年发展起来的技术，它基于现代信号处理理论，尽可能在靠近天线的部位（中频，甚至射频），进行宽带 A/D 和 D/A 变换。无线通信部分把硬件作为基本平台，把尽可能多的无线通信功能用软件来实现。软件无线电为 3G 手机与基站的无线通信系统提供了一个开放的、模块化的系统结构，具有很好的通用性、灵活性，使系统互连和升级变得非常方便。其硬件主要包括天线、射频部分、基带的 A/D 和 D/A 转换设备以及数字信号处理单元。在软件无线电设备中所有的信号处理（包括放大，变频，滤波，调制解调，信道编译码，信源编译码，信号流变换，信道，接口的协议/信令处理，加/解密，抗干扰处理，网络监控管理等）都以数字信号的形式进行。由于软件处理的灵活性，使其在设计、测试和修改方面非常方便，而且也容易实现不同系统之间的兼容。

3G 所要实现的主要目标是提供不同环境下的多媒体业务、实现全球无缝覆盖；适应多种业务环境；与第二代移动通信系统兼容，并可从第二代平滑升级。因而 3G 要求实现无线网与无线网的综合、移动网与固定网的综合、陆地网与卫星网的综合。

由于 3G 标准的统一是非常困难的，IMT-2000 放弃了在空中接口、网络技术方面等一致性的努力，而致力于制定网络接口的标准和互通方案。

对于移动基站和终端而言，它面对的是多种网络的综合系统，因而需要实现多频、多模式、多业务的基站和终端。软件无线电基于统一的硬件平台，利用不同的软件来实现不同的功能，因而是解决基站和终端问题的利器。具体而言，软件无线电解决了以下问题。

1）为 3G 基站与终端提供了一个开放的、模块化的系统结构。开放的、模块化的系统结构为 3G 系统提供了通用的系统结构，功能实现灵活，系统改进与升级方便。模块具有通用性，在不同的系统及升级时容易复用。

2）智能天线结构的实现、用户信号到来方向的检测、射频通道加权参数的计算、天线方向图的赋形。

3）各种信号处理软件的实现，包括各类无线信令处理软件，信号流变换软件，同步检测、建立和保持软件，调制解调算法软件，载波恢复、频率校准和跟踪软件，功率控制软件，信源编码算法软件以及信道纠错算法编码软件等。

（7）快速无线 IP 技术

快速无线 IP（Wireless IP，无线互联网）技术将是未来移动通信发展的重点，宽频带多媒体业务是最终用户的基本要求。根据 ITM-2000 的基本要求，第三代移动通信系统可以提供较高的传输速度（本地区 2Mbit/s，移动 144kbit/s）。现代的移动设备越来越多了（手机、笔记本电脑、PDA 等），剩下的好像就是网络是否可以移动，无线 IP 技术与第三代移动通信技术结合将会实现这个愿望。由于无线 IP 主机在通信期间需要在网络上移动，其 IP 地址就有可能经常变化，传统的有线 IP 技术将导致通信中断，但第三代移动通信技术因为利用了蜂窝移动电话呼叫原理，完全可以使移动节点采用并保持固定不变的 IP 地址，一次登录即可实现在任意位置上或在移动中保持与 IP 主机的单一链路层连接，完成移动中的数据通信。

（8）多载波技术

多载波 MC-CDMA 是第三代移动通信系统中使用的一种新技术。多载波 CDMA 技术早在 1993 年的 PIMRC 会议上就被提出来了。目前，多载波 CDMA 作为一种有着良好应用前景的技术，已吸引了许多公司对此进行深入研究。多载波 CDMA 技术的研究内容大致有两类：一是用给定扩频码来扩展原始数据，再用每个码片来调制不同的载波。另一种是用扩频码来扩展已经进行了串并变换后的数据流，再用每个数据流来调制不同的载波。

8.4 本章小结

移动通信是指通信的双方至少有一方是在移动中进行信息传输和交换。这包括移动体之间的通信，移动体与固定体之间的通信。移动体可以是人，也可以是汽车、火车、轮船等在移动状态中的物体。

GSM 系统即全球移动通信系统，是泛欧蜂窝移动通信系统标准，属于第二代移动通信系统。GSM 系统由 NSS、BSS、OMS 和 MS 四大部分组成。

GSM 系统主要使用了非连续发送（DTX）、GMSK 调制、交织技术、跳频技术、分集接收技术、功率控制技术、自适应均衡技术等关键技术。GSM 使用的信源编码方式为 RPE-LTP(规则脉冲激励长期预测)编码。GSM 使用的信道编码方式主要有块卷积码、纠错循环码（FIRE 码）、奇偶码（PARITY 码）。

CDMA 是码分多址（Code Division Multiple Access）技术的英文缩写，它是在数字技术的分支——扩频通信技术的基础上发展起来的无线通信技术。在 IS-95 CDMA 网络中用到了三种码：短码用于区分不同的小区；长码用于区分不同的反向信道；沃尔什码用于区分不同的前向信道。

第三代移动通信系统的关键技术包括：初始同步与 Rake 多径分集接收技术、高效信道编译码技术、智能天线技术、多用户检测技术、功率控制技术、软件无线电技术、快速无线 IP 技术、多载波技术等。

8.5 习题

1．什么是移动通信？
2．移动通信系统与固定通信系统等其他系统相比较主要有何特点？
3．当移动台工作时，往往受到来自其他电台的干扰，其最主要有哪些，有何特点？
4．什么是编码，编码可以分为哪几种？
5．语音编码技术通常分为哪三类？描述各类优缺点。
6．移动通信中常用哪些信道编码？
7．GSM 系统和 CDMA 系统采用什么调制方式？
8．GSM 系统中，什么是物理信道？什么是逻辑信道？他们有什么联系？
9．GSM 系统中的信源编码和信道编码技术有哪些？
10．试阐述交织技术原理。
11．自适应均衡技术主要解决什么问题？在 GSM 中使用哪两种均衡技术？
12．简述码分多址技术的基本原理。

13．IS-95 CDMA 系统中码的类型有哪些？

14．第一代与第二代移动通信有什么缺点？描述 3G 的优点。

15．3G 的关键技术有哪些？

16．什么是软件无线电？

17．智能天线有什么功能？

参 考 文 献

[1] 范希鲁. 模拟集成电路系统[M]. 北京：中国铁道出版社，1991.
[2] 王均铭. 通信技术[M]. 天津：天津科学技术出版社，1990.
[3] 邵大川. 控制与通信技术基础[M]. 北京：机械工业出版社，1995.
[4] 吴诗其，冯刚. 通信系统[M]. 成都：电子科技大学出版社，1996.
[5] 刘长年. 数字通信[M]. 北京：中国广播电视出版社，1995.
[6] 霍苏宁. 现代通信最新技术[M]. 北京：清华大学出版社，2000.
[7] 姚先友　数字数据通信[M]. 北京：人民邮电出版社，2008.
[8] 曹志刚，钱亚生. 现代通信原理[M]. 北京：清华大学出版社，2002.
[9] 隋晓红，钟晓玲. 通信原理[M]. 北京：北京大学出版社，2007.
[10] 樊昌星，等. 通信原理[M]. 北京：国防工业出版社，2007.
[11] 刘良华. 移动通信技术[M]. 北京：科学出版社，2007.